内蒙古自治区科技计划项目(2020GG008)资助
江苏省高校优势学科建设工程项目

内蒙古生态脆弱矿区生态系统损伤识别与评价

侯湖平　张绍良　梁　洁　丁忠义　著

中国矿业大学出版社
· 徐州 ·

内容提要

西部是典型的生态脆弱区。随着煤炭开采的战略西移，西部成为我国目前煤炭开采的重点区域，在这样一个区域进行矿产资源开发与利用，将导致脆弱的生态环境损毁巨大且短时间内不可逆转与修复。因此识别和诊断西部生态脆弱矿区采矿活动导致的生态系统受损区域范围及受损程度，识别植被退化区，识别土壤侵蚀区，评价生态受损区的生态环境质量的状况，将为西部生态脆弱矿区生态环境质量保护和修复提供研究基础。

本书内容包括内蒙古生态脆弱矿区生态损伤现状分析、内蒙古生态脆弱矿区受损区识别与评价、内蒙古生态脆弱矿区植被退化识别与评价、内蒙古生态脆弱矿区土壤侵蚀识别与评价、内蒙古生态脆弱矿区生态安全评估等。

本书可为政府主管部门、企业及科研院所从事矿区生态系统修复的工作人员提供技术支撑和管理策略。

图书在版编目(CIP)数据

内蒙古生态脆弱矿区生态系统损伤识别与评价/侯湖平等著.—徐州：中国矿业大学出版社，2023.4

ISBN 978-7-5646-5530-3

Ⅰ.①内… Ⅱ.①侯… Ⅲ.①矿区—生态系统—评价—研究—内蒙古 Ⅳ.①X322

中国版本图书馆 CIP 数据核字(2022)第 151747 号

书　　名　内蒙古生态脆弱矿区生态系统损伤识别与评价
著　　者　侯湖平　张绍良　梁　洁　丁忠义
责任编辑　周　红
出版发行　中国矿业大学出版社有限责任公司
（江苏省徐州市解放南路　邮编 221008）
营销热线　(0516)83885370　83884103
出版服务　(0516)83995789　83884920
网　　址　http://www.cumtp.com　**E-mail**：cumtpvip@cumtp.com
印　　刷　苏州市古得堡数码印刷有限公司
开　　本　787 mm×1092 mm　1/16　**印张** 12.25　**字数** 313 千字
版次印次　2023 年 4 月第 1 版　2023 年 4 月第 1 次印刷
定　　价　70.00 元
（图书出现印装质量问题，本社负责调换）

前　言

党的十八大以来，我国将生态文明建设提高到前所未有的高度，着力解决突出的环境问题。为推动生态文明建设，“绿水青山就是金山银山”这个重大发展理念应运而生。2020年中央全面深化改革委员会第十三次会议通过了《全国重要生态系统保护和修复重大工程总体规划（2021—2035年）》，以我国生态功能与生态脆弱区为规划单元，统筹谋划区域内山水林田湖草沙等生态要素，通过生态保护和修复工程，进行水土流失整治、土地沙漠化防治等，增强生态功能和生态脆弱区生态产品的供给能力，提升生态安全保障能力。2021年4月《关于建立健全生态产品价值实现机制的意见》印发，这是我国首个将“两山”理念落实到制度安排和实践操作层面的纲领性文件。这一系列的政策措施，均显示出提升生态脆弱区生态环境质量，是生态文明建设的重要内容，也是新时代必须实现的重大改革。

本书基于内蒙古生态脆弱矿区生态损伤现状分析，系统介绍了生态脆弱矿区受损区特征、识别与评价，生态脆弱矿区植被退化区识别与评价，生态脆弱矿区土壤侵蚀区识别与评价，生态脆弱矿区生态安全评估等内容，有助于生态脆弱区生态环境的治理与生态功能的提升。

本书的出版，响应了国家生态文明建设政策，有助于推进西部生态脆弱矿区大规模的退耕还林还草工程、矿山生态修复工程、山水林田湖草沙综合治理等一系列生态治理工作的实施，为内蒙古生态系统治理与生态环境质量提升工程项目设计提供依据。因此，探索西部生态脆弱矿区生态环境特征，有助于促进西部生态脆弱矿区“绿水青山”向“金山银山”的转化，缓解生态保护与经济发展之间的矛盾，推动西部生态脆弱矿区经济绿色高质量发展。

本书研究内容是在内蒙古自治区科技计划项目(2020GG0008)资助下完成的,感谢内蒙古国土空间规划院图木研究员、苑杨高级工程师参与第三章内容的调研和研究工作,感谢内蒙古国土空间规划院云浩工程师、李灏鑫工程师参与第四章内容的调研和研究工作,感谢鄂尔多斯市国土空间规划院李耀工程师参与第六章内容的调研和研究工作,感谢项目团队成员余接情副教授、李会军副教授、杨永均副教授、孟超研究生、陈赞旭研究生、吴秦豫研究生、熊金婷研究生、艾珂研究生等参与书稿内容的调研和研究工作。

由于时间仓促、资料有限,书中难免有疏漏之处,对很多问题的研究有待进一步深化,望读者谅解。

著　者

2023 年 1 月

目　录

第 1 章　矿区生态系统损伤的研究进展

1.1　研究背景及意义

党的十八大以来，我国将生态文明建设提高到前所未有的高度，着力解决突出的环境问题，将改善和提升生态环境质量作为推动生态文明建设的着力点。我国是世界上生态脆弱区分布面积最大、脆弱生态类型最多、生态脆弱性表现最突出的国家之一，且生态脆弱区主要位于经济相对落后、人民生活贫困的地区。根据《全国主体功能区规划》数据显示，我国中度以上生态脆弱区占全国陆地面积的 55%，而且西部生态脆弱区由于其特殊的地理条件和恶劣的生态环境，呈现出环境损毁程度不同但实质相同的“资源诅咒”现象和“产业锁定”问题。近年来，为响应生态文明建设政策，西部生态脆弱区通过推进大规模的退耕还林还草工程、矿山生态修复工程、山水林田湖草沙综合治理等一系列生态治理工程，为我国生态环境质量提升做出了巨大贡献。西部生态脆弱区也是我国煤炭资源基地，大量的矿产采掘业分布在生态脆弱区，可见，采矿活动对脆弱生态环境的扰动更加剧了脆弱区生态环境的恶化，为此，本书对内蒙古生态脆弱矿区生态损伤现状及特征进行分析：采用遥感方法对生态脆弱矿区的损伤区进行识别与评价；采用植被指数对生态脆弱区植被退化区进行识别与评价；采用无人机方法对生态脆弱矿区土壤侵蚀区进行识别与评价；采用指标法进行生态脆弱区生态安全评估，探索了西部脆弱矿区的生态环境损伤情况。这将为西部生态脆弱矿区“绿水青山”向“金山银山”转化，缓解生态保护与经济发展之间的矛盾提供参考依据。

(1) 快速准确识别矿区生态系统受损区域，为精准开展生态环境修复工程提供基础

纵观我国矿区生态环境修复的现状，精准定位和评价矿山开发造成的地表裂缝、生态景观破坏、生态系统受损程度，为生态系统修复和保护工作提供关键的基础信息，也为后续生态修复技术选择和生态修复利用方向提供依据。

(2) 为资源密集区域有序推进生态环境修复与规划提供依据

资源密集型矿区扰动要素多样化，精准定位和客观评价损毁区的情况有助于国土空间生态修复与规划。根据《全国矿产资源规划(2016—2020 年)》，267 个国家规划矿区中内蒙古占 51 个，锡林郭勒盟占 14 个，内蒙古的煤炭、铅矿、锌矿、银矿等矿产资源储量均位居全国第一。截至 2020 年年底，锡林郭勒盟共有在产矿山 366 家，其中露天矿山 220 家，地下开采矿山 146 家，可见，对于资源密集型区域进行国土空间生态修复与规划是国土空间规划的重要专题。

(3) 为生态修复工程的投资和工程项目安排提供基础数据保障

根据我国《第三次全国国土调查主要数据公报》统计：我国城镇村及工矿用地 3 530.64 万 ha，其中，采矿用地 244.24 万 ha，占 6.92%。2015 年中国国际矿业大会统计全国矿产开发累计损毁土地 303 万 ha，已完成治理恢复土地 81 万 ha，治理率仅为 26.7%。2017—2020 年全国新增矿山恢复治理面积总共 19.91 万 ha，其中，在建和生产矿山的新增矿山恢复治理面积 9.07 万 ha，废弃矿山新增恢复治理面积 10.84 万 ha(图 1-1)，可见，矿区生态环境修复治理的任务很艰巨。由于生态修复的投资大、回报时间长、政策不健全、产权收益风险大、产出经济效益低等，市场发育也较缓慢。因此，国家精准实施生态修复工程项目和投资，有助于提升修复主体的积极性，有助于解决生态修复资金不足的问题，有助于解决西部生态脆弱地区的乡村振兴。

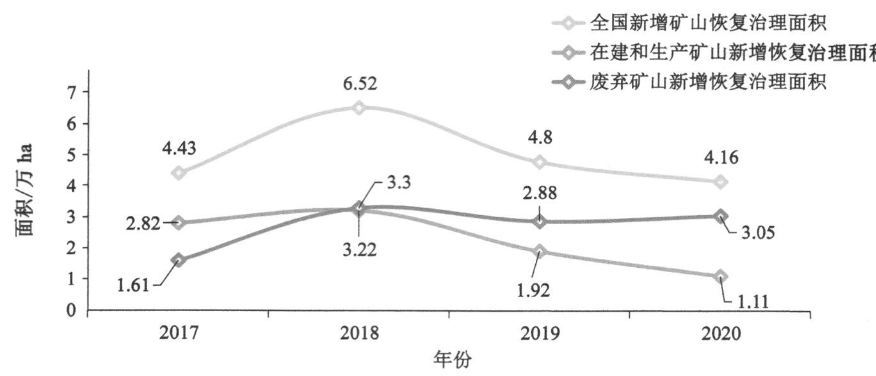

图 1-1 2017—2020 年全国新增矿山恢复治理面积变化图

1.2 生态系统损伤识别与评价研究进展

生态系统损伤是指人类不合理地开发、利用造成森林、草原、农田等生态系统遭到破坏，从而使人类、动物、植物、微生物等的生存条件发生退化的现象，例如：水土流失、土地荒漠化、土壤盐碱化、生物多样性减少等。生态系统退化后往往需要很长的时间才能恢复，有些甚至是不可逆的。

1.2.1 生态系统损伤识别研究进展

随着井工或者露天开采活动的进行，地表形变、景观破坏、土地利用类型转变等导致原始的生态景观不断地连续受损，那么受损边界范围如何界定，为此，学者通过识别和诊断矿区实际受损区域确定生态修复范围。此外，快速准确地识别矿区受损范围也可对矿山开采情况进行实时监测。目前，矿区受损区域的识别方法很多，见表 1-1。

生态系统损伤识别方法主要有土地利用分类法、特征指数法以及雷达技术等。

土地利用分类是区分土地利用空间地域组成单元的过程。从土地利用现状出发，分析土地利用的地域分异规律、土地用途、土地利用方式等[1]，有助于合理开展土地利用和土壤修复等活动。该方法主要利用的是不同地物独特的波谱和纹理特征，一般采用模糊聚类法进行地物综合分析，从而将空间范围内一定距离的像素点聚类，提取矿区边界变化信息[2]。采用动态聚类方法 ISODATA(迭代自组织数据分析算法)确定密集开发矿区的边界[3]；利用反卷积模块构建多尺度融合目标检测算法，实现尾矿库结构分割和分类[4]；采用面向对象法和支持向量机（SVM）实现矿区受损区域的提取[5]；通过无人机低空遥感采用深度学习语义分割的面向对象分类法提取矿区地识别效果最好[6]；基于特征指数的决策树分类法比基于光谱信息的决策树分类法精度更高[7]；通过面向对象方法、支持向量机方法、多尺度分割法等不同的非监督分类、监督分类多方法融合提取矿区边界信息[8-10]。

表 1-1　矿区受损区域边界遥感识别常用方法

识别方法	数据类型	优　点	缺　点
模糊聚类：生成与地物相似的聚类	Landsat land use data，Google Earth data	能准确方便地确定矿区延伸范围	矿区范围应较为连续和集中
多元正态分布、矿区反射率数据集拟合	Landsat-5/7/8	时间成本低，经济成本低	结果的真实性有待进一步验证
植被指数差分法：基于时间序列的 NDVI 数据差异	Landsat-2/5，World View data	能有效识别矿区土地的变化	矿山用地边界精度不确定，且该方法对周边环境有一定要求
Snake 模型：基于图像信息的曲线演化识别矿区范围	Land observing satellite data	精度高，自动化程度高	模型难以实现，对数据质量要求较高
微波干扰方法：采用时间序列 D-InSAR	ALOS PALSAR data，DEM data	能连续观察到边界测地线的波动	观测精度取决于数据精度和地表变形

特征指数在矿区提取方面的应用大都是依附于土地利用分类而展开的。雷军根据矿区开采的相关特征，将 NDVI（归一化植被指数）和 SWIR1（短波红外线 1）波段反射率光谱信息作为基础，构建 NDVI 均值、NDVI 与 SWIR2 差值的均值等相关系数，结合决策树进行受损区域提取，结果表明该方法的提取精度较高，可以实现矿区受损区域的快速提取[11]。除了依附于分类方法以外，特征指数也能被单独利用，Julzarika 在研究中就提出了基于时间序列植被指数差分法，利用 NDVI 时序差值数据，能有效识别矿区土地的变化，但是该方法得到的结果不能保证矿山用地边界的精度，且该方法对周边环境有一定要求，适用性不强[12]。

InSAR（合成孔径雷达干涉测量）技术提取矿区受损区域是根据地表变形监测开展的，主要是利用 D-InSAR 监测矿区地面塌陷状况，利用 SBAS 监测矿区地面沉降状况[13-14]。利用 SBAS 技术的概率积分法可获取矿区沉降量[15]；融合 D-InSAR（合成孔径雷达差分干涉测量）和 Offset-tracking（像素偏移量追踪）技术提取矿区沉降信息的方法，解决了 InSAR 技术无法监测矿区大梯度沉降的问题，为矿区开采沉降监测提供了新的技术手段[16]。

1.2.2　生态系统损伤识别评价研究进展

生态环境的综合评价研究方法很多。诸如姜楠利用 NDSI28、S34、NDSI23 和 NDSI46 共 4 个光谱指数构建油菜种植区域提取的决策树模型，研究结果表明，基于 4 个指数组合构建的决策树模型对油菜种植分布信息的提取达到了较好的效果，总体精度高达 96%[17]；洪亮利用综合水体指数和区域 FCM（fuzzy c-means）算法对城市地表水体进行自动提取，研究表明，该算法具有较高的提取精度[18]；吴朝宁基于层次聚类算法优化后的不规则三角网进行核密度估算，提出利用圈层结构理论的游客活动空间边界定量提取的新方法，结果表明，该方法适用于各类景区的多尺度复杂游客活动空间的边界提取，为地理时空数据挖掘提供了新视角和新方法[19]。

RSEI(遥感生态指数)模型是监测研究区域生态环境质量常用的模型。RSEI 的改进主要有指标选取、各指标权重的确定以及年份间 RSEI 的相关性研究等三方面。对于 RSEI 指标选取方面的改进，付杰等[20]在土地利用强度、人口聚集与坡度的基础上，增加了土地利用、人口分布以及地形指标，研究结果表明，改进后的 RSEI 具有很好的合理性；范德芹等[21]在绿度、湿度、热度、干度四个指标的基础上引入植被净初级生产(NPP)指标，研究结果表明增加了 NPP 指标能够更好地从长时间角度反映生态环境的变化；杨羽佳等[22]融入人类活动强度指标(IPOI)构建改进城市遥感生态指数(IRSEI)，研究结果表明 IRSEI 在城市生态评测中具有很强的实用性，能综合评价人类活动对生态的影响，更好地识别出城市中心斑块。关于构成 RSEI 指数的各个指标的权重的确定，程琳琳等[23]采用熵权法计算权重并用指数和法计算遥感生态指数(RSEI)，研究结果定量地反映了生态环境质量的空间分布和变化情况；杨羽佳等[22]采用 BPMS 提供的 AHP(层次分析法)决策表确定权重，该表可以快速进行矩阵计算、多方案权重计算等。在利用 RSEI 进行时序研究时，黄锦等[24]指出不同年份间绿度、湿度、干度、热度指标，以及耦合 RSEI 值未必具有可比性，针对这一问题，在研究中选取伪不变地物为基准，对指标值进行年间修正，并将更正后的指标值进行多期数据的综合主成分分析，构建不同年份间统一的 RSEI 评价模型，研究结果表明，改进之后的模型能够很好地解决传统 RSEI 模型中不同年份间数据的可比性问题。

1.3 土壤侵蚀的相关研究进展

1.3.1 土壤侵蚀沟识别

随着遥感技术的发展，遥感影像逐渐被应用到土壤侵蚀沟的监测中，土壤侵蚀沟的识别是最为基础的一步。起初对于土壤侵蚀沟的识别方法为目视解译，即通过人机交互的方式手动识别和绘制侵蚀沟的长、宽、面积及空间位置等信息[25-27]。针对不同类型卫星遥感影像及航空影像的土壤侵蚀沟识别结果之间的差异研究，诸如基于目视解译的方法对比 Spot-5 卫星、Alos 卫星、DMC(数字航空摄影机)、Pleiades 卫星、资源三号卫星以及高分一号卫星六种不同影像的识别结果，发现不同的空间分辨率下其识别精度有较大差异，但也并非分辨率越高识别效果越好，不同遥感影像所识别的土壤侵蚀沟的类型也不同[28]。

为了提高土壤侵蚀沟的识别效率，国内外学者开始注重自动识别方法的研究，目前的研究总体来说可以分为面向像元的方法和面向对象的方法两类。面向像元的方法即像元为最小的分类单元，通过建立规则判断每个像元是否为土壤侵蚀沟，这种方法只应用了影像的光谱信息，因此对训练样本选择的要求较高[29-30]。面向对象的识别方法的最小分类单元为对象单元，该方法可以充分利用影像的光谱和纹理信息，具有更高的识别精度[31-32]。诸如利用高分一号卫星 2 m 和 16 m 分辨率的影像识别了不同尺度下的土壤侵蚀沟[33]；采用最优分割尺度和随机森林、支持向量机和 K 最近邻三种分类方法识别了延安市安塞区的侵蚀冲沟和切沟[34]，利用地面曲率识别了排土场边坡的侵蚀细沟[35]。近年来，机器学习和深度学习发展迅速，目前基于机器学习的方法识别侵蚀沟的研究很少，在裂缝识别方面主要有逐块分类法、目标检测法和语义分割法[36-37]。

1.3.2　土壤侵蚀评价

土壤侵蚀评价是了解土壤侵蚀程度的重要手段。目前土壤侵蚀模型可分为经验统计模型与物理模型。最早的土壤侵蚀模型形成于 1965 年，美国学者通过对 1 000 个径流小区近 30 年的观测结果进行整理分析，提出了著名的 USLE（通用土壤流失方程）模型[38]。由于 USLE 模型未考虑各因子之间的相互作用，其适用性较低，后来学者对 USLE 模型进行了修正，提出了 RUSLE 模型[39]。刘宝元等以 USLE 模型为基础，构建了我国的土壤侵蚀预报模型（CSLE 模型）[40]。USLE、RUSLE 以及 CSLE 模型均属于经验统计模型。而物理模型中 WEPP（土壤侵蚀预测）模型最具有代表性，该模型可根据降雨、地形、植被、地表状况等数字化数据估算侵蚀量[41]。

学者们对于土壤侵蚀评价的研究以 RUSLE 模型为主，借助 GIS（地理信息系统）与 RS（遥感）技术实现不同空间尺度、不同区域的评价[42-45]。依据遥感数据统计获取各因子值，利用地图代数法测算得出研究区域的土壤侵蚀模数，进行土壤侵蚀的时空变化的研究[44,46-47]。基于历史数据测算各个评价期内的土壤侵蚀强度，分析其时空变化规律与特征。基于样点调查的空间插值法、地图代数法进行土壤侵蚀评价[48]。对于评价精度的影响因素研究发现 DEM 数据的精度会影响土壤侵蚀的评价结果及坡度和坡长因子的提取准确度[49]。不同计算方法、土地利用数据的精度等都影响土壤侵蚀强度的精度[50-51]。

1.4　生态安全评价研究进展

1987 年第 42 届联合国大会上第一次提出了“环境安全”这一概念。1992 年美国国家环境保护局（EPA）提出“生态风险评价大纲”，首次系统地阐述了相关的研究概念和方法。到 20 世纪末，学者们开始重视将环境与社会经济进行联系[52]。而首次从环境安全发展到生态安全是 2005 年，Pirages 和 Cousins 在回顾了相关概念后，提出了从对资源稀缺上升到对更广泛的生态系统相关问题的担忧。而发展至今，生态安全已经与各种行业的发展密切联系在一起。

1.4.1　生态安全评价框架研究进展

生态安全评价的核心是构建评价框架体系，目前主要的评价框架体系一共有三种，分别是驱动力-状态-暴露-效应-作用（driving force-state-expose-effect-action，DFSE/E/A）模型、压力-状态-响应（pressure-state-response，PSR）模型和驱动力-压力-状态-影响-响应（driving force-pressure-state-influence-response，DPSIR）模型。

PSR 框架模型是最先被提出来的。国际经济合作与发展组织（OECD）在 1990 年提出了 PSR 框架模型，其成为生态安全评价中运用最广的模型[53]。PSR 模型得到如此广泛的应用，成为国际上进行生态安全评价综合决策的主要工具之一，是由于 PSR 模型深刻地反映了自然生态系统与社会生态系统中生态系统相互作用的机理。构建 PSR 模型通常有 4 个步骤：选取指标、权重分配、建立指标体系、计算状态值。联合国可持续发展委员会（UNCSD）再次提出 PSR 概念模型以满足进一步需求，欧洲环境署（EEA）则相应地提出 DPSIR 框架模型。2001 年王韩民等在分析了国外生态安全评价指标的基础上，第一次明确提出将“压力状态下的风险响应”框架引入生态安全评价指标体系[54]。

1.4.2 生态安全评价方法研究进展

对于生态安全评价方法，不同的学者有着不同的研究方法，但总体上可以把它们归为数学模型法、生态模型法、景观模型法和数字地面模型法 4 类。

数学模型法，其典型代表是综合指数法。综合指数法通过整合数据信息对计算的综合值进行分级，用以确定区域土地生态安全的综合水平。马智渊等[55]运用综合指数法评价了特克斯县的土地健康状况，崔馨月等[56]运用 DPSIR 模型以及综合指数法得到长三角 41 个城市的生态安全指数。其他常见的数学模型方法还包括模糊综合法[57]、灰色关联法[58]、物元模型法[59]等。

生态模型法主要是指近年兴起的生态足迹法[60]。生态足迹法通过表现出生态系统的现有负荷量或人类社会对生态系统的需求，计算支持一定人口所需要的生产性生态系统面积来评价生态安全。Chen 等[61]利用生态足迹模型对琉球岛生态承载力进行了评价；黄海等[62]利用土地生态压力指数计算合川区的生态足迹与土地生态安全指数；Guo 等[63]将生态足迹模型与生态压力指数、生态足迹多样性指数等指标结合对呼伦贝尔草原进行了生态安全评价。

景观模型法采用景观生态学的思想，用景观生态指数来定量化地描述区域土地生态安全情况，这种方法正在成为当前的一大发展趋势[64]。景观生态学研究缘起于 Troll 在 1939 年的东非土地利用研究，其于 20 世纪 80 年代逐渐形成了斑块-廊道-基底景观生态学基本模式。2006 年郭明[65]等运用历史影像资料统计景观斑块的面积、数量、形状等空间特征，以评价区域的生态安全格局。

数字地面模型法主要基于 3S 技术、栅格数据结构，具有易叠加、易逻辑运算的优势，以数字生态安全法为代表，利用地理信息系统(GIS)进行数据评价分析[66]。2018 年，陈永林等[67]利用 ArcGIS 及 MATLAB 软件，根据生态空间风险评价方法构建微粒群-马尔科夫(Malkov)复合模式，选取长株潭城市群作为研究区域；2019 年，马利邦等[68]等根据生态空间风险指数讨论了长株潭城市群景观生态系统的生态空间重构问题。

1.5 研究评述

在生态系统损伤识别方面，尽管诸多学者已经采用土地利用分类、特征指数和雷达技术等方法在矿区采矿边界、矿区沉降边界和矿区受损区域等方面开展了大量研究并且取得了较为显著的成果，但是由于土地利用分类法和 D-InSAR 沉降分析法自身的复杂性，矿区采矿边界和沉降边界的提取过程复杂繁琐，提取方法过于追求精度而忽略了方法的简单快速性。而寻求快速识别损失边界并进行损失程度的快速评价是非常重要的。

在土壤侵蚀与评价方面，尽管诸多学者利用无人机和遥感技术在土壤侵蚀调查监测方面已经取得一定的研究成果，但是现有研究还存在一些不足：在侵蚀沟识别上，对于小尺度下侵蚀细沟的识别研究较少；在侵蚀沟调查维度上，对侵蚀沟长度、宽度的调查研究较多，而对侵蚀沟深度的测算调查不足；在侵蚀评价上，传统的方法主要是对面状侵蚀强度进行评价，缺乏对于监测单元内侵蚀沟发育程度的评价。

在生态安全评价方面，有数学模型法、生态模型法、景观模型法和数字地面模型法等多种方法，但是评价结果的合理性还需要继续验证。

总之，关于单个项目的生态系统的识别研究已经取得一定进展，但是对于特殊的人工生态系统——矿区生态系统的研究还需加强，须分析采矿扰动对生态环境的影响特征、影响规律，提出解决的措施和途径，确保矿区生态系统的可持续发展。

第 2 章　生态脆弱矿区生态损伤机理

2.1　矿区生态系统损伤的概念

一般生态系统按照一定的发展规律并在一定范围内波动达到动态平衡状态，而矿区生态系统在采矿活动的持续扰动作用下，系统内生态因子波动范围超出平衡范围导致非生物组分和生物组分受到胁迫而改变，系统的结构和功能打破原有的平衡状态难以恢复。

煤矿区生态系统是在矿区范围内自然生态系统和以煤炭资源开发利用为主导的社会环境系统相互作用而形成的复合生态系统。煤矿区生态系统的结构和功能受到煤炭开采的极大影响，其演变情况一般经历原始型、掠夺型、协调型 3 种状态。煤炭资源开采对生态系统产生的剧烈扰动，会导致矿区一定范围内土壤、植被和水体结构遭到破坏，生态环境受到污染，整个生态系统处于受损的状态。如果不及时开展生态环境治理，便会使生态系统随外来干扰和内在熵增的加强超越了生态阈值而走向崩溃。因此，区别于一般受损生态系统，煤矿区会边开采边开始实施生态修复工程，进行水土保持、防风固沙等防护措施重塑地貌、改善生境。

有研究者在野外实验的基础上分析矿区的生态系统受损特征，进而按原地貌、损毁和重建时期的不同生态水平划分矿区生态系统演变阶段。同其余有限性资源产业的发展进程相似，煤炭产业也会经历开发、发展、稳定与衰退阶段（图 2-1）。煤炭产业开发期生态系统功能逐渐丧失，产生较大的负生态效益；发展期和稳定期前期的生态系统功能继续下降，随着生态重建工作的开始，逐渐得到调整，产生生态效益的同时，在减轻自然灾害方面产生一定的社会和经济效益；衰退期由于采煤活动的停止，如果企业积极进行生态修复，合理组织，高效重建，那么生态恢复的工作就会展现成效，煤矿区生态系统逐渐恢复生态系统功能。此阶段以经济效益为主导，促进社会进步，提高土地生产率，改善土地利用与生产结构。到达这一阶段，才可能实现多方效益的高度统一。在适宜的阶段采取针对性的生态补偿措施，进行合理的生态修复可以减少生态损失、缩短矿区生态环境的重建时间。

本书中的矿区生态系统损伤就是指该动态演变过程前后的变化。具体来说，井下掘进活动、矿物加工、存放运输等煤炭资源开采利用活动引起地面塌陷、地裂缝、地表（地下）水污染、地下水位下降等生态环境问题，导致矿区生态系统中土壤、水、地形、空气等非生物组分发生改变，引起整个生态系统响应，生态系统功能构成、景观结构等发生变化，离开平衡状态向不稳定状态偏移。矿区生态系统的损伤程度受到采矿活动扰动强度的影响，扰动强度大，生态系统损伤也大。本书提出的矿区指在采矿扰动下生态环境受到直接或间接影响的区

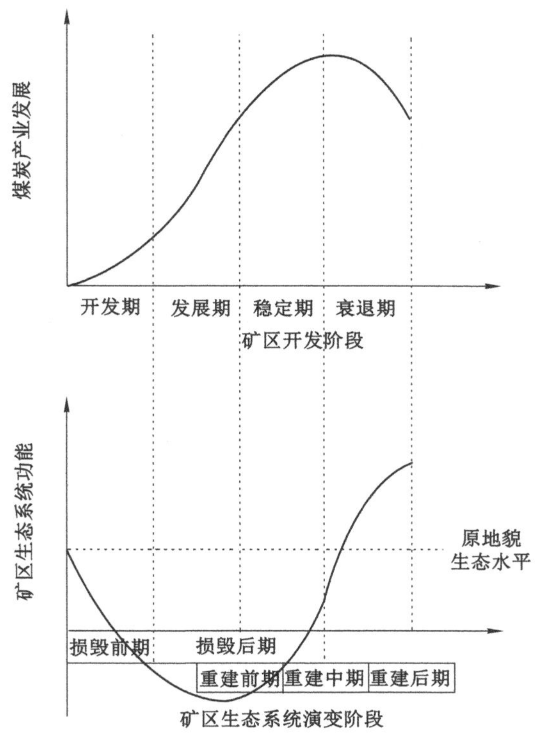

图 2-1　煤矿区生态系统演变阶段生命周期与煤炭产业发展的关系

域，由此可见矿区生态系统损伤特征与矿产资源开发利用生命周期紧密相关，即矿区生态系统损伤特征呈现出生命周期性，如表 2-1 所示。

表 2-1　矿产资源开发利用生命周期内生态系统损伤特征

矿产资源开发利用生命周期	矿区生态系统的损伤特征
规划建设阶段	采矿扰动开始，生态环境要素变化不大
发展阶段	采矿扰动强度增大，生态要素变化开始明显
稳定阶段	采矿扰动不断加强，生态安全面临挑战
衰退阶段	由于生态累积效应，采矿扰动持续加强，可能突破生态承受阈值
关闭后	累积效应持续影响矿区生态系统

简单地说，在矿井规划阶段，矿区生态系统损伤程度较小，主要是土地利用方式的改变；在矿产资源开发利用阶段，采矿活动对矿区生态系统的扰动最强，持续时间最长；在矿井关闭之后，尽管采矿活动终止，但是由于生态累积效应，矿区生态系统很难再恢复到采矿前的自然生态系统。矿区煤炭开发利用整个生命周期内生态系统变化如图 2-2 所示。

根据矿区生态系统的损伤特点可见，矿产资源的开发利用引发了诸多生态环境问题，随着时间的推移在空间上的扩展和损伤破坏程度日益严重，使得脆弱的干旱半干旱生态系统失去平衡状态，极大地影响了矿区经济、社会可持续发展和生态文明建设。

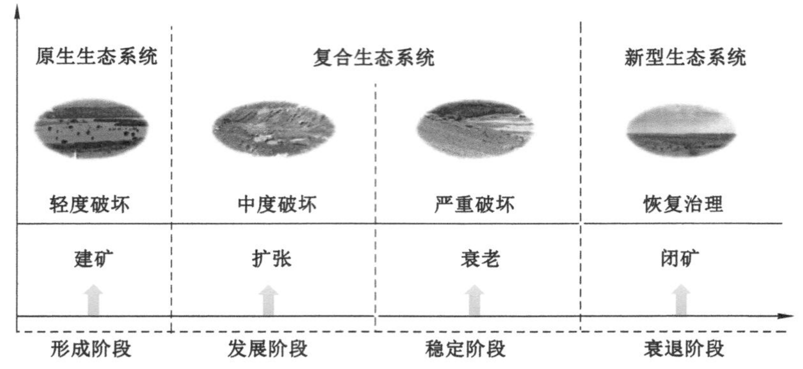

图 2-2 煤矿区生态系统阶段性变化特征

2.2 生态脆弱矿区生态系统损伤的类型

煤炭资源开采对矿区生态系统的损伤形式主要如图 2-3 所示。由图 2-3 可见，露天开采方式对矿区生态系统的破坏形式有挖损、压占、大气污染、植被减少、土壤污染、滑坡和水资源破坏等；井工开采方式对矿区生态系统的破坏形式有大气污染、植被减少、土壤污染、地裂缝、地面沉陷、滑坡和水资源破坏等。矿区生态系统损伤分类体系见表 2-2。

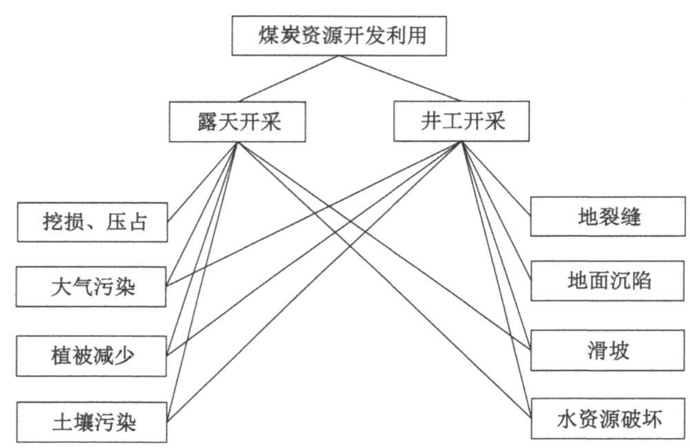

图 2-3 煤炭资源开采对矿区生态系统的损伤形式

表 2-2 矿区生态系统损伤分类体系

	地表形态				地表植被		水环境	土壤特性	空气质量
	土地挖损	土地压占	地表沉陷	地裂缝	植被减少	植被损伤	水污染	土壤污染	空气污染
露天开采	++	++	+		++		++	++	++
井工开采			++	++	+	+		++	

注：+表示有轻微损伤；++表示有严重损伤。

2.2.1　土地损毁

矿区土地损毁是指矿产资源开发与利用对土地带来的负面影响。我国矿产类型多样，土地损毁类型因矿产赋存、开采工艺、土地利用等情况的不同也存在着较大差异，同一损毁类型在不同矿区的体现也大有不同，总体来讲分为挖损、塌陷、污染、压占、占用等五类(图 2-4)。

图 2-4　矿区土地损毁类型

2.2.2　植被退化

植被退化是矿区生态系统功能退化最典型的表现特征。在矿区形成初期，煤炭产量较少，扰动范围较小，多以点状分布，煤炭开采对矿区造成的不良影响还没有显现出来，几乎没有多大变化。不过，由于矿区及配套设施的建设需要占用一定量的土地资源，矿区内还是存在大面积林地被砍伐、草场被毁、植被被破坏的现象，打破了该区域原有的生态平衡，生态环境质量开始下降。随着开采过程的不断深入，原本深埋于地下的矿石不断地被开采出来，大规模地暴露于地表，地表植被遭到破坏，导致生态系统原有的固碳释氧能力下降。随着矿区逐渐稳定进入成熟期，原有相对平衡稳定的生态系统受到强烈扰动，植被覆盖率降低、荒漠化等一系列现象逐渐出现，植被的自我修复能力逐渐变弱直至丧失。最后矿区进入衰退期，原有的生态系统基本被破坏，矿区对生态环境造成的外部扰动逐渐减弱，由于煤炭资源开采造成植被生态功能退化等问题，需对矿区内的土地进行复垦，对矿区生态系统进行全面的恢复或重建。

2.2.3　土壤侵蚀

土壤侵蚀是指土壤及其母质在水力、风力、冻融或重力等外营力作用下被破坏、剥蚀、搬运和沉积的过程。土壤侵蚀是土地退化的主要原因和组成部分，直接导致生态环境恶化。当前，土壤侵蚀已成为全球性公害，严重威胁着人类生存与社会发展。

西部生态脆弱区的地质灾害问题之一就是土壤侵蚀。由于采煤活动的影响，矿区及周边环境持续遭到破坏，采煤引起的地表变形和塌陷，降低了土壤生态系统的稳定性，减少了土壤中的有机质和微生物，同时加剧了土壤退化。土壤的保水功能也受到影响，土壤中物质与养分难以形成循环和迁移，导致部分区域不同程度的土壤侵蚀。

2.2.4 废弃物污染

煤矸石、矿井废水、燃煤余热、尾矿坝和废弃物是矿区的主要污染源。固体废弃物不仅占用大量土地，并且在长期风化、雨水淋溶的作用下发生一系列物理、化学变化，产生有害物质，污染周围土壤、地表水、地下水，使矿区周边耕地减产，破坏土壤的养分，并对土壤生物活动产生一定影响。同时，煤矸石自燃释放出大量的 SO_2、NO_2，这些气体在空气中氧化为酸，并随雨水降落地面，即酸雨。酸雨会使土壤发生酸化和盐渍化，影响作物生长，造成农业减产。总之，这些污染导致土壤质量下降，表现为地表植被的自然生产力下降、植被覆盖度降低、生物物种的数量减少、食物链断链等，原有的生态系统平衡遭到破坏。

2.3 典型生态脆弱受损区损伤机理

2.3.1 采矿扰动类型

内蒙古生态脆弱矿区采矿扰动类型可以归纳为裂缝、滑坡、塌陷和废弃 4 种。对该地区典型矿区的调查结果表明：塌陷与裂缝是矿区最常见的扰动形式，其次为滑坡，废弃扰动最少，如表 2-3 所示。从各扰动发生的原因来看，裂缝、滑坡、塌陷实质上是地下煤层采出后，应力传导到地表的不同表现形式；工业场地的废弃则与之有较大的区别，其主要是矿区资源的枯竭或煤炭整合政策实施导致的结果。受区域自身地形起伏较大影响，塌陷导致的地形变化并不明显，而裂缝与滑坡更具显性。从分布特征来看，裂缝随工作面零散遍布于矿区，而滑坡则集中分布于沟谷地带。总体来说，内蒙古生态脆弱矿区采矿扰动类型多样，且同一种扰动类型也存在不同发育特征。

表 2-3 采矿扰动类型及影响因素

扰动	发生频率	原因	形态	类型	影响因素
裂缝	70/75	均匀沉陷变形，土体张裂	显性，植被死亡，分布零散，单体间发育差距大，平均 0.4 m宽	边缘裂缝与动态裂缝	煤层倾角、采深、采厚、开采方式、土壤质地发育位置
滑坡	29/75	沟谷区，土体荷载过大，失稳	显性，植被死亡，群落结构损毁，分布集中于沟谷区	分散下滑，整体分块下滑	地形、坡度、植被覆盖、土壤质地
塌陷	75/75	采空区顶板垮落，应力重分配	隐性，影响微弱，一般塌陷深度 0.5～3.5 m	一般沉陷变形，典型塌陷坑	煤层倾角、采深、采厚、开采方式、土壤质地
废弃	6/75	资源枯竭，政策关停	显性，资源浪费	废弃工业场地，废弃居民点	资源储量、管控政策、区位条件

2.3.2 采矿扰动的生态影响

采矿活动是最剧烈的人类扰动之一，而矿区实质上又是一个社会-经济生态复合系统，因而采矿扰动所带来的影响也是显著的。

不同采矿扰动类型的生态影响见表 2-4。

表 2-4　不同采矿扰动类型的生态影响

干扰类型		生态影响			生态影响特征
		水	立地植被	土壤	
裂缝		通过下渗与截留，改变微地形水体运移过程；裂缝断面处，土壤水蒸发作用强烈，降低裂缝周边土壤含水量	直接引发植被根系拉裂损伤、死亡；降低土壤营养，潜在抑制植被生长	导致土壤持水能力下降，氮、磷、钾等营养元素流失，加剧土壤侵蚀流失，降低土壤质量	最常见扰动，数量较多，破坏生态，降低土地生产力；分布零散，工程修复难度大、任务重
滑坡		滑坡发生后，地形变化剧烈，极大地改变了原有的坡面径流状况；当滑坡体过大，滑坡前缘堆积物会堵塞沟谷，影响区域径流	植被因被掩埋或根系损伤、暴露而死亡，且程度剧烈；植被生态位发生转移，高处植被转移到坡底，生长遭到抑制；植被群落损毁严重，种间互利反馈关系微弱	土壤结构遭到破坏，土壤孔隙率增大；熟土被掩埋，生土外漏，土壤营养重分配，且分布不均；滑动裂隙的存在及植被覆盖度低导致土壤侵蚀严重	由于影响较裂缝次之，但扰动剧烈，多发育于沟谷，主要破坏生态、加剧水土侵蚀等；以恢复植被覆盖为主要需求
塌陷	一般沉陷	沉陷可降低也可增加原地形高程，改变地表径流方向；改变地下水运移流场	整体沉陷后，植被生长的土地单元保存完整，植被根系、植株、群落不被直接损伤，间接受到水土条件改变的微弱影响	分布于沉陷区的边缘地带，如拉伸、压缩变形区，影响土壤物理性质，沉陷中心地区影响不明显	影响微弱，居民依靠坡地生产生活经验可弥补地形变化产生的影响，恢复需求不迫切
	塌陷坑	降低区域土壤含水量；雨季可形成临时积水坑	直接引发坑上植被的死亡；当深度过大，坑底植被因缺乏光照难以生长；影响范围较小	坑底土壤含水量较高，土壤氮、磷、钾含量受周边侵蚀土壤集聚影响而相对较高	单体扰动剧烈，但数量少，治理需求一般，但耕地塌陷坑治理需求迫切
废弃	工矿用地	重金属及油类污染随降雨入渗，向地下迁移扩散，影响当地和周边地下水资源	植被污染元素富集，群落结构简单，多为初级演替的草本，植被演替发育难度大	土壤污染严重，土体硬化密实，土壤孔隙率低，土壤生态功能丧失	矿区关闭后的普遍现象，资源浪费，须恢复建设用地价值。农业用地与建设用地使用存在制约，需要人工干预、消除污染
	居民点	污染程度较轻，主要源自生活污水、生活垃圾渗流	砖石等建筑垃圾堆积，植被生长受限，但与初始状态相比植被覆盖度逐年提高	影响程度微弱，建筑垃圾等压占影响土地生产力发挥	复垦耕地是主要需求方向

综上所述，矿区生态系统损毁是裂缝、滑坡、塌陷、废弃等扰动综合作用的结果。结合上述各扰动生态影响的分析，可以发现，裂缝、滑坡、塌陷、废弃对矿区水、土产生强烈扰动，但生态影响存在一定的差异，生态恢复方向和需求也不尽相同。裂缝干扰数量多、分布广，人工治理成本大，对植被显性影响大，生态恢复方式的需求以自然恢复为主；滑坡干扰数量相对少，对植被显性影响大，群落损伤严重，生态恢复方式的需求以自然恢复为主；相比之下，废弃场地面积小、分布集中、恢复难度大，需要人工干预调节土地利用和重建景观；塌陷分布

广，但并不直接造成显性的植被损伤，恢复需求不迫切。综合来看，滑坡和裂缝成为内蒙古生态脆弱矿区生态恢复的焦点干扰，而且考虑到生态恢复成本和需求，自然恢复是考虑的重要方向。

2.3.3 采矿扰动损伤机理

采矿阶段、采矿方式、煤炭资源储量、地质条件等对矿区生态系统的影响都不一样，受影响的生态因子及其损伤程度等都是不同的。下面从地形、土壤、水文、植被、生态系统等生态因子角度分析其损伤机理。

2.3.3.1 地形因子的损伤机理

地形因子的损伤程度主要通过煤炭开采前后地表变动的程度来反映，地表变动程度受到多种因素的影响。

(1) 煤矿开采导致地表变动的原理

煤矿开采造成地表变动的过程是十分复杂的。煤炭被采出后，在地层体内形成了一个空间，原来的应力状态随之改变。采空区顶板岩石在自重力和上覆岩层压力下，产生向下弯曲、变形和移动，当顶板岩层内部形成的拉、张应力超过该岩层极限抗拉强度时，顶板岩层即发生断裂破碎，相继垮落，上覆岩层随之向下弯曲、移动，直至地表变形和下沉。随着采煤工作面的推进，受到采动影响的地表变形范围不断扩大，形成下沉盆地。地表沉陷盆地范围一般大于采空区面积，其位置和形状与煤层倾角大小有关。随着煤层倾角的增大，盆地中心沿煤层倾斜方向偏移越来越远，并逐渐形成不对称采空区，造成地表塌陷、裂缝、滑坡等，使地表在水平方向、垂直方向发生形变。

(2) 地表变动的影响因素

地表变动的影响因素主要有煤层的埋深、厚度、倾角及上覆岩层的岩性、地质构造、地下水活动和开采条件等。不同影响因素下，地表变动的响应特征也不同，如表 2-5 所示。

表 2-5 地表变动的影响因素及响应特征

影响因素		地表变动的响应特征
采矿因素	煤层的埋深、厚度	煤层埋深越大，地面变形越缓慢、平缓，开采影响到地面所需时间越长，地表变形值越小；煤层越厚，开采空间越大，则地表变形越严重
	煤层倾角	煤层倾角的大小主要影响塌陷的地表形态特征：开采水平或缓倾斜（<25°）煤层条件下，地面沉陷表现为四周基本对称的盘形下沉盆地；随着煤层倾角的增大，沉陷盆地和采空区的位置越来越不对称，沉陷盆地内的水平位移越大
地质因素	上覆岩层的岩性	上覆岩层强度越低，分层越薄，则采空区沉陷速度快，反映到地表所需时间短，地表变形越大，沉陷规模也相对较大
	地质构造	岩层节理裂隙发育，会促进变形加快，增大变形范围；断层会破坏地表移动的正常规律，改变沉陷盆地的大小和位置，其上方的地表形变更加剧烈
其他因素	地下水活动	地下水活动越强，地面变形速度越快，范围越广，形变量越大

（3）地表变动程度评价

根据以上分析，地表变动受各种地质条件、采矿条件等因素影响，形成不同的地表变动特征，但地表形变可以看作点、线、面等几何要素空间位置关系的变化，这些变化导致采动范围内的生态因子产生不同程度变动，因此地表变动程度评价可采用空间位置几何要素移动与变形量来表达。采动点的移动可以用采动点的下沉分量和水平移动分量来进行表示，线的移动可以用线段变形指标来表示，如倾斜变形、曲率变形、扭曲变形、水平变形、剪切变形等，变形指标可以用点的下沉值和水平移动的导数、偏导数表示，点的水平移动曲线与点的倾斜曲线成比例关系，因此，所有变形指标都可用点的下沉值函数 $W(x)$ 表示，即：

因此，下沉值的计算是进行地表移动和变形分析的关键。点的下沉值的计算主要采用观察法和数值模拟计算法。根据徐州矿区煤炭资源开采方式、煤炭资源的特点、地质条件分析，其地表移动与变形分布曲线形态符合概率积分型分布。因此，采用概率积分法计算地表点静态下沉值 $W_o(x,y)$ 时，充分考虑了采动程度、煤层倾角以及工作面形状等因素对地表下沉的影响，即：

$$W_o(x,y) = W_{cm}\iint_D \frac{1}{r^2} e^{-\pi\frac{(\eta-x)^2+(\zeta+y)^2}{r^2}} d\eta d\zeta \tag{2-3}$$

式中，$W_o(x,y)$ 为坐标 $A(x,y)$ 的下沉值；W_{cm} 为充分采动条件下地表最大下沉值；r 为主要影响半径；D 为地下开采区域。

在实际应用中，还需要考虑研究区域实际情况对地表点 (x,y) 的 $W_o(x,y)$ 进行调整，以得到任意时刻 t 该点的下沉值 $W(x,y,t)$。

$$W(x,y,t) = W_o(x,y) + \delta W_t + \delta W_{rm} + \delta W_{sd} + \delta W_{tp} \tag{2-4}$$

式中，δW_t、δW_{rm}、δW_{sd}、δW_{tp} 分别表示下沉的时间影响调整值、重复采动调整值、重叠变形调整值和地表地形地貌调整值。

（4）实例分析

满来梁煤矿属于鄂尔多斯市神东矿区东胜区总体规划中的矿井之一。满来梁煤矿井田宽度 5.51 km，南北长度 6.11 km，井田面积 19.184 km^2。矿井工业资源储量为 165.32 Mt，设计资源储量为 160.40 Mt，可采资源储量为 116.40 Mt，生产能力为 1.80 Mt/a，矿井服务年限为 50 年，开采深度为 1 240 m 至 1 080 m。井田构造形态为一向南西倾斜的单斜构造，地层倾角一般为 1°～3°，沿走向发育，波状起伏，断层不发育，无岩浆岩侵入，构造复杂程度属于简单类型；煤层瓦斯含量低，为低瓦斯矿井；各煤层属容易自燃煤层；水文地质类型为二类一型，即以裂隙含水层为主的水文地质条件简单矿床。土壤类型主要有栗钙土和风沙土。井田植被类型为沙生植被，主要群种有红柳、沙竹、沙蒿、杨柴等，草群高度 30～50 cm。植被覆盖度为 30%～50%。

根据上述煤炭地表变动的机理和变形程度评价方法，对满来梁煤矿的地表下沉值进行评价，以 3-2 煤层和 4-2 煤层为例，如图 2-5 所示，根据表 2-6 可以得出土地的破坏程度情况（表 2-7）。煤矿开采对地表的影响面积达到 15.61 km^2，根据表 2-7 可以得出轻度、中度、重度破坏的面积占比分别为 56.10%、43.25%、0.65%。4-2 煤层最大倾斜为 73.4 mm/m，最大水平变形为 27.9 mm/m，开采区域地表可能产生裂缝面积为 86.3 hm^2。3-2 煤层最大倾斜为 33.6 mm/m，最大水平变形为 12.8 mm/m，开采区域地表可能产生裂缝面积为 45.8 km^2。

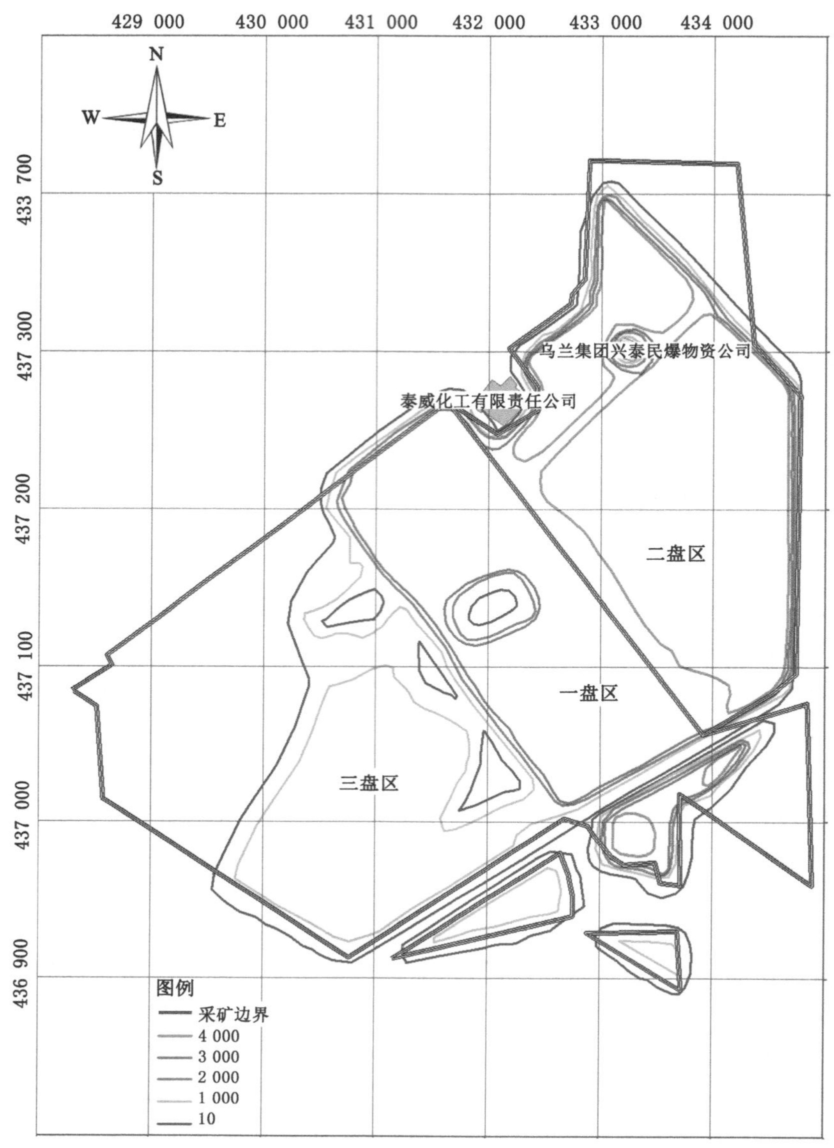

图 2-5　满来梁煤矿 3-2 煤层和 4-2 煤层地表开采下沉等值线（单位：mm）

表 2-6　地表变动程度分级标准

破坏等级	水平变形/(mm/m)	附加倾斜/(mm/m)	下沉/m	是否重复采动	生产力降低/%
轻度	3～10	6～20	＜2.0	否	＜20.0
中度	10～20	20～40	2.0～4.0	是	20.0～60.0
重度	＞20	＞40	＞4.0	是	＞60.0

表 2-7　满来梁煤矿地表不同破坏程度面积统计

破坏程度	轻度破坏	中度破坏	重度破坏	合计
面积/hm^2	875.57	675.04	10.23	1 560.84

2.3.3.2　土壤因子的损伤机理

煤矿开采造成土壤质量变化，使得水土及养分流失、土壤沙化，作物减产乃至绝产，最终沦为荒地。土壤因子的损伤程度可以用不同的土壤质量指标的变化来反映。

(1) 土壤因子变动的机理分析

煤矿开采导致地表下沉，在下沉盆地范围内，对土壤的直接损害常表现为耕地附加坡度产生、采动区边缘地裂缝分布、盆地中心长期或周期性积水、土壤特性改变及其生产力降低等。

坡地是地表下沉后形成的量大面广的景观破坏类型之一。从下沉盆地的分区特征可以看出，内边缘和外边缘区均为坡地；当沉陷未达到充分采动时，即最大下沉未达到时，所有下沉区域均为坡地。在坡地范围内，对土壤物理特性的影响可以通过土壤水分、土壤容重、土壤渗透率等指标来反映。采煤塌陷导致土壤颗粒产生破坏、推移、沉积等物理运动，致使土壤从上坡到沉陷中心，其紧实度、孔隙率、通透性、含水量、容重等发生变化，进而影响土壤生产力。对土壤化学特性的影响，可以通过土壤盐分、全氮、速效磷、速效钾、有机质、土壤酸碱性等指标来反映。采煤塌陷使土壤养分发生移动，在不同坡位呈现一定的规律。研究采煤塌陷耕地不同位置不同土层土壤养分可以了解其化学特性的空间分布规律。土壤微生物量在新塌陷地随坡位的下降而呈现下降趋势，而老塌陷地则受时间和其他因素影响而出现无规律变化。

(2) 土壤质量变化的影响因素分析

根据上述机理分析，土壤质量变化的影响因素及响应特征见表 2-8。

表 2-8　土壤质量变化的影响因素及响应特征

<table>
<tr><th colspan="2">影响因素</th><th colspan="2">土壤质量变化的响应特征</th></tr>
<tr><td>采矿因素</td><td>煤层的埋深、煤层倾角、地质构造等</td><td>土壤物理特性</td><td>影响土壤含水量、土壤容重、土壤孔隙率、土壤渗透率等，导致耕地跑水、跑肥，降低耕地生产力</td></tr>
<tr><td rowspan="2">下沉因素</td><td rowspan="2">稳沉时间、下沉位置</td><td>土壤化学特性</td><td>影响土壤盐分含量、有机质含量、全氮、全磷、速效钾、酸碱度等</td></tr>
<tr><td>土壤微生物</td><td>影响土壤微生物量</td></tr>
</table>

(3) 土壤质量变化程度分析

为了研究采煤塌陷对土壤质量的影响，以满来梁煤矿 3-2 煤层和 4-2 煤层的 2 个沉陷区域为监测点。塌陷盆地不同部位受采煤塌陷的影响各不相同，将沉陷盆地从边缘向中央划分为上部、中部、下部 3 个区域，并在附近不受采动影响的农田中也选择 1 个监测点作为对照点。在采样室内分析土壤容重、土壤孔隙率、土壤有机质、全氮、速效磷、速效钾等 6 个土壤特性指标，采用的分析方法为：土壤容重采用环刀法、土壤孔隙率采用容重换算法、土壤有机质测定采用重铬酸钾外加热法、全氮采用半微量凯氏法、速效磷采用碱解扩散法、速效钾采用火焰光度法。通过这六个指标研究土壤质量受采动影响的变化状况,结果如图 2-6、图 2-7 所示。

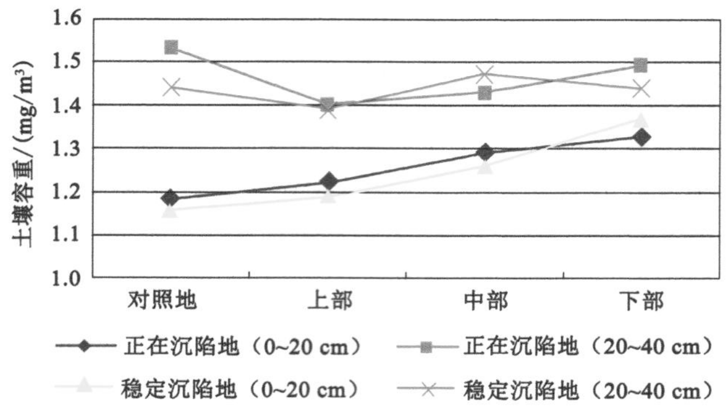

图 2-6　沉陷区土壤容重的空间变化

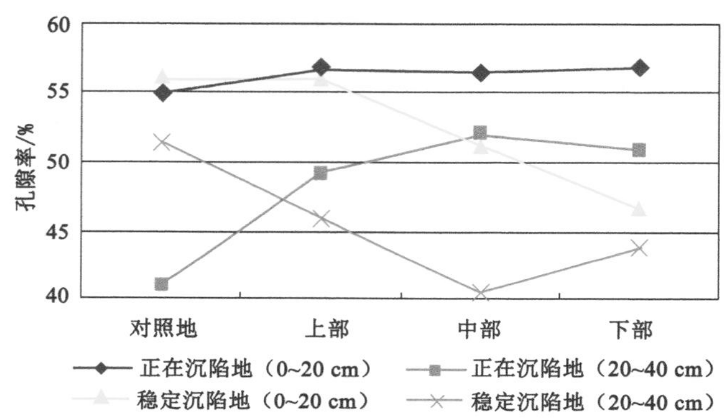

图 2-7　沉陷区土壤孔隙率的空间变化

从图 2-6 土壤容重的空间变化可以看出,土壤容重从下沉盆地外缘开始呈增长趋势,这主要是由下沉导致的附加坡度加速土壤侵蚀和土壤下沉过程中土壤沉实的共同影响。同一部位,下层土壤的容重明显高于上层,这是土壤重力作用的结果。正在沉陷区的土壤容重比稳定沉陷区高,说明采动对土壤结构的影响稍小,但与对照相比,0～20 cm 土层对照区土壤容重小,20～40 cm 土层对照区土壤容重大,这都是采动破坏土壤地力的结果。土壤孔隙率与土壤容重呈一定负相关,土壤容重呈增加趋势,孔隙率呈降低趋势。

从图 2-8 有机质含量的空间变化可以看出,不同层次土壤有机质含量都是开始时随下沉深度加深而下降,至下沉深度中部位置时达最小值,然后随下沉深度的增加而增加。沉陷土壤不同下沉深度的土壤有机质含量均比正常农田的低。分析其原因是采煤塌陷改变了原有地表形态,原来平坦的耕地变成下沉盆地,产生附加坡度或使原有坡度增大,从而加剧地表土体物质的移动和流失。因此,上、中部侵蚀流失的土壤细颗粒物质(有机质含量高)在盆地坡底积聚,则导致上、中部土壤有机质含量下降,而下部增加。正在沉陷耕地的有机质含量比稳沉耕地的有机质含量高,是由于采动对土壤破坏具有时间滞后性。土壤全氮含量具有和有机质同样的空间分布规律(图 2-9)。

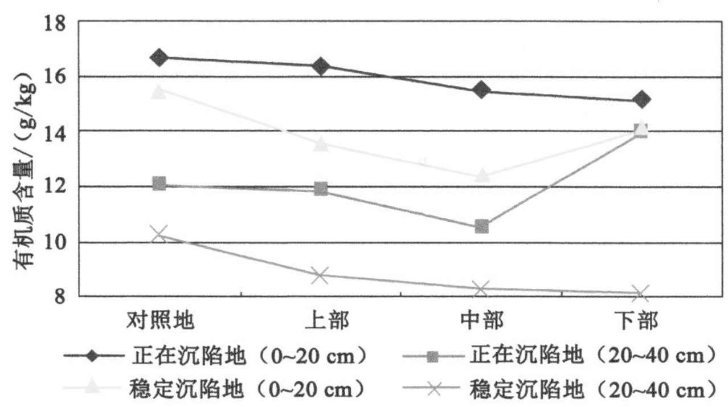

图 2-8　沉陷区土壤有机质含量的空间变化

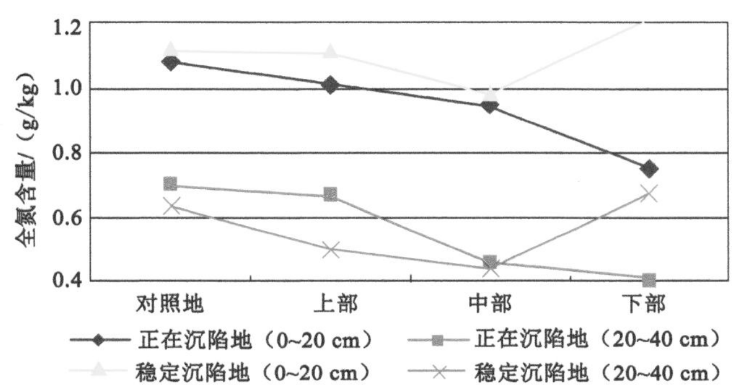

图 2-9　沉陷区土壤全氮含量的空间变化

土壤速效磷含量和速效钾含量具有相同的变化规律(图 2-10、图 2-11)，受采动影响，不同部位具有不同的变化情况。从塌陷盆外围向底部，由于土壤侵蚀和养分流失有增加趋势，底部速效磷和速效钾含量高于正常农田。

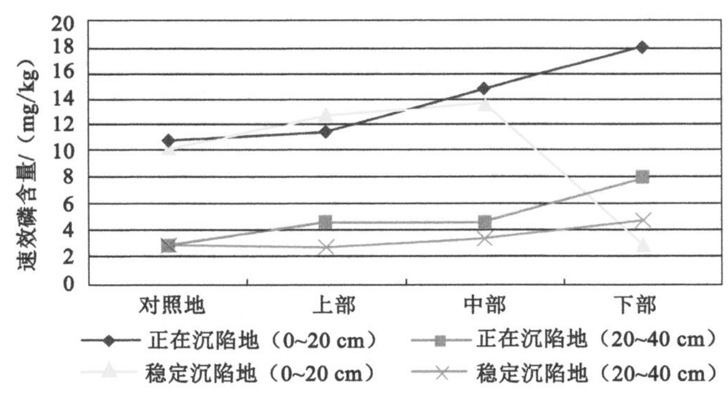

图 2-10　沉陷区土壤速效磷含量的空间变化

从以上分析可以看出，开采沉陷加速土壤侵蚀和水土流失，受其影响最大的是表层。沉陷耕地不同下沉位置土壤特性受开采沉陷影响的程度不一样，在下沉中部结合处土壤有机

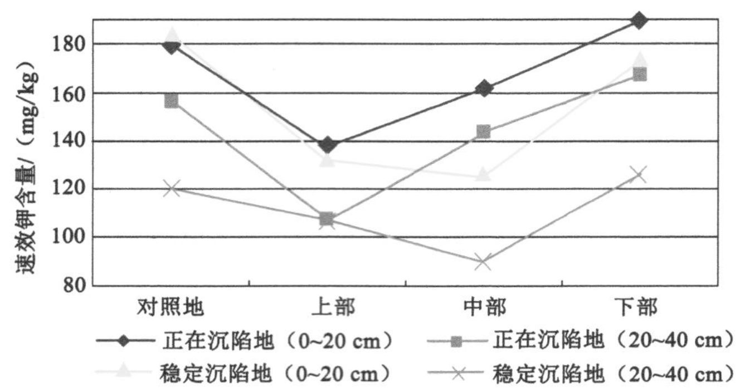

图 2-11　沉陷区土壤速效钾含量的空间变化

质和养分含量与正常农田相比下降幅度最大，说明该位置受开采沉陷引起的土壤侵蚀影响最严重；而在下沉坡底土壤有机质和养分含量增加，说明该位置积聚了大量的上、中部侵蚀下移的土壤有机质和养分。同时，正在塌陷的沉陷地土壤特性比稳定沉陷地的变化幅度小，是因为土壤特性的变化具有滞后性。

2.3.3.3　水文因子的损伤机理

水文因子的损伤主要是采矿过程对地表水、地下水产生的影响，及采矿后的固体废弃物对地表水的影响。

（1）水文条件变化的机理分析

煤矿开采过程中地质因素、采矿因素、潜水位临界深度、土壤平均含水量等导致潜水位、承压含水层、导水裂隙带高度等的变化，进而改变地下水含水层的补给、径流、排泄方式。不同因素影响程度不一样，这些因素组合改变了地下水的渗流规律，同时加剧了地下水水质恶化。

煤矿开采过程中产生的废石和尾矿在运输、堆放过程中因雨淋、渗漏、颠落等造成地表水污染。

（2）水文条件变化程度评价

为了准确评价矿区的水环境质量，对矿区附近的河流、湖泊、塌陷积水等区域的水质进行了检测，然后参考《地表水环境质量标准》(GB 3838—2002)规定的各类功能水体的控制标准进行评价。

（3）实证分析

满来梁煤矿属于乌兰木伦河流域，地貌为固定、半固定沙丘与丘陵相间，河沟内沟道发育少。煤矿开采引起地表塌陷，地貌发生改变。井田南部丘陵区产生的径流将被塌陷区截流滞蓄，不会补给给乌兰木伦河。

满来梁煤矿开采 3-2 煤层引起的导水裂缝带将会导通侏罗系中下统延安组第 1 含水岩段，最大导水裂隙高度 35.99 m，3-2 煤层至第四系之间底板之间最大厚度为 60 m，因此，开采该煤层不会导通第四系含水层。开采 4-2 煤层引起的导水裂隙带将会导通侏罗系中下统延安组，因此，煤矿开采产生的导水裂隙带对第四系含水层的直接影响较小。但开采期间地表沉陷在一定程度上改变了地面降水的径流与汇水条件，使含水层的水位和流向受到干扰，一般水位会有所下降，水量有所减少，严重的地方将会影响居民饮用水源。

矸石淋滤液对水环境也有一定影响。矸石露天堆放，经降雨淋溶后，可溶解性元素随雨水迁移进入土壤和水体，可能会对土壤、地表水及地下水产生一定的影响。通过对矿井矸石做淋溶实验，测定结果为，满来梁煤矿矸石不属于危险固体废弃物，属于第Ⅰ类一般工业固体废弃物，矸石淋滤液对水环境没有太大影响。

2.3.3.4　植被因子的损伤机理

（1）植被因子变化的机理分析

生态系统中存在生产者、消费者和分解者。矿产资源开发直接破坏生态系统中生物因子的数量、质量、空间分布，同时破坏生态系统的非生物因子，导致矿区生态系统的组成结构发生变化，进而影响生态系统功能。生物因子的变动中，直接受影响的是生产者系统。因为矿产资源开发首先影响植物种类和数量，影响生态系统的能量流动，造成生态系统的不稳定发展。

（2）植被因子变化程度分析

物种多样性可作为群落环境优劣的重要标志，能体现群落的结构类型、发展阶段、稳定程度和生境差异，群落多样性、均匀度及优势度等是反映物种多样性的定量指标。本节研究区域为西部生态脆弱矿区，植被类型主要有草地、灌木、玉米等人工种植类型，采矿扰动对矿区生态系统的影响主要表现为地表植被的破坏和植被覆盖度降低，因此，采用植被覆盖度指标在不同年限的差异性来反映生态系统损伤程度。植被覆盖度指植物群落总体或各个体的地上部分的垂直投影面积与样方面积之比的百分数，它反映植被茂密程度和植物进行光合作用面积的大小。

植被覆盖度可以直观地反映植被的生长变化，是表征植被特征的基本指标。在煤炭资源开发过程中，周边的生态环境发生变化，植物受损过程也体现在植被覆盖度不断减少的过程中。

植被覆盖度计算采用遥感估算法。遥感估算法主要有经验模型法和植被指数转换法。经验模型法需要借助特定区域的实测数据，推广受到许多限制。故本节采用植被指数转换法，通过 NDVI 指数来对植被覆盖度进行估算。测算公式如下：

$$f=\frac{\mathrm{NDVI}-\mathrm{NDVI}_{\min}}{\mathrm{NDVI}_{\max}-\mathrm{NDVI}_{\min}} \tag{2-5}$$

式中，NDVI 为所求像元的归一化植被指数；$\mathrm{NDVI}_{\min}$、$\mathrm{NDVI}_{\max}$ 分别为非植被覆盖部分（裸地和未利用地）和植被覆盖部分（林地、耕地）归一化植被指数的最小值和最大值。

（3）实例分析

利用植被覆盖度对满来梁煤矿植被覆盖的情况进行测算，结果如图 2-12 所示。

从图 2-12 可以得出，2010—2022 年期间满来梁煤矿的平均植被覆盖度分别为 26.78%、41.08%、38.83%、44.75%、42.09%，2010—2013 年，平均植被覆盖度呈快速增长的趋势，但是 2013—2022 年呈小幅变动趋势。2010—2022 年期间草地的平均植被覆盖度为 28.08%、44.22%、42.31%、47.73%、43.60%，其平均植被覆盖度变化趋势与满来梁煤矿的平均植被覆盖度变化趋势一致。2010—2022 年研究期间裸地的平均植被覆盖度为 24.36%、35.89%、33.74%、39.62%、39.78%，其平均植被覆盖度是最低的。可见，在矿产资源开采初期，矿区植被覆盖度指数不断下降，其中林地、草地的植被覆盖度指数衰减率最

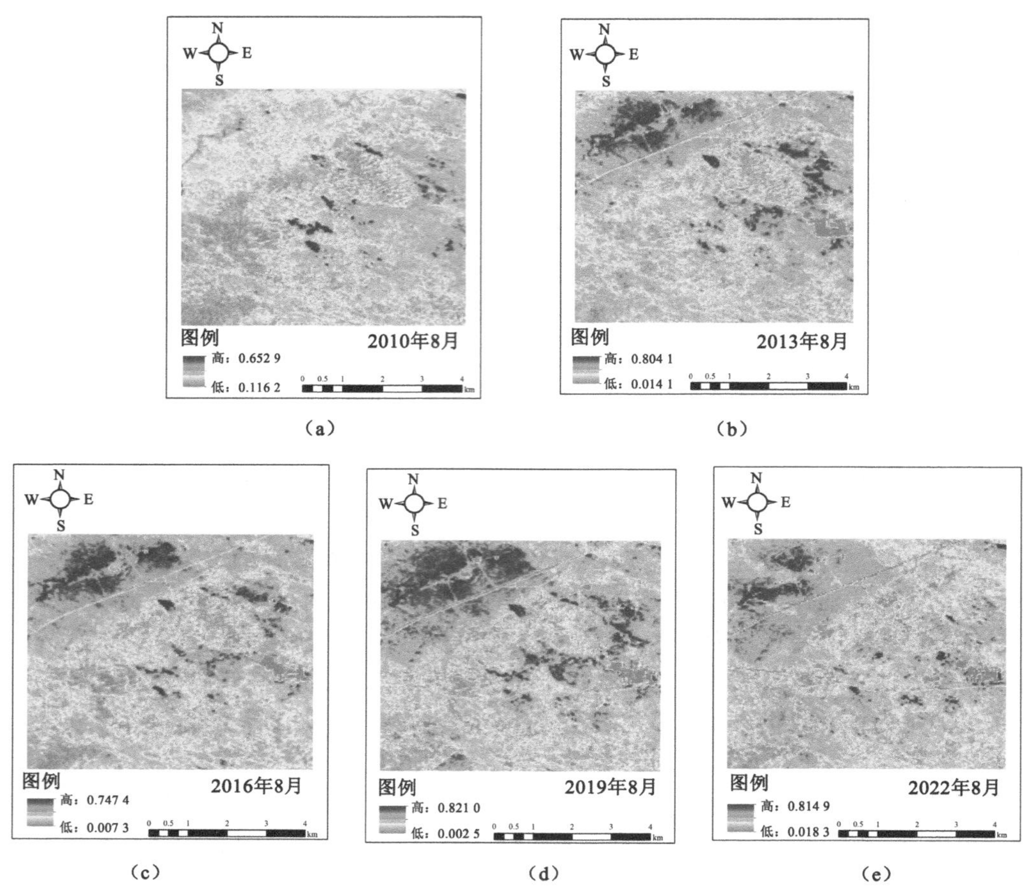

(a) (b)

(c) (d) (e)

图 2-12 不同年份满来梁煤矿植被覆盖度

高，其次是裸地，说明资源开采对植被的影响逐渐增大。从空间分布来看，矿区东部的植被覆盖度指数降低趋势明显，主要因为东部为煤矿的开采区，随着采矿面积的增大，地表植被严重减少，土地利用类型从耕地转变为废弃地，而西北部由于采取生态修复和保护措施，植被覆盖度不断增大。

2.3.3.5 景观生态系统因子的损伤机理

(1) 景观生态系统损伤机理分析

矿区生态环境在采矿的干扰下，矿区的生态系统因子如土地资源、植被、地形地貌、水文条件等都发生了变动，这些因子的组合作用引起了矿区景观结构发生强烈的变化。矿区景观格局变化过程取决于生态系统因子的变化和生态系统因子之间相互作用的结果，因此影响生态系统因子变动的因素同样也影响矿区景观格局的变化，如采空区的形状、采厚、采深、煤层倾角、地表潜水位和顶板管理方法等采矿因素是直接动力因素。

从前面地表沉陷的机理分析得到，采矿区景观格局变化的范围远大于开采对应的采空区范围。在采空区范围内，土地景观变化的表现为沉陷地和未沉陷地。在沉陷地范围内，当地表达到充分采动后，在采矿波及的范围内耕地、林地、坡地等发生了景观类型的变化，形成新的景观格局，这是采煤过程中受岩石下沉拉力作用导致的。在未沉陷地范围内，景观斑块的形状规则、景观内的廊道等都受到影响。诸如矿区内部的基质发生变化，原本有利于景观流动的各种廊道被截断，形成新格局下的障碍。斑块面积、形状、周长发生变化，景观结构异质化明显，各斑块间的隔离度增大，连接度减小，形成了破碎化景观。破碎化的景观结构导致矿区景观功能下降，景观稳定性降低，生态系统生产力下降，生物多样性减少或丧失，生态系统的自净和自我恢复能力遭到破坏，外来物种开始入侵，原有的生态系统被破坏，严重影响矿区生态系统健康持续快速发展。

(2) 景观生态系统损伤程度分析

为了定量化研究采矿扰动对矿区景观生态系统损伤程度，根据矿区特色和研究目的，选取能反映矿区生态景观结构、功能及过程变化的景观格局指数。选取的景观格局指数要高度浓缩矿区生态变化信息，反映其结构组分和空间分布特征。根据不同时段景观格局指数的变化量来判定景观生态系统损伤程度。

(3) 实例分析

根据满来梁煤矿生态系统损伤的特点，选取景观形状指数(LSI)、平均分维数(FRAC-AM)、蔓延度指数(CONTAG)、香农多样性指数(SHDI)、香农均匀度指数(SHEI)等指标来分析矿区景观生态系统损伤程度。其生态意义见表 2-9。

表 2-9　景观指数的生态意义

景观指数		生态意义
景观水平	景观形状指数(LSI)	反映景观形状的变化、复杂程度
	平均分维数(FRAC-AM)	描述分形结构的特征指标，表明景观的自相似性和复杂性，其理论值范围为 1～2，值越大表示景观形态越复杂
	蔓延度指数(CONTAG)	反映不同景观类型的团聚程度或延展趋势。一般来说，蔓延度指数高说明景观中某种优势类型具有良好的连续性；反之表明该景观是多种要素的密集格局，景观的破碎化程度高
	香农多样性指数(SHDI)	反映景观要素的多少和各景观要素所占比例的变化。在一个景观系统中，该指数越大，景观类型越丰富，该指数同时表达了景观中斑块的多样性和异质性
	香农均匀度指数(SHEI)	描述景观中各组分分配均匀程度的指标，值越大表明景观各组分分配越均匀

为了研究采矿扰动对矿区生态景观的影响程度，采用满来梁煤矿 5 个时相的景观变化来进行分析。研究数据为 5 个时相的 Landsat-5 TM 影像数据(2010 年 8 月，分辨率为 30 m)和 Landsat-8 ETM 影像数据(2013 年 8 月，2016 年 8 月，2019 年 8 月，2022 年 8 月，分辨率为 30 m)。根据满来梁煤矿土地利用的特点，将矿区土地利用景观分为耕地、林草地、建筑地、裸地等四类用地，分类采用随机森林分类法，分类结果见图 2-13。利用景观分析软件(FRAGSTATS)，采用“Standard”算法，选择相应的景观指数进行计算。计算结果见表 2-10。

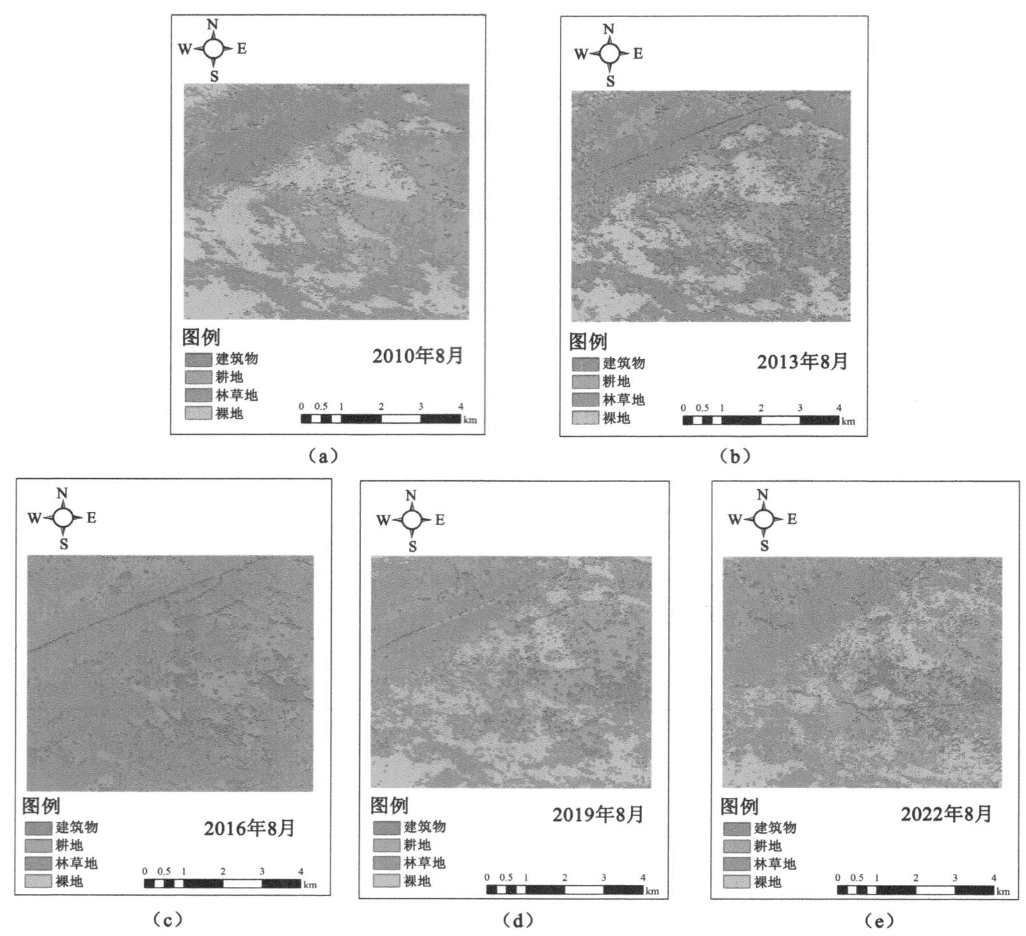

图 2-13 不同年份满来梁煤矿土地分类结果

表 2-10 2010—2022 年各时相景观水平景观指数的变化量

年份	景观形状指数(LSI)	平均分维数(FRAC-AM)	蔓延度指数(CONTAG)	香农多样性指数(SHDI)	香农均匀度指数(SHEI)
2010—2013	14.458	−0.009	−12.555	0.159	0.114
2013—2016	−12.772	0.004	7.377	−0.083	−0.06
2016—2019	4.008	0.021	7.42	−0.004	−0.125
2019—2022	5.458	−0.015	−14.655	0.053	0.161

从景观水平的景观指标变化量上分析(见表 2-10):2010 年到 2022 年,景观形状指数和蔓延度指数变化幅度比较大,平均分维数、香农多样性指数、香农均匀度指数的变化幅度小。从 2010—2013—2016—2019—2022 年,景观形状指数先减小再增大,说明土地利用景观的变化是从多样化向单一方向发展,然后再向多样化方向发展的过程。蔓延度指数先增大再减小,说明优势景观从破碎化向团聚方向发展,然后再向破碎化发展。分析其原因,主要是

满来梁煤矿从 2011 年开始开采，由于采矿破坏地表形态，导致地表形态发生变化，大量林草地转变为建设用地或者废弃地。2016 年后，政府加大对破坏土地的复垦，生物的环境发生了很大的变化，破坏的土地恢复为林草地。但是随着生态修复技术的发展，修复后的土地利用类型开始多样化，表现为景观的多样化发展和破碎化的增加。

2.4 本章小结

从地表形变因子、植被因子、土壤因子、景观生态等几个方面，分析采矿扰动对矿区生态系统的损伤机理。对于地形因子，受采矿因素、地质因素和其他因素影响，根据开采沉陷的基本原理，采用概率积分法对地形变动进行评价，揭示地形变动的损伤机理。对于土壤因子，受采矿因素和下沉时间因素的影响，根据采矿扰动导致土壤养分移动规律，分析土壤质量在不同沉陷位置的质量变化情况，揭示土壤损伤的机理。对于水文因子，根据矿区水质污染的特点，对矿区地表水、地下水等进行水质质量评价，揭示水文条件损伤的机理。对于植物因子，采用植被覆盖度指标进行评价，揭示植被损伤机理。对于景观生态因子，根据景观生态学原理，采用景观指数进行分析，揭示景观生态系统的损伤机理。

第3章　内蒙古生态脆弱矿区受损区识别与评价

3.1　研究区概况及数据获取

3.1.1　研究区概况

锡林郭勒盟位于内蒙古中西部，总面积约 20.3 万 km^2，总人口约 110.71 万人。该地区属于半干旱、干旱大陆性季风气候，主要气候特点是风大、干旱、寒冷，年平均气温 0～3 ℃，7 月气温最高，平均 21 ℃。地势从南到北逐渐降低，东部、南部低山丘陵多，西部、北部地形平坦，大部分是高原草场。盟内矿产资源丰富，已发现矿种 80 余种，探明储量的有 30 余种。截至 2020 年年底，锡林郭勒盟共有在期矿山 366 家，其中露天矿山 220 家，地下开采矿山 146 家。

胜利煤田位于锡林浩特市宝力根苏木，距锡林浩特市 3 km。整个煤田是一个总体呈北东—南西条带状的向斜构造，走向长 45 km，倾向宽平均 7.6 km，含煤面积 342 km^2。胜利煤田地质储量为 22 442 Mt。胜利东二号露天煤矿地表境界东西平均长 8 km，南北平均宽 6.6 km，开采面积为 50.7 km^2，可采地质储量 3 979 Mt，可采原煤储量 4 252 Mt，平均剥采比 3.04 m^3/t；具有气候寒冷、埋藏深、煤层厚、岩性软等特点。

白音华三号露天煤矿位于白音华煤田中部，行政区划隶属于西乌珠穆沁旗巴彦花镇管辖，东邻白音华四号露天煤矿，西与白音华二号露天煤矿接壤。白音华三号露天煤矿地貌为缓坡丘陵，属内陆河流域乌拉盖水系，中温带半干旱大陆性气候。圈定后的露天矿区地表境界平均长度 12.44 km，平均宽度 1.88 km，面积 46.566 km^2，可采原煤储量 930.314 6 Mt，平均剥采比 5.65 m^3/t。

贺斯格乌拉露天煤矿位于内蒙古自治区锡林郭勒盟乌拉盖管理区巴彦胡硕镇，行政区划为乌拉盖管理区管辖范围内。贺斯格乌拉露天煤矿呈南北方向分布，规划矿区总面积约 121.79 km^2；矿区共有地质储量 1 411.36 Mt，其中南部露天矿区有 1 208.42 Mt。

3.1.2　数据获取

本书使用的影像数据来源于 Google Earth Engine(GEE)数据集中的 Landsat-5、Landsat-7、Landsat-8 以及 JRC(欧洲委员会联合研究中心)全球地表水绘图层数据。本书研究内容为长时序研究，需要获取锡林郭勒盟地区 2001—2021 年的影像数据，而 Landsat-7 传感器于 2003 年之后出现了问题，所获取影像存在大量的条带噪声，因此需要利用 Landsat-5

影像替代或者修复有问题的影像。在研究区内存在的长期稳定的水体会对研究造成影响，因此利用 GEE 数据集的 JRC 全球地表水绘图层数据进行水体掩膜，排除水体的影响。Landsat 系列数据在各个年份的使用情况见表 3-1。

表 3-1　Landsat 系列数据在各个年份的使用情况

年份	数据集	方　法
2001—2011	Landsat-5 Landsat-7	利用 Landsat-5 影像代替或修复 Landsat-7 影像，缓解条带噪声
2012	Landsat-7	尽量筛选质量较好的影像，无法对该年份的影像进行替换或修复
2013—2021	Landsat-7 Landsat-8	优先选择 Landsat-8 中质量较好的影像；若 Landsat-8 不能满足研究需求，利用 Landsat-7 去条带后数据进行替换

3.2　基于 GEE 的矿区生态受损区域的智能提取方法

矿区是指统一规划和开发的煤田或其中的一部分，包括若干矿井或露天矿的区域。本节以锡林郭勒盟地区的露天矿区为研究对象，主要对胜利东二号露天煤矿、白音华三号露天煤矿和贺斯格乌拉露天煤矿的受损区域进行分析。

露天煤矿的开采过程对土地造成挖损、占用，重型机械的参与导致土壤受到严重压实，致使地表植被难以正常生长，使矿区土地景观受到损坏[69]。锡林郭勒盟草原资源丰富，对于位处锡林郭勒盟的露天矿区来说，开采后地表植被的变化更为明显。本节在研究中优先使用了归一化植被指数（NDVI）作为评价标准提取露天矿区受损区域，而后考虑温度、降水等对露天矿区的影响，融合绿度指标、湿度指标、干度指标、热度指标、盐度指标，利用随机森林分类法提取露天矿区受损区域。

3.2.1　基于单一指数的 Otsu 全局阈值法

3.2.1.1　指数的选取

在露天煤矿开采区域内，对土地最明显、最严重的破坏方式是挖损。这一破坏导致地表结构发生明显变化，被挖损的地方将失去原有的地物特征，因此可以利用植被指数区分挖损地区和周围未挖损地区。

在遥感应用领域，植被指数被广泛用来定性和定量评价植被覆盖及植被生长活力，它是根据植被的光谱特性定义的[70]。图 3-1 为植被波谱曲线图，在 0.67 μm（红光波段）附近有一个吸收谷，反射率比较低；而在近红外波段，从 0.76 μm 处反射率急速增大，形成一个爬升的“陡坡”，至 1.1 μm 附近有一个峰值，反射率最大可达 50%，形成植被独有的特征[71]。因此，研究者将卫星可见光红色波段与近红外波段进行组合，形成了各种植被指数，几种常用的植被指数如表 3-2 所示。

由表 3-2 可看出 NDVI 计算简单，指示性好[72]。在典型的光谱植被指数中，NDVI 是最适合监测作物生长动态的指数之一，也是目前应用最为广泛的植被指数之一[73]。它可以在植被生产的整个季节使用，NDVI 值在植被生长最活跃的阶段最准确。因此，本书选取锡林郭勒盟地区植被生长最繁盛的7月至9月为研究时间段，利用NDVI对其进行阈值提取。但是，在植被覆盖稀少的地区，光谱反射率太低，NDVI提取容易出现误差，植被覆盖度(FVC)能够定量表示植被覆盖度大小，可以揭示地表植被变化及植被动态变化趋势[74]。因此，本节同时选取了FVC作为提取指数进行阈值提取，将NDVI与FVC的提取结果进行对比分析，总结二者的优劣。

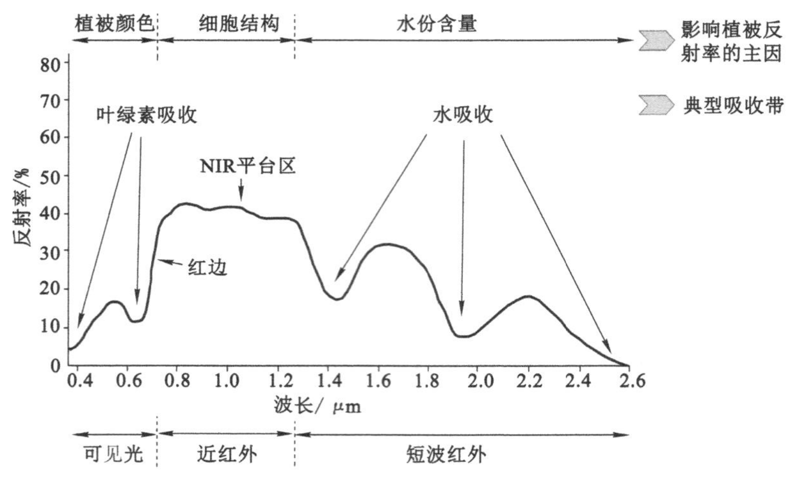

图 3-1　植被波谱曲线图

表 3-2　几种常用的植被指数

植被指数	计算公式	缺　点	用　途
比值植被指数(RVI)	$RVI=\frac{NIR}{R}$	易受大气影响	检测和估算植物生物量
归一化植被指数(NDVI)	$NDVI=\frac{NIR-R}{NIR+R}$	灵敏度低	检测植被生长状态、植被覆盖度和消除部分辐射误差
差值环境植被指数(DVI)	$DVI=NIR-R$	灵敏度低	退耕还林草初期的监测
绿度植被指数(GVI)	K-T变换后第二分量	受外界影响大	使植被与土壤的光谱特性分离
植被覆盖度(FVC)	$FVC=\frac{NDVI-NDVI_{soil}}{NDVI_{veg}-NDVI_{soil}}$	需要取一定置信度范围	揭示地表植被变化及植被动态变化趋势

注：NIR为近红外波段的反射值；R为红光波段的反射值；$NDVI_{soil}$表示完全是裸域，无植被覆盖区域的NDVI值；$NDVI_{veg}$表示完全被植被所覆盖区域像元的NDVI值。

具体计算公式如下：

$$NDVI=\frac{NIR-R}{NIR+R} \tag{3-1}$$

$$FVC=\frac{NDVI-NDVI_{soil}}{NDVI_{veg}-NDVI_{soil}} \tag{3-2}$$

$$NDVI_{soil}=\frac{FVC_{max}\times NDVI_{min}-FVC_{min}\times NDVI_{max}}{FVC_{max}-FVC_{min}} \tag{3-3}$$

$$NDVI_{veg}=\frac{(1-FVC_{min})\times NDVI_{max}-(1-FVC_{max})\times NDVI_{min}}{FVC_{max}-FVC_{min}} \tag{3-4}$$

利用式(3-2)计算植被覆盖度的关键是计算 $NDVI_{soil}$ 和 $NDVI_{veg}$。这里有两种假设[75]：

① 区域内可以近似取 $FVC_{max}=100\%$，$FVC_{min}=0$，式(3-2)可变为：

$$FVC=\frac{NDVI-NDVI_{min}}{NDVI_{max}-NDVI_{min}} \tag{3-5}$$

$NDVI_{max}$ 和 $NDVI_{min}$ 分别为区域内最大和最小的 NDVI 值。由于不可避免地存在噪声，$NDVI_{max}$ 和 $NDVI_{min}$ 通常不直接选择最大值或者最小值，而是取一定置信度范围内的最大值与最小值，置信度的取值主要根据图像实际情况来定[76]。

② 区域内不能近似取 $FVC_{max}=100\%$，$FVC_{min}=0\%$。

在有实测数据的情况下，取实测数据中植被覆盖度的最大值和最小值作为 FVC_{max} 和 FVC_{min}，这两个实测数据对应图像的 NDVI 作为 $NDVI_{max}$ 和 $NDVI_{min}$。

在没有实测数据的情况下，取一定置信度范围内的 $NDVI_{max}$ 和 $NDVI_{min}$，FVC_{max} 和 FVC_{min} 根据经验估算[77]。

本书综合考虑上述两种情况，结合锡林郭勒盟地区图像实际情况，选取 5%和 95%分布作为最小值和最大值。因此，一张完整的影像会被分为三部分，NDVI 小于 5%的区域的 FVC 都设置为 0，NDVI 大于 95%的区域的 FVC 都设置为 1，处于[5%，95%]区间的则根据相应数值设置 FVC 为 0～1 之间的值。综上所述，FVC 的计算被分解为三个步骤：

① 获取 NDVI 直方图，取[5%，95%]的置信区间获取对应的 $NDVI_{max}$ 和 $NDVI_{min}$；

② 将 NDVI 小于 5%的区域的 FVC 设置为 0，大于 95%的区域的 FVC 设置为 1，[5%，95%]区间内按照式(3-5)进行计算；

③ 将三个区域的计算结果进行掩膜叠加，得到最终的 FVC 图。

3.2.1.2　Otsu 全局阈值法

Otsu 全局阈值法，又叫大津法、最大类间方差法，是由日本学者 Nobuyuki Otsu 于 1979 年提出的一种对图像进行二值化的高效算法，该算法是在最小二乘原理的基础上推导得出的自动选取阈值的二值化方法[78]。

简单地说，这种算法假设一幅图像由前景色和背景色组成，通过统计学的方法来选取一个阈值，使得这个阈值可以将前景色和背景色尽可能地分开，或者更准确地说是在某种判据下最优[79]。综上所述，Otsu 全局阈值法自动获取阈值可分为以下三步进行：

① 计算整幅影像的灰度值均值，在本研究中灰度值为 NDVI 值和 FVC 值，即计算研究区域内 NDVI 和 FVC 均值，记为 M_D 和 M_F；

② 任选一个灰度值 T 将影像分为前后两部分 A(灰度值小于等于 T)和 B(灰度值大于 T)，对应 Otsu 全局阈值法定义中的前景色和背景色，两个部分的灰度值均值记为 M_A 和 M_B，A 部分的像素个数占总像素的比例记为 P_A，B 部分的像素个数占总像素的比例记为 P_B；

③ 利用 Nobuyuki Otsu 给出的类间方差定义公式计算类间方差(ICV)：

$$ICV = P_A\times(M_A-M_{D/F})^2+P_B\times(M_B-M_{D/F})^2 \tag{3-6}$$

获取 NDVI 分割阈值时 $M_{D/F}$ 表示 NDVI 全局均值，获取 FVC 分割阈值时 $M_{D/F}$ 表示 FVC 全局均值。第二步中的灰度值 T 在本研究中的选取方式是将影像直方图等间隔划分为 50 份，分别求取每一份的均值，构成灰度值 T 的集合，依次计算不同 T 值对应的 ICV，当

ICV 取得最大值时对应的 T 值即为最佳阈值。

3.2.1.3 精度评价的两种方式

精度评价是遥感影像分类中不可或缺的一部分，原理就是对比实际数据所属类别与分类结果，以此来确定分类过程的准确程度。精度评价一般应用于土地覆盖/利用变化监测，它是分类结果是否可信的一种定量表达。在对遥感影像进行分类时，最常用的精度评价方法是误差矩阵法[80]（混淆矩阵法）。本节研究内容主要是矿区受损区域提取，实质上是一个典型的二分类问题，针对二分类问题的精度评价较为常用的是 ROC 曲线（receiver operating characteristic curve，接受者操作特性曲线），它可以用图形的方式表达分类精度，比较形象。因此，本节选取误差矩阵法和 ROC 曲线对提取精度进行定量和可视化的评价。

（1）误差矩阵法

误差矩阵是一个 $n\times n$ 的矩阵（n 是分类数），用来简单比较实际情况和分类情况。一般矩阵的行表示分类情况，列表示实际情况，对角线则表示某个类型的实际情况与分类情况完全一致的样本点个数。在研究中要对分类图像的每一个像素进行检测是不可能的，因此需要选择一组参照要素，即检测样本点，样本必须是随机选择、均匀覆盖研究区域的，利用选取的样本点即可构建误差矩阵，从误差矩阵中即可计算总体精度、使用者精度、生产者精度以及 Kappa 系数等。

本节在研究中选取 Kappa 系数作为精度指标，因为 Kappa 分析是评价分类精度的多元统计方法，对 Kappa 的估计统称为 KHAT 统计，Kappa 系数的大小代表模型预测结果和实际分类结果的一致程度，计算公式如下：

$$K=\frac{N\sum_{i}^{j}x_{ii}-\sum(x_{i+}x_{+i})}{N^2-\sum(x_{i+}x_{+i})} \tag{3-7}$$

式中，K 代表 Kappa 系数，j 是误差矩阵的行数，x_{ii} 是第 i 行第 i 列（对角线）上的值，x_{i+} 表示第 i 行的和，x_{+i} 表示第 i 列的和，N 是样本总数。Kappa 系数统计值（下文简称 Kappa 系数）与分类精度对应的关系如表 3-3 所示，一般认为 Kappa 系数在 0.6～0.8 之间就表示分类精度较好，而 Lucas 在研究中提出 Kappa 系数的最低允许判别度为 0.7。

表 3-3 Kappa 系数与分类精度对应关系

Kappa 系数	≤0	(0～0.2]	(0.2,0.4]	(0.4,0.6]	(0.6,0.8]	(0.8,1.0]
分类精度	较差	差	正常	好	较好	非常好

（2）ROC 曲线

ROC 曲线是用于评价二分类模型建模效果优劣的图形方法[81]，它利用分类模型真率（true positive rate）和假率（false positive rae）作为坐标轴，将分类方法准确率的高低图形化。针对本书的研究问题，将地物分为矿区受损区域（damaged area of mine，DAM）和非矿区受损区域（non-damaged area of mine，NDAM），在利用阈值进行提取时，提取结果会出现以下 4 种情况：

① 真矿区受损区域（T_DAM）：实际是矿区受损区域，提取结果也是；

② 假矿区受损区域（F_DAM）：实际不是矿区受损区域，但是提取结果是；

③ 真非矿区受损区域(T_NDAM):实际不是矿区受损区域,提取结果也不是;

④ 假非矿区受损区域(F_NDAM):实际是矿区受损区域,但提取结果不是。

基于上述四种分类情况,误差矩阵可以用表 3-4 表示:

表 3-4　误差矩阵

实际值	预测值	
	真	假
真	T_DAM	F_DAM
假	F_NDAM	T_NDAM

在 ROC 曲线中,横轴表示分类模型假率(false positive rate,FPR)特异度,简单来说就是在所有实际不是矿区受损区域的样本中,被错误地判断为矿区受损区域的比率,可用式(3-8)表达:

$$\text{FPR}=\frac{\text{F\_DAM}}{\text{F\_DAM}+\text{T\_NDAM}} \tag{3-8}$$

纵轴表示分类模型真率(true positive rate,TPR)灵敏度,指的是在所有实际是矿区受损区域的样本中,被正确分为矿区受损区域的比率,用式(3-9)表示:

$$\text{TPR}=\frac{\text{T\_DAM}}{\text{T\_DAM}+\text{F\_NDAM}} \tag{3-9}$$

在任何一个二分类模型中,只要给定一个阈值就可以得到一对坐标点(X=FPR,Y=TPR),根据一系列不同的阈值得到对应的坐标对绘制 ROC 曲线,ROC 曲线与坐标轴围成的面积(AUC)越接近于 1,则表示该分类模型的正确率越高,如图 3-2 所示。

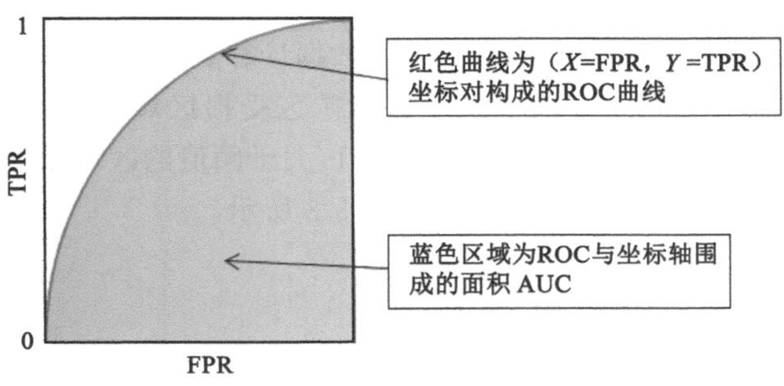

图 3-2　ROC 曲线示意图

在本节的研究中,分类模型固定的情况下,每一年的提取阈值是固定不变的,但是年份间阈值是变化的。因此,确定阈值后分别计算各年提取结果的 Kappa 系数,以此判断该年份的提取精度。然后,统计各年的提取阈值对应的坐标对(X=FPR,Y=TPR),绘制时序 ROC 曲线。AUC 越接近于 1,则表示在该模型下对受损区域进行时序提取的精度越稳定;反之,则越不稳定。

3.2.1.4　三个矿区的提取结果

胜利东二号露天煤矿、白音华三号露天煤矿、贺斯格乌拉露天煤矿建设项目情况分别见

表 3-5、表 3-6 和表 3-7。

表 3-5 胜利东二号露天煤矿建设项目简介

建设项目	开启时间	验收时间	建设规模/(万 t/a)
初期工程	2008 年	2010 年	1 000
二期工程	2011 年	2014 年	3 000
三期工程	不详	不详	6 000

表 3-6 白音华三号露天煤矿建设项目简介

建设项目	开启时间	验收时间	建设规模/(万 t/a)
开工	2006 年	—	—
一期工程	2008 年	2014 年	1 400
三期工程	2019 年	2023 年	2 000

表 3-7 贺斯格乌拉露天煤矿建设规划

建设项目	开启时间	验收时间	建设规模/(Mt/a)
基建期	2007 年	—	2
一期(7a)	2008 年	2014 年	8
二期(4a)	2015 年	2018 年	16
均衡生产期(52a)	2019 年	2070 年	16
减产期(1a)	2071 年	—	—

利用三个矿区 2008—2021 年 Landsat 系列数据计算其对应的 NDVI 值和 FVC 值。然后通过 Otsu 全局阈值法获取能够最大限度区分矿区受损区域和非受损区域的阈值，利用阈值将影像进行二值化，小于阈值的区域赋值为 1，大于阈值的区域赋值为 0，二值化结果中值为 1 的区域即为要提取的矿区受损区域，如图 3-3 所示。

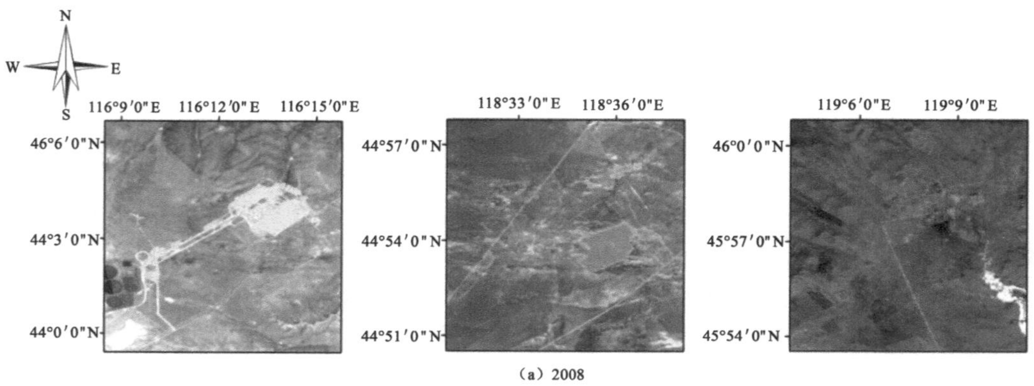

(a) 2008

图 3-3 基于单一指数的 Otsu 全局阈值法提取矿区受损区域结果

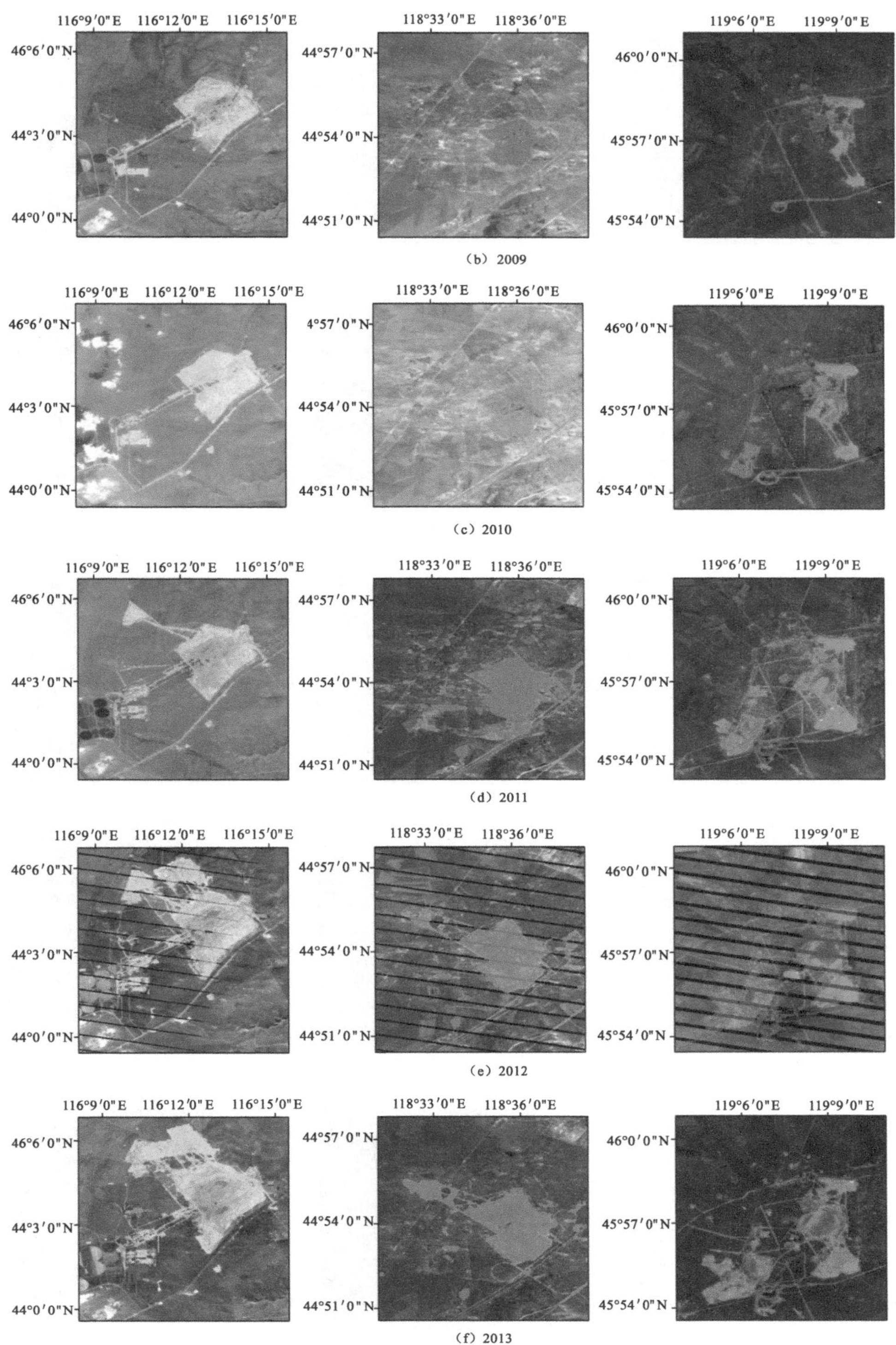

(b) 2009

(c) 2010

(d) 2011

(e) 2012

(f) 2013

图 3-3(续)

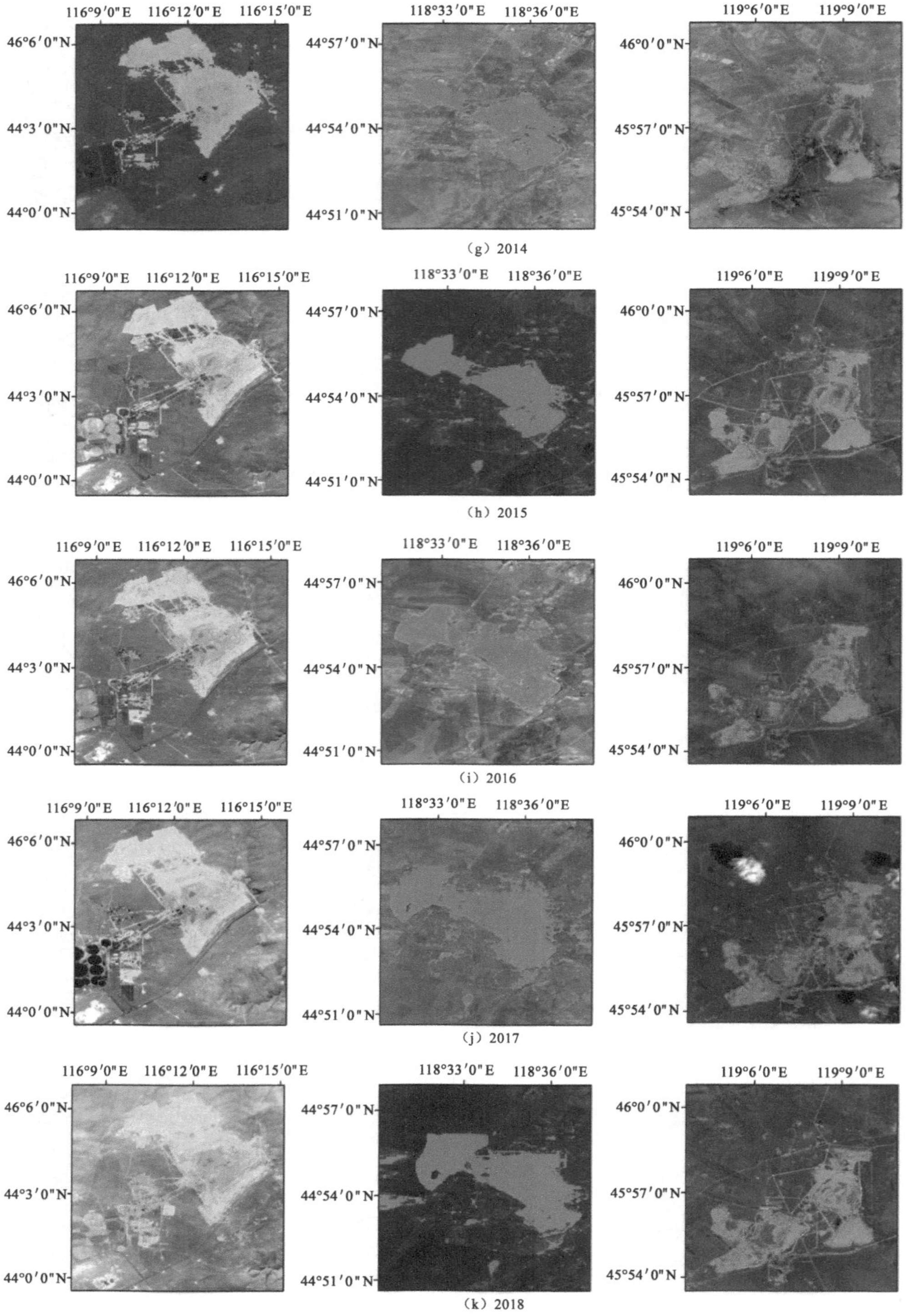
116°9′0″E 116°12′0″E 116°15′0″E
46°6′0″N
44°3′0″N
44°0′0″N
118°33′0″E 118°36′0″E
44°57′0″N
44°54′0″N
44°51′0″N
119°6′0″E 119°9′0″E
46°0′0″N
45°57′0″N
45°54′0″N
(g) 2014
(h) 2015
(i) 2016
(j) 2017
(k) 2018

图 3-3(续)

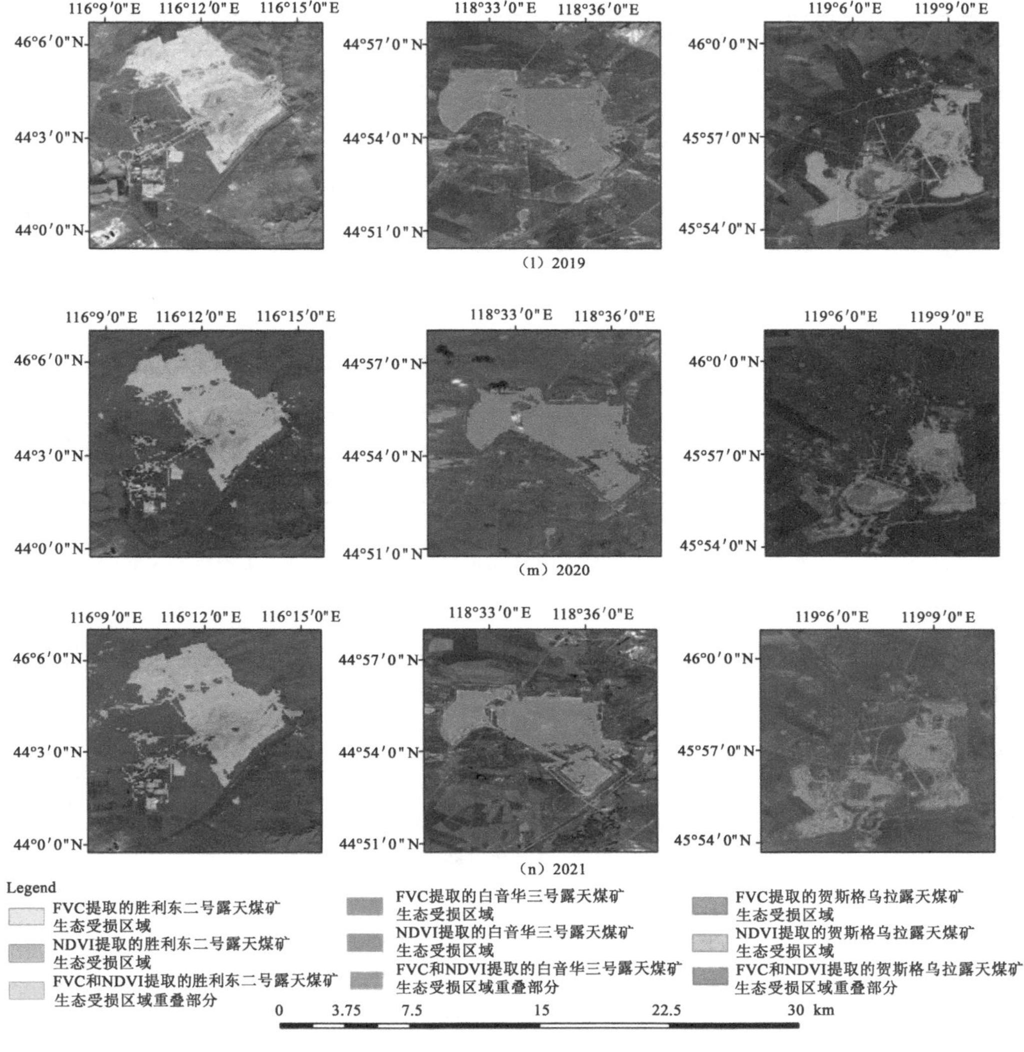

图 3-3(续)

2008—2021 年胜利东二号露天煤矿受损区域的提取阈值、精度及面积见表 3-8。

表 3-8　2008—2021 年胜利东二号露天煤矿受损区域的提取阈值、精度及面积

年份	特征指数阈值		分类精度 Kappa 系数		面积/km^2	
	FVC	NDVI	FVC	NDVI	FVC	NDVI
2008	0.25	0.20	0.89	0.91	11.89	9.57
2009	0.25	0.18	0.88	0.89	17.1	16.69
2010	0.28	0.20	0.75	0.74	18.06	17.52
2011	0.30	0.20	0.79	0.79	24.24	22.34
2012	0.29	0.20	0.73	0.75	29.73	27.88

表 3-8(续)

年份	特征指数阈值		分类精度 Kappa 系数		面积/km²	
	FVC	NDVI	FVC	NDVI	FVC	NDVI
2013	0.35	0.25	0.72	0.72	37.78	38.14
2014	0.39	0.23	0.74	0.75	37.37	38.44
2015	0.36	0.27	0.78	0.75	35.02	32.67
2016	0.25	0.20	0.72	0.78	34.06	32.61
2017	0.25	0.18	0.76	0.76	42.17	40.23
2018	0.41	0.33	0.81	0.83	47.15	44.69
2019	0.39	0.19	0.81	0.82	39.72	41.64
2020	0.39	0.32	0.77	0.77	40.22	40.26
2021	0.36	0.33	0.77	0.74	44.85	40.98

图 3-4 分别展示了胜利东二号露天煤矿 2008—2021 年受损区域 FVC/NDVI 提取阈值的变化以及对应的提取精度变化情况，由图 3-4(a)可以看出 2008—2021 年的提取阈值呈现上升趋势，图 3-4(b)显示提取精度均在 0.70 以上，满足 Lucas[82] 在研究中提出的 Kappa 系数最低允许判别度要求。

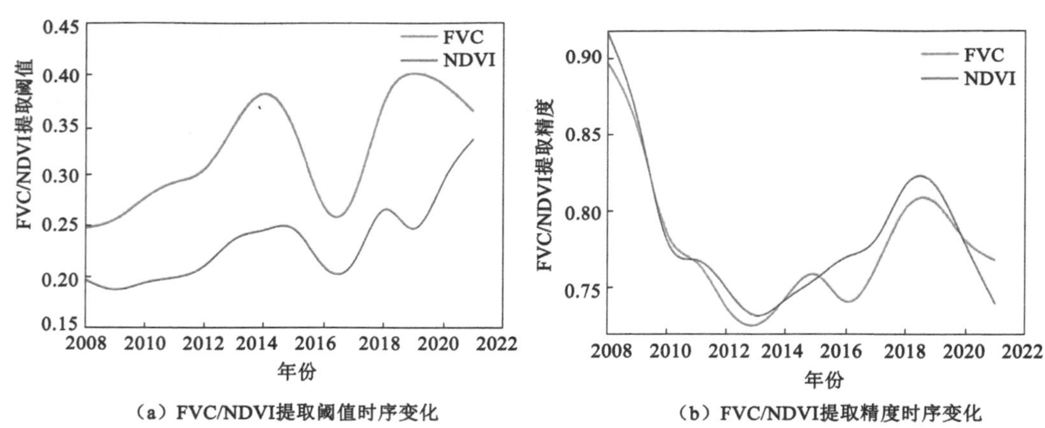

图 3-4 胜利东二号露天煤矿 2008—2021 年受损区域 FVC/NDVI 提取阈值及对应的提取精度变化曲线

图 3-5 显示了提取精度的时序变化情况，根据 ROC 曲线的原理，可得出两种指数的提取精度都具有较高的稳定性。

图 3-6 为胜利东二号露天煤矿 2008—2021 年受损区域面积的时序变化曲线图，由图可看出受损区域面积在 2014 年和 2018 年达到了峰值，结合该矿区的建设项目规划分析(表 3-5)，2010 年胜利东二号露天煤矿完成了初期建设，达到预计生产规模 1 000 万 t/a，2014 年出现峰值时该矿区完成了二期建设，而 2018 年之后受损区域面积变化浮动较小。

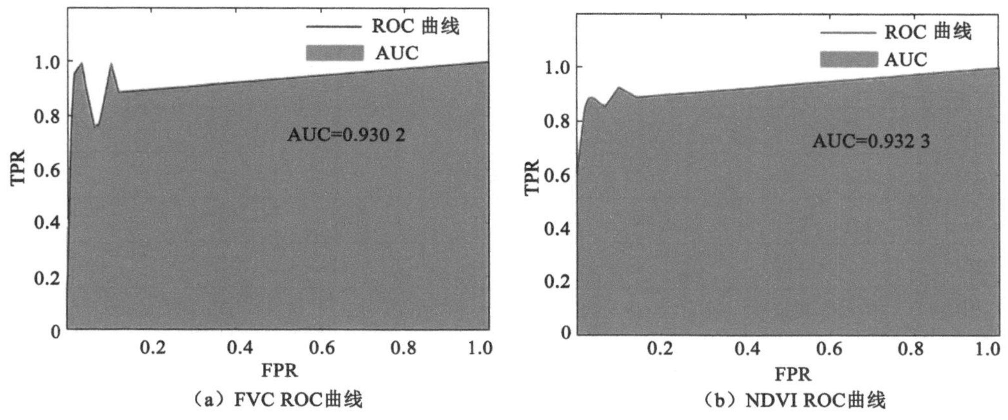

图 3-5　胜利东二号露天煤矿 2008—2021 年受损区域提取精度 ROC 曲线

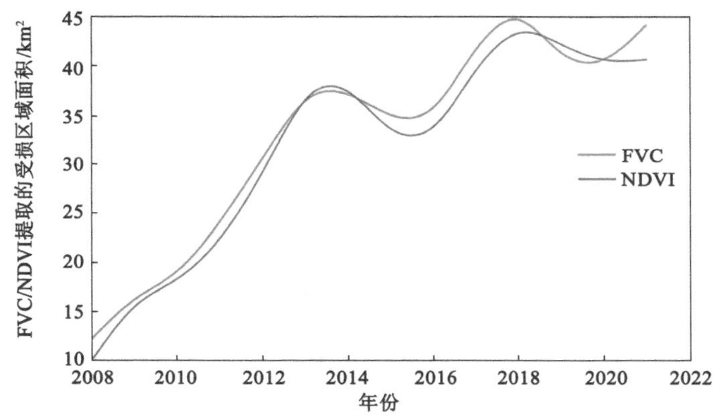

图 3-6　胜利东二号露天煤矿 2008—2021 年受损区域面积变化曲线

表 3-9 所示为 2007—2021 年白音华三号露天煤矿受损区域的提取阈值、精度、面积的数值变化情况。图 3-7(a)可视化了提取阈值的变化情况，由图可看出 FVC 的提取阈值普遍高于 NDVI 阈值，且两种阈值都呈现上升趋势，据此可以判断矿区在煤炭开采过程中虽然对周围环境造成了破坏，但与此同时也在极力进行损坏后修复。受损区域内的 NDVI 和 FVC 都小于阈值，阈值越大代表受损区域的 NDVI 和 FVC 的值相对越大，受损程度就相对越小。图 3-7(b)表示提取精度的时序变化，图示提取精度均在 0.72 以上，满足 Kappa 系数的最低允许判别度要求。图 3-8 显示 ROC 曲线的面积分别为 0.939 1 和 0.925 8，表示 2007—2021 年提取精度变化不大，稳定性较好。

表 3-9　2007—2021 年白音华三号露天煤矿受损区域的提取阈值、精度及面积

年份	特征指数阈值		分类精度 Kappa 系数		面积/km²	
	FVC	NDVI	FVC	NDVI	FVC	NDVI
2007	0.15	0.23	0.80	0.84	14.59	11.58
2008	0.15	0.23	0.76	0.72	11.99	6.97

表 3-9(续)

年份	特征指数阈值		分类精度 Kappa 系数		面积/km²	
	FVC	NDVI	FVC	NDVI	FVC	NDVI
2009	0.12	0.13	0.76	0.71	19.21	10.74
2010	0.25	0.19	0.82	0.79	16.01	19.64
2011	0.45	0.31	0.82	0.83	27.99	24.40
2012	0.42	0.30	0.89	0.89	25.25	25.18
2013	0.45	0.33	0.86	0.82	30.05	25.80
2014	0.45	0.35	0.84	0.85	28.67	27.60
2015	0.42	0.33	0.86	0.84	30.59	28.38
2016	0.42	0.30	0.85	0.84	36.82	37.79
2017	0.45	0.34	0.83	0.85	49.84	47.32
2018	0.45	0.36	0.85	0.84	39.83	38.33
2019	0.42	0.30	0.83	0.82	40.41	41.45
2020	0.42	0.31	0.80	0.81	35.93	35.38
2021	0.48	0.36	0.77	0.76	35.54	31.86

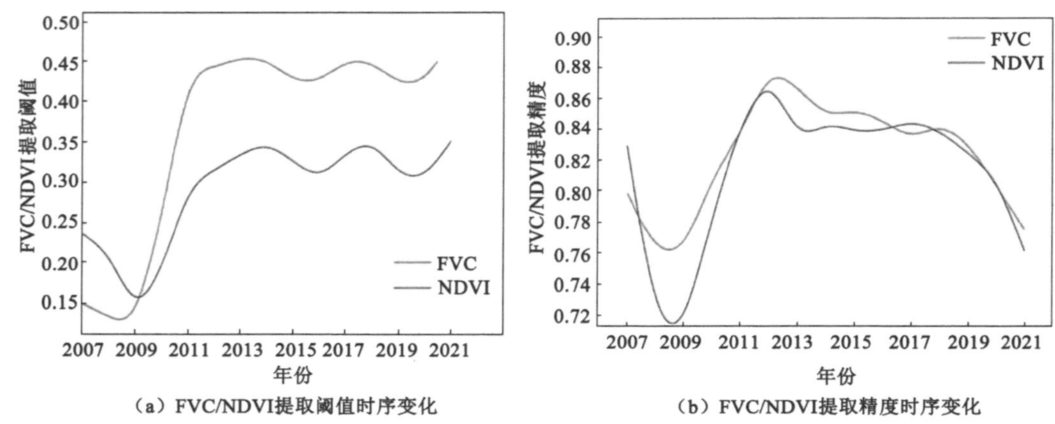

图 3-7 白音华三号露天煤矿 2007—2021 年受损区域 FVC/NDVI 提取阈值及对应的提取精度变化曲线

图 3-9 为白音华三号露天煤矿 2007—2021 年受损区域面积变化曲线图，受损面积在 2011—2015 年存在稳定平台期，2017 年达到峰值，2017 年之后总的受损面积呈缩减趋势。根据表 3-6 白音华三号露天煤矿项目简介，图 3-9 中获取到的面积变化曲线在 2019—2021 年应该呈现上升趋势，但研究结果呈现下降趋势。下文将使用简单线段集合阈值法和随机森林算法进行受损面积提取分析，将三种方法的提取结果进行对比，分析此处呈现下降趋势的原因。

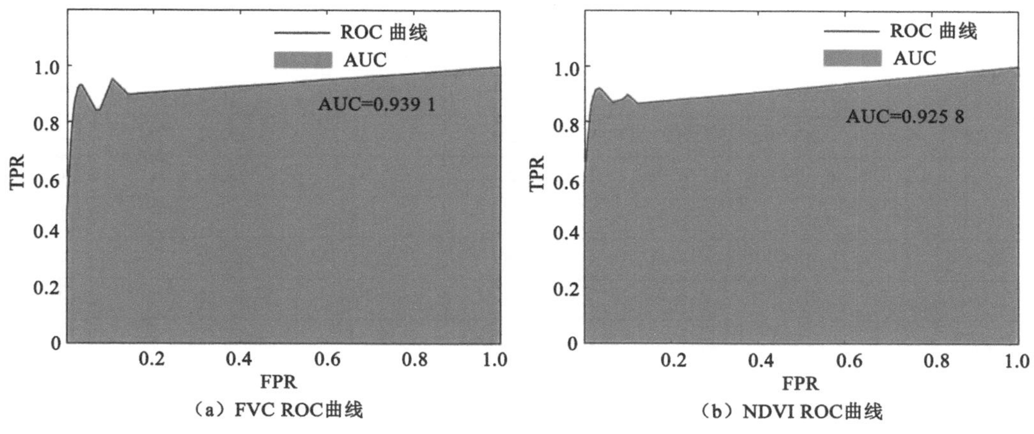

（a）FVC ROC曲线　　（b）NDVI ROC曲线

图 3-8　白音华三号露天煤矿 2007—2021 年受损区域提取精度 ROC 曲线

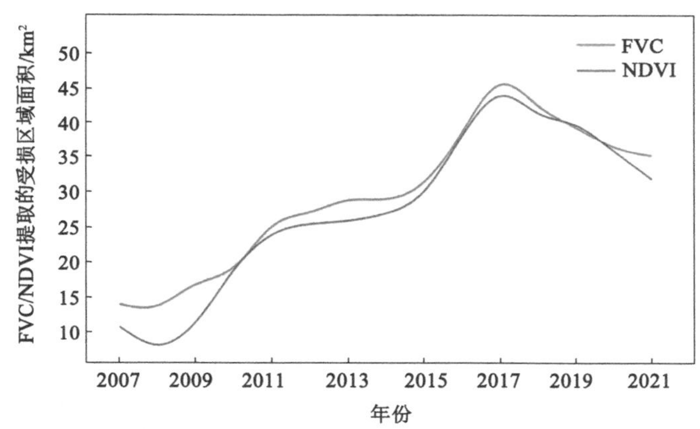

图 3-9　白音华三号露天煤矿 2007—2021 年受损区域面积变化曲线

表 3-10 所示为 2008—2021 年贺斯格乌拉露天煤矿基于 FVC 和 NDVI 提取受损区域的阈值、提取精度及受损区域面积的数据变化。图 3-10 所示为提取阈值和精度的变化情况，由图可看出 FVC 的阈值还是普遍高于 NDVI 阈值；提取精度均在 0.74 以上，满足 Kappa系数的最低允许判别度要求。图 3-11 的 ROC 曲线显示基于 FVC 和 NDVI 为阈值的提取精度稳定性分别为 0.929 0 和 0.926 8，提取精度都较为稳定。

表 3-10　2008—2021 年贺斯格乌拉露天煤矿受损区域的提取阈值、精度及面积

年份	特征指数阈值		分类精度 Kappa 系数		面积/km²	
	FVC	NDVI	FVC	NDVI	FVC	NDVI
2008	0.10	0.20	0.88	0.87	13.83	14.70
2009	0.35	0.28	0.76	0.75	26.04	17.43
2010	0.15	0.15	0.85	0.85	17.7	17.08
2011	0.45	0.34	0.78	0.80	38.14	36.85

表 3-10(续)

年份	特征指数阈值		分类精度 Kappa 系数		面积/km^2	
	FVC	NDVI	FVC	NDVI	FVC	NDVI
2012	0.45	0.34	0.80	0.80	45.61	46.30
2013	0.42	0.36	0.75	0.74	38.62	39.06
2014	0.45	0.35	0.75	0.74	41.13	38.35
2015	0.45	0.40	0.80	0.80	37.63	37.20
2016	0.30	0.25	0.80	0.74	33.33	29.19
2017	0.45	0.30	0.77	0.79	35.15	36.40
2018	0.45	0.41	0.90	0.90	47.54	44.55
2019	0.42	0.34	0.89	0.89	38.28	37.77
2020	0.35	0.30	0.79	0.79	29.16	30.07
2021	0.43	0.40	0.79	0.78	38.39	34.73

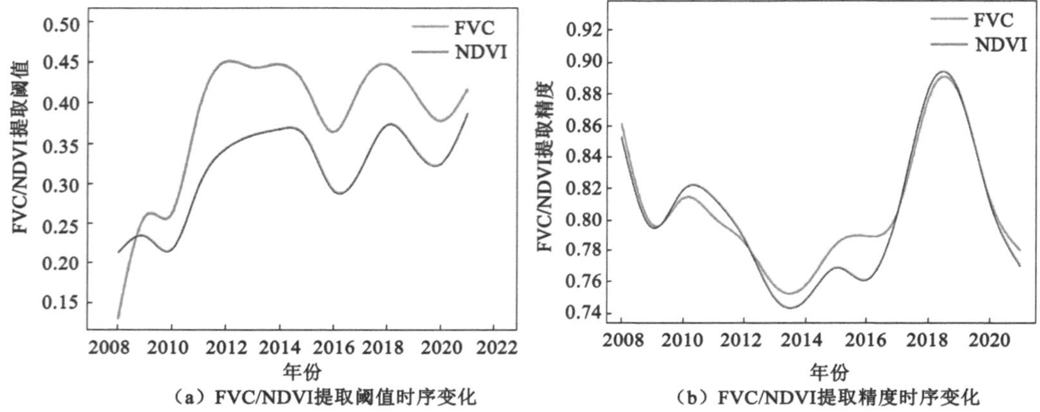

图 3-10 贺斯格乌拉露天煤矿 2008—2021 年受损区域提取阈值及对应的提取精度变化曲线

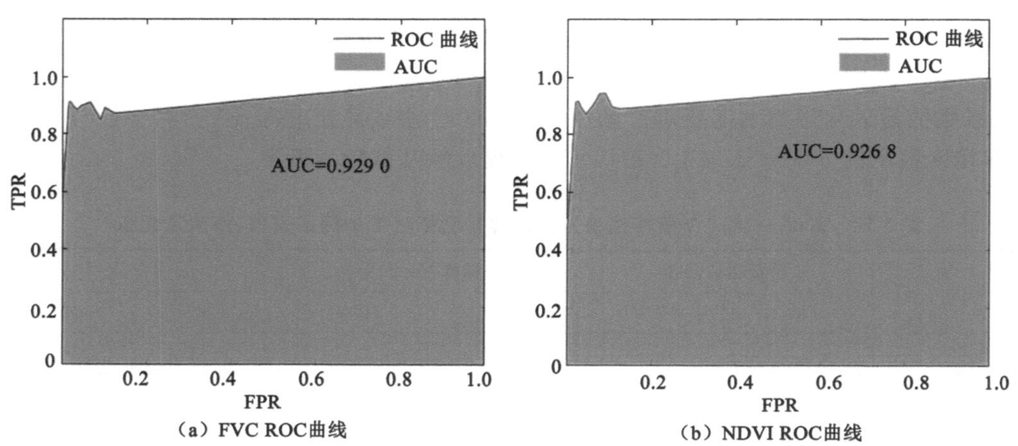

图 3-11 贺斯格乌拉露天煤矿 2008—2021 年受损区域提取精度 ROC 曲线

图 3-12 为受损区域面积变化时序图，由图可看出受损区域面积在 2012 年和 2017 年附近出现峰值，结合该矿区的开采规划分析，2021 年和 2017 年分别为一期项目和二期项目鼎盛时期，此时开采强度达到最大，而 2017 年之后，逐渐进入均衡生产期，采矿活动不再进行横向扩张。加以开采后修复工作的展开，受损区域面积呈下降趋势。

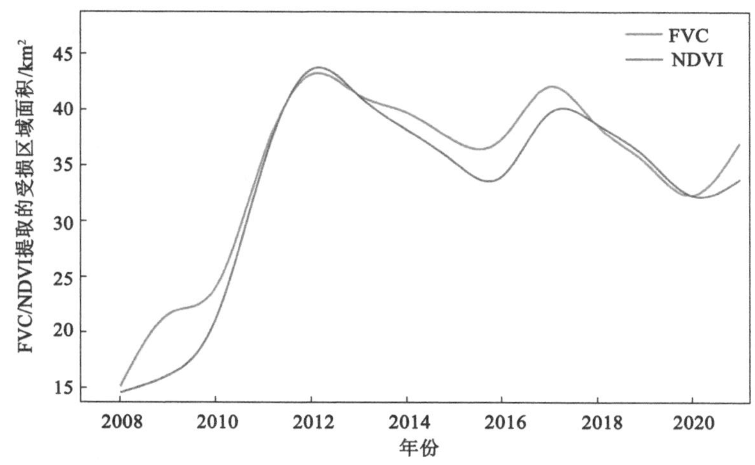

图 3-12　贺斯格乌拉露天煤矿 2008—2021 年受损区域面积变化曲线

将胜利东二号露天煤矿、白音华三号露天煤矿和贺斯格乌拉露天煤矿的提取结果进行对比分析，得到下述结论：

(1) 三个矿区获取的 FVC 阈值都高于 NDVI 阈值，根据式(3-5)，FVC 值相当于在 NDVI 基础上进行了归一化拉伸，同一像素的 NDVI 值理论上应该低于 FVC 值，且利用 FVC 阈值提取的结果较好，利用 NDVI 作为阈值提取的结果存在不稳定现象，不稳定时需要人工手动微调阈值；但是 FVC 对矿区周围植被状况识别度高，提取结果中容易出现离散的斑点噪声的现象。

(2) 三个矿区受损区域的提取精度都在 0.70 以上，满足 Kappa 系数的最低允许判别度要求，表示提取精度稳定性的 ROC 曲线的面积均大于 0.9，有足够的稳定性，说明该方法在露天矿区受损区域提取方面具有一定的实用性。

(3) 三个矿区的受损区域面积变化趋势同矿区项目周期存在相关性。三个矿区的受损区域面积从开采至今整体呈现上升趋势，符合实际；自 2018 年后都有下降趋势，主要是三个矿区在 2018 年后都逐步进入均衡开采期，在横向上不再扩张开采，且 2018 年两会发出“让生态修复释放发展新动力”的声音，出台了很多关于环境保护的政策，在此基础上加强了矿山开采后修复的力度，使得受损区域得到了逐步修复。

3.2.2　基于简单线段集合的局部阈值法提取矿区受损区域

Otsu 是一种全局阈值分割法，计算简单，适用于大部分需要获取图像全局阈值的场合。但是当目标和背景大小比例悬殊时，类间方差函数就可能出现双峰或者多峰，甚至出现几乎没有峰值或者峰值不明显的现象[82,83]，这个时候获取全局阈值的提取效果就会大打折扣。基于此，本章提出基于简单线段集合提取局部阈值的方法，下文简称简单线段集合阈值法。

3.2.2.1 简单线段集合阈值法原理

图 3-13 所示为简单线段集合阈值法的技术路线，该方法依旧选取 FVC 和 NDVI 作为阈值指数(具体内容和计算公式见 3.2.1.1)。

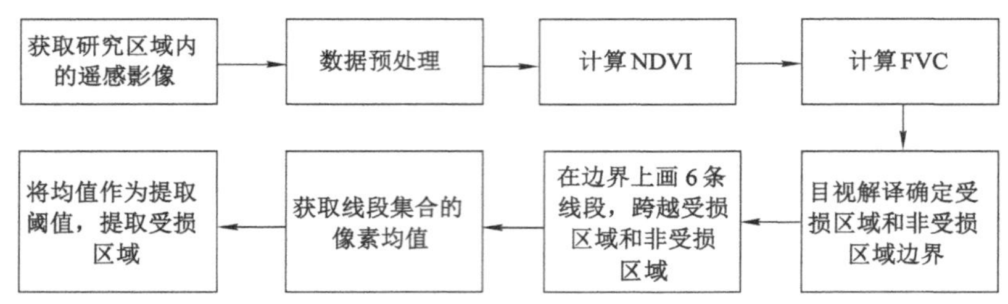

图 3-13 简单线段集合阈值法

获取到 FVC 和 NDVI 结果后，人眼判断受损区域和非受损区域边界，如图 3-14 所示，灰色区域为受损区域，在边界上画数条跨越两个区域的线段。理论上线段条数越多，计算量越大，类比于曲线拟合的思想，拟合指数越大，运算量就越大；但拟合指数并不是越大越好，当指数达到一定数量后拟合效果几乎不随指数增大而变好，但计算量却依旧在变大。同理，线段条数并不是越多越好，本研究依次选取了 1～10 条线段做测试，结果表明 4～6 条线段获取的阈值效果满足研究需求，且计算量不大。因此，本节在研究中最终选取的线段数量为 6 条。

图 3-14 简单线段集合阈值法示意图

求取线段均值的思想是将线段打断为若干个点，获取每个点的像素值，再求取所有点的像素平均值，以该值作为线段均值。最后，将线段均值作为阈值进行矿区受损区域的提取。

3.2.2.2 三个矿区的提取结果

基于简单线段集合阈值法提取矿区受损区域的结果见图 3-15。

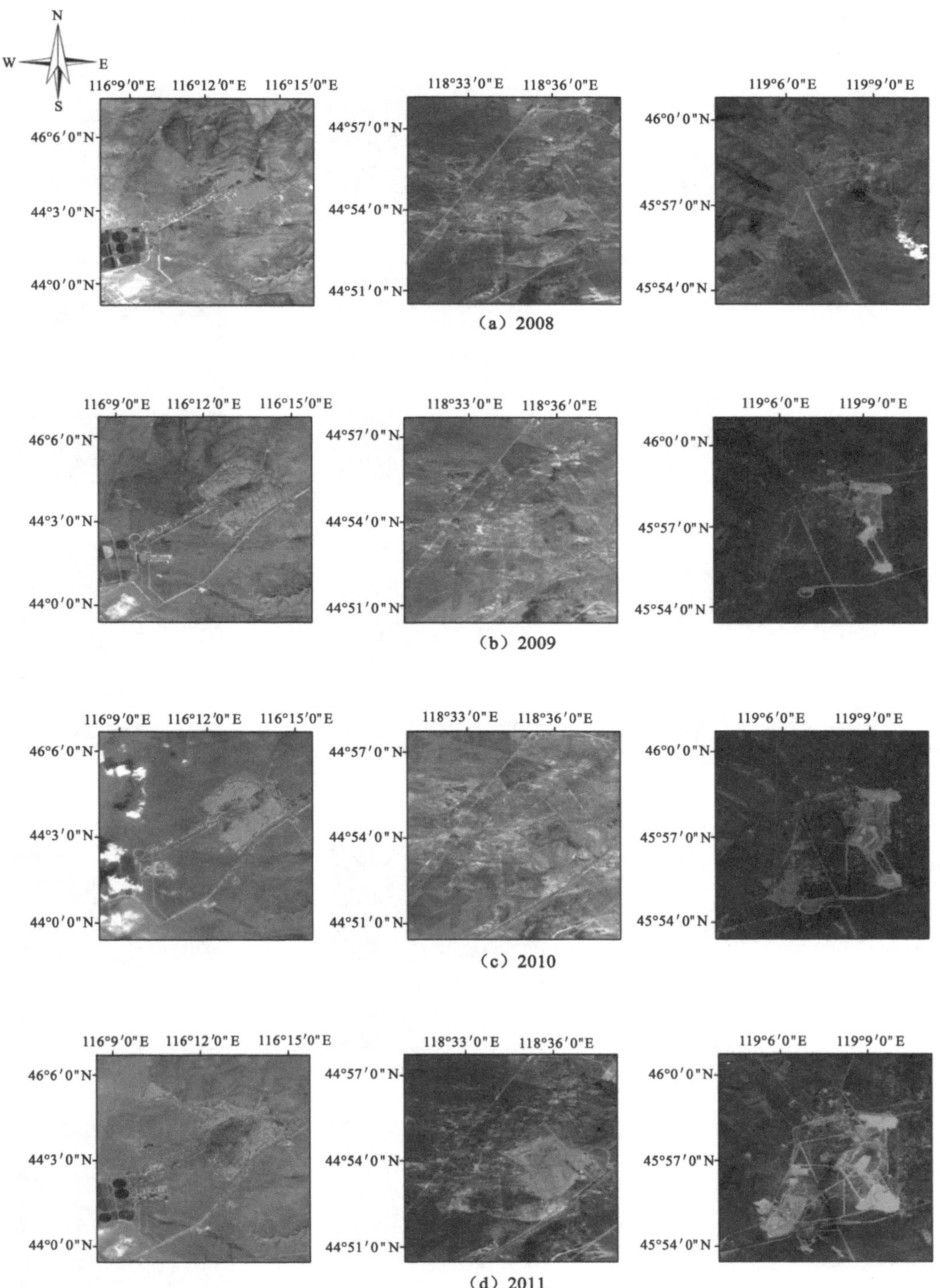

图 3-15　基于简单线段集合阈值法提取矿区受损区域的结果图

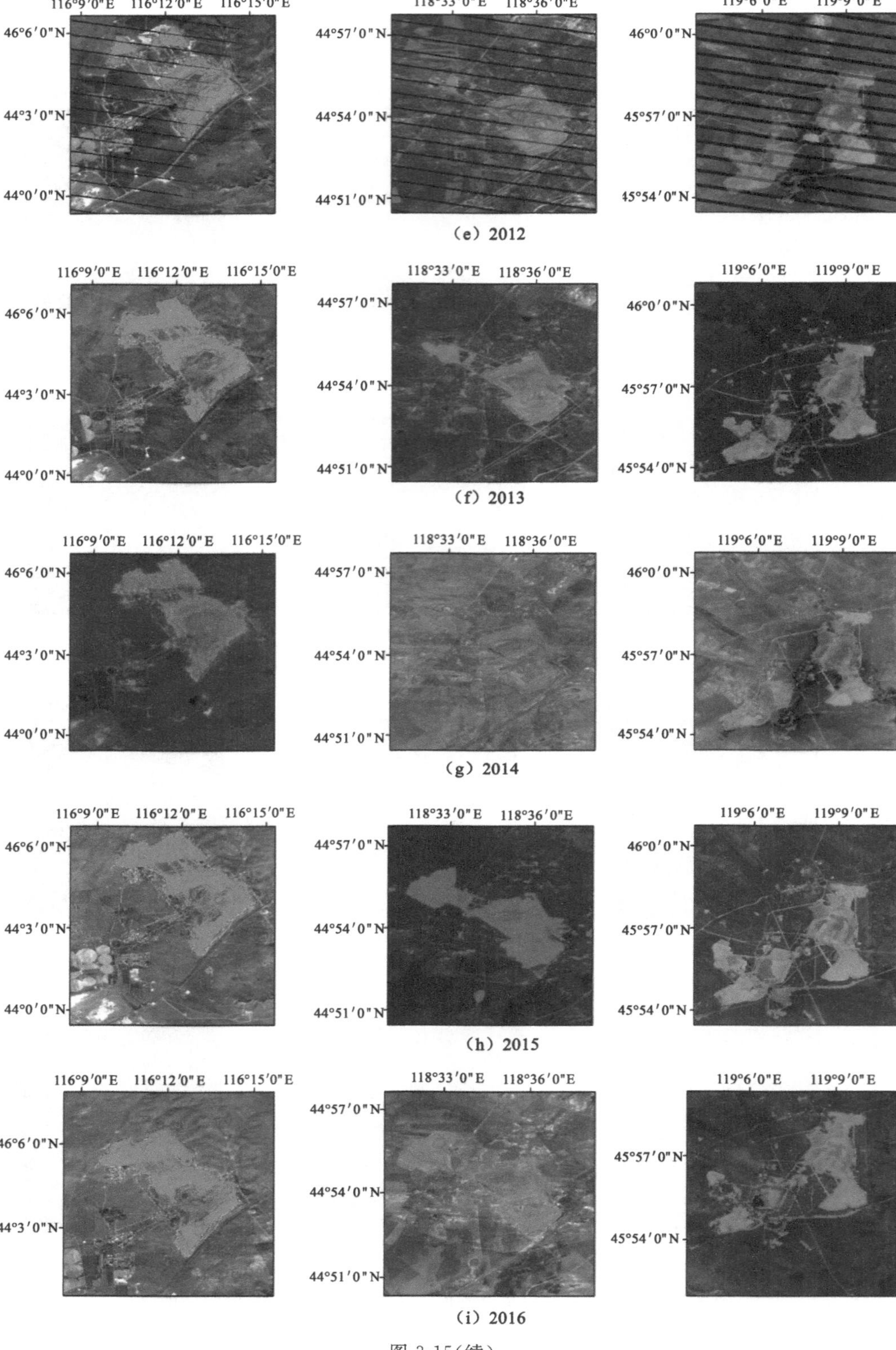

(e) 2012

(f) 2013

(g) 2014

(h) 2015

(i) 2016

图 3-15(续)

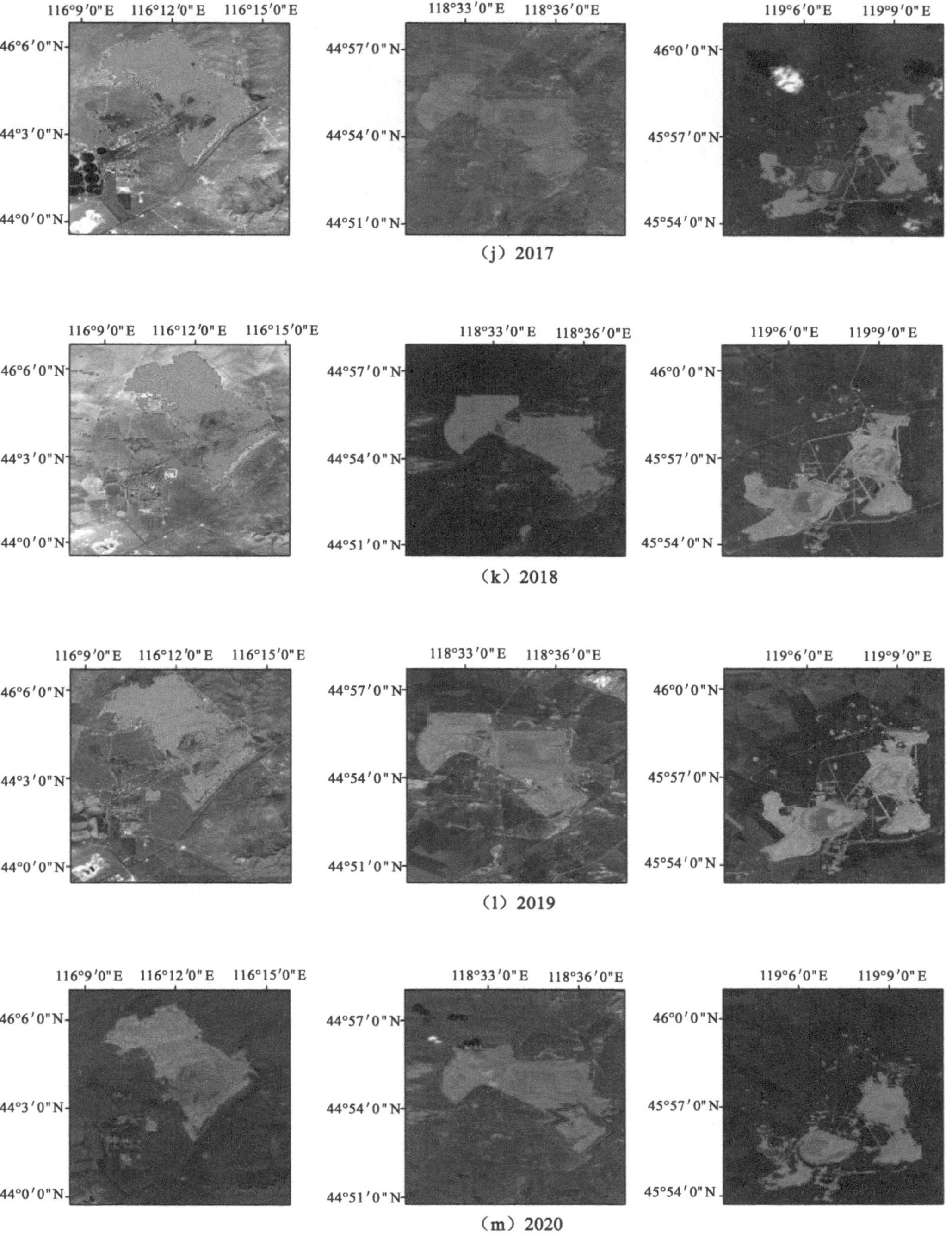

(j) 2017

(k) 2018

(l) 2019

(m) 2020

图 3-15(续)

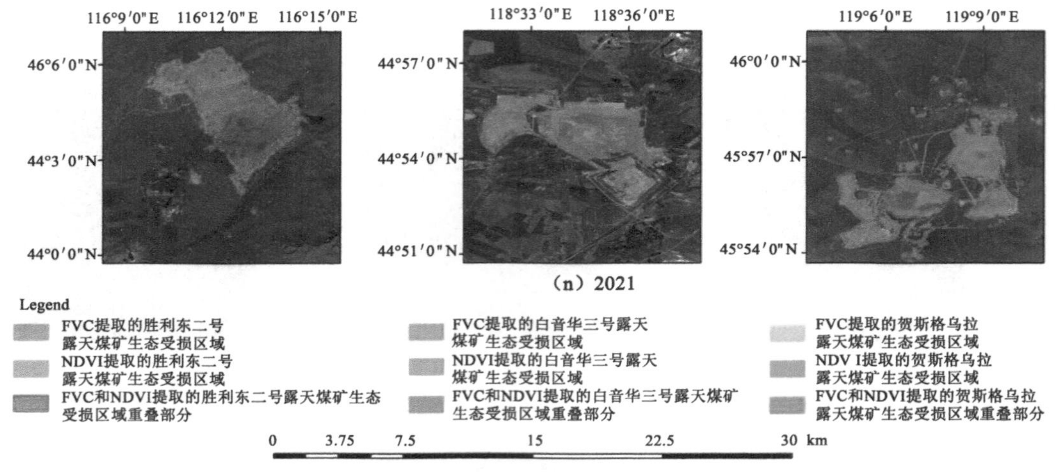

图 3-15(续)

表 3-11 所示为基于简单线段集合阈值法获取的胜利东二号露天煤矿受损区域的阈值、精度和面积的时序数据。

表 3-11　胜利东二号露天煤矿受损区域提取阈值、精度及对应的面积

年份	特征指数阈值		分类精度 Kappa 系数		面积/km^2	
	FVC	NDVI	FVC	NDVI	FVC	NDVI
2008	0.26	0.21	0.82	0.80	14.51	10.69
2009	0.24	0.20	0.91	0.89	16.20	16.85
2010	0.23	0.16	0.87	0.87	15.05	14.86
2011	0.20	0.16	0.89	0.88	21.44	21.78
2012	0.20	0.16	0.9	0.89	28.16	25.07
2013	0.34	0.25	0.83	0.83	37.56	36.96
2014	0.35	0.26	0.82	0.82	39.02	38.95
2015	0.37	0.27	0.81	0.82	39.33	38.53
2016	0.26	0.21	0.8	0.81	33.41	31.51
2017	0.21	0.17	0.84	0.85	43.13	42.06
2018	0.28	0.26	0.87	0.89	41.89	42.34
2019	0.36	0.21	0.88	0.88	40.55	40.89
2020	0.39	0.29	0.84	0.84	40.52	40.67
2021	0.41	0.33	0.81	0.80	47.28	46.69

根据图 3-16(a)阈值变化曲线分析，2008—2021 年胜利东二号露天煤矿 FVC、NDVI 提取阈值均在 0.15～0.40之间浮动，且 FVC 提取阈值高于 NDVI 提取阈值。根据图 3-16(b)，总体的 Kappa 系数在 0.80 之上，满足 Kappa 系数的最低允许判别度要求；在 2014 年之前 FVC 提取精度较高，而 2014 年之后 FVC 提取精度略低于 NDVI 提取精度。由图 3-17

的 ROC 曲线分析，2008—2021 年总体的精度稳定性是 FVC 的略高于 NDVI 的。

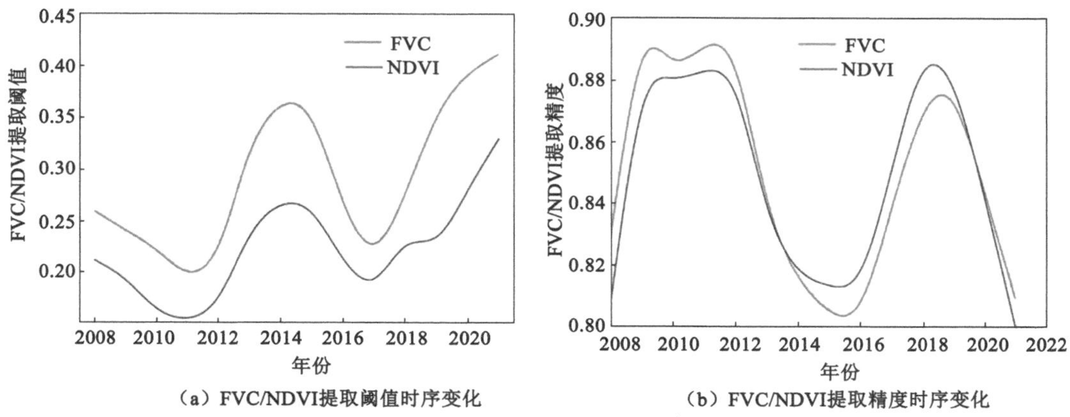

(a) FVC/NDVI提取阈值时序变化　(b) FVC/NDVI提取精度时序变化

图 3-16　胜利东二号露天煤矿 2008—2021 年受损区域 FVC/NDVI 提取阈值及对应的提取精度变化曲线

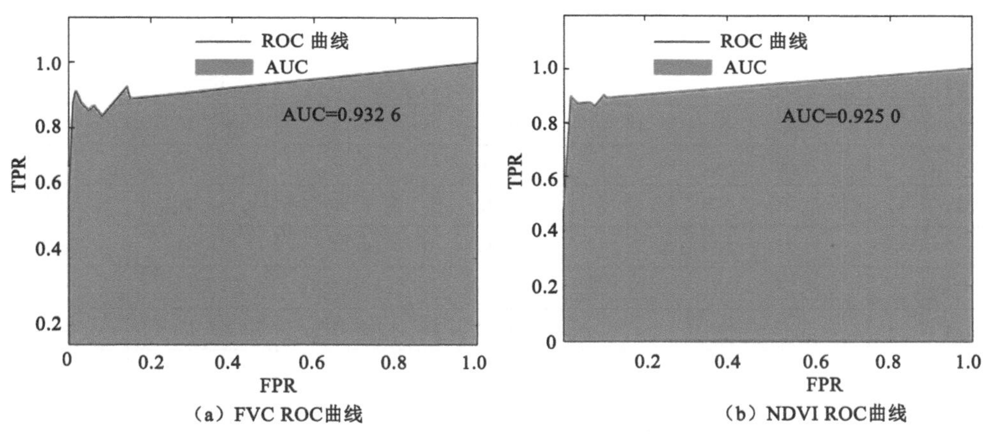

(a) FVC ROC曲线　(b) NDVI ROC曲线

图 3-17　胜利东二号露天煤矿 2008—2021 年受损区域提取精度 ROC 曲线

图 3-18 为 2008—2021 年胜利东二号露天煤矿生态受损区域面积变化的可视化表达，受损面积从 2008 年至今呈现增长趋势，2014 年之后增势有所缓解，面积浮动变小。

表 3-12 统计了基于简单线段集合阈值法提取白音华三号露天煤矿 2007—2021 年受损区域的阈值、精度和面积变化情况。图 3-19 所示为提取阈值和精度的变化情况，由图可以看出 FVC 提取阈值高于 NDVI 提取阈值，各年的 FVC 提取精度也略高于 NDVI 提取精度。由图 3-20 可知，FVC 总体精度稳定性是 0.947 1，NDVI 为 0.943 9，在稳定性上也是 FVC 略高。

图 3-21 显示了白音华三号露天煤矿 2007—2021 年受损区域面积的变化情况，2007—2010 年增速不大，2010 年之后增长速度逐渐增加，2017 年之后增速逐渐稳定，受损面积变化浮动不大。

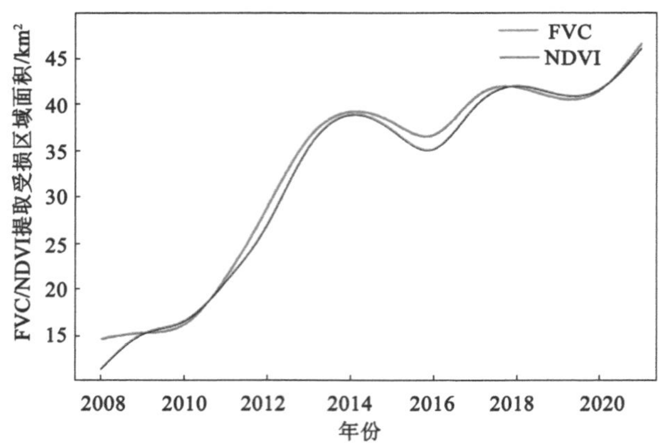

图 3-18　胜利东二号露天煤矿 2008—2021 年受损区域面积变化曲线

表 3-12　2007—2021 年白音华三号露天煤矿受损区域的提取阈值、精度及面积

年份	特征指数阈值		分类精度 Kappa 系数		面积/km²	
	FVC	NDVI	FVC	NDVI	FVC	NDVI
2007	0.16	0.22	0.76	0.85	14.09	13.34
2008	0.30	0.27	0.87	0.87	14.00	12.29
2009	0.18	0.16	0.71	0.71	13.79	15.42
2010	0.2	0.15	0.86	0.83	13.23	10.95
2011	0.25	0.21	0.97	0.95	16.01	15.47
2012	0.28	0.23	0.93	0.92	19.61	19.40
2013	0.27	0.27	0.89	0.88	20.34	19.82
2014	0.32	0.3	0.92	0.91	22.11	21.94
2015	0.41	0.34	0.93	0.92	29.87	29.56
2016	0.33	0.26	0.84	0.84	28.88	28.80
2017	0.30	0.27	0.88	0.86	32.93	32.45
2018	0.30	0.29	0.91	0.89	32.62	32.17
2019	0.28	0.25	0.80	0.80	29.93	29.84
2020	0.40	0.30	0.84	0.84	34.75	33.81
2021	0.42	0.36	0.84	0.84	32.53	31.82

表 3-13 统计了基于简单线段集合阈值法提取 2008—2021 年贺斯格乌拉露天煤矿受损区域的阈值、精度和面积变化情况，FVC、NDVI 提取阈值均在 0.2～0.4 间浮动[图 3-22(a)]，且 FVC 提取阈值大于 NDVI 提取阈值。FVC、NDVI 提取精度均大于 0.76[图 3-22(b)]，满足 Kappa 系数的要求，可以作为评定指标。除此之外，精度的稳定性都在 0.93 以上，说明该提取方法有一定的精度保障。

图 3-23 显示了提取精度的时序变化情况，根据 ROC 曲线，FVC 和 NDVI 提取精度都具有较高的稳定性。

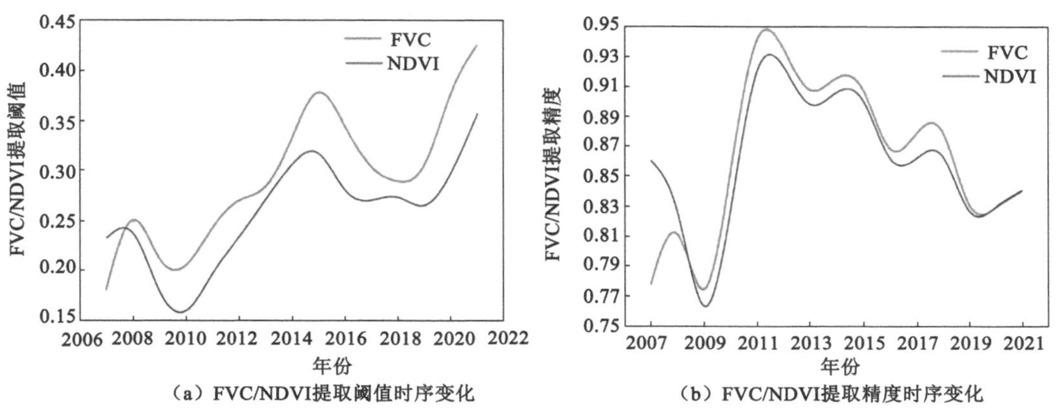

（a）FVC/NDVI提取阈值时序变化　（b）FVC/NDVI提取精度时序变化

图 3-19　白音华三号露天煤矿 2007—2021 年受损区域 FVC/NDVI 提取阈值及对应的提取精度变化曲线

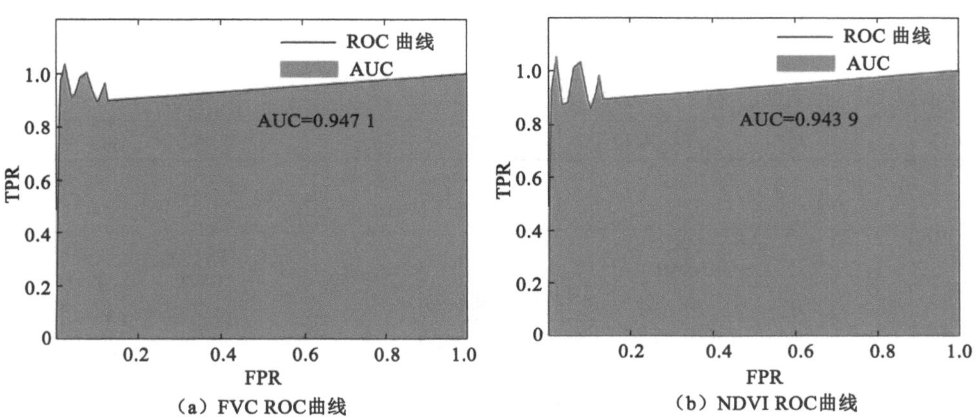

（a）FVC ROC曲线　（b）NDVI ROC曲线

图 3-20　白音华三号露天煤矿 2007—2021 年受损区域提取精度 ROC 曲线

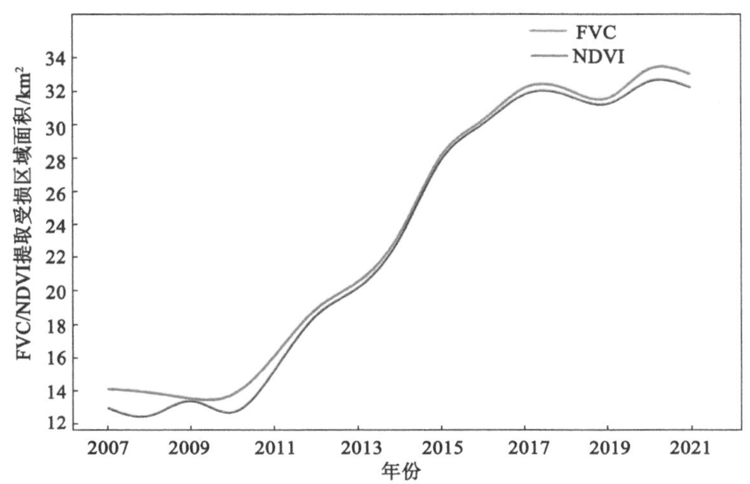

图 3-21　白音华三号露天煤矿 2007—2021 年受损区域面积变化曲线

表 3-13　2008—2021 年贺斯格乌拉露天煤矿受损区域的提取阈值、精度及面积

年份	特征指数阈值		分类精度 Kappa 系数		面积/km^2	
	FVC	NDVI	FVC	NDVI	FVC	NDVI
2008	0.20	0.24	0.80	0.88	11.59	10.80
2009	0.28	0.25	0.91	0.86	15.71	19.83
2010	0.22	0.17	0.87	0.88	24.01	21.57
2011	0.25	0.23	0.86	0.85	27.41	25.42
2012	0.27	0.23	0.85	0.84	31.92	31.24
2013	0.30	0.29	0.81	0.81	30.58	30.06
2014	0.32	0.25	0.84	0.84	30.95	29.88
2015	0.34	0.31	0.87	0.87	32.36	32.22
2016	0.24	0.22	0.78	0.76	27.17	25.63
2017	0.31	0.25	0.77	0.77	27.70	27.04
2018	0.37	0.33	0.89	0.88	32.79	32.47
2019	0.31	0.25	0.90	0.90	31.43	31.05
2020	0.30	0.27	0.79	0.77	25.85	24.56
2021	0.31	0.34	0.80	0.77	26.16	24.53

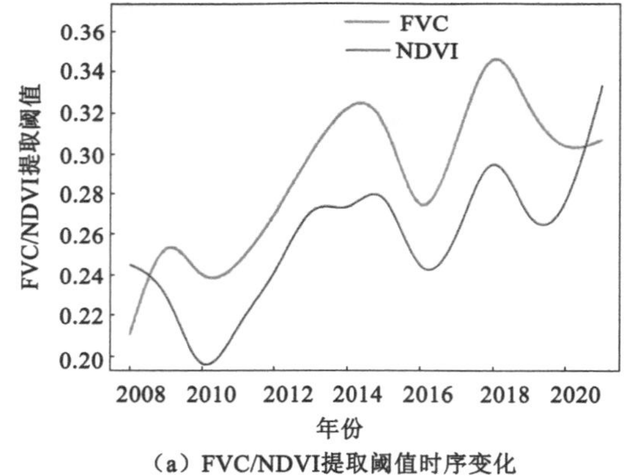

（a）FVC/NDVI提取阈值时序变化

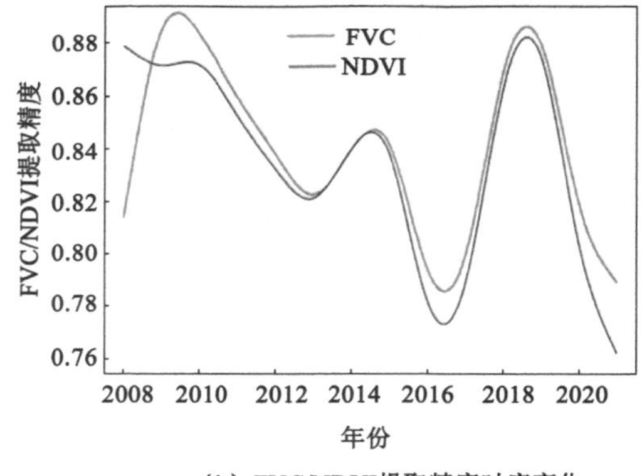

（b）FVC/NDVI提取精度时序变化

图 3-22　贺斯格乌拉露天煤矿 2008—2021 年受损区域提取阈值及对应的提取精度变化曲线

图 3-24 所示为贺斯格乌拉露天煤矿 2008—2021 年受损区域面积的变化趋势，2008—2012 年受损区域面积增速比较大，2012 年之后增长速度趋于平缓。

基于简单线段集合阈值法提取了胜利东二号露天煤矿、白音华三号露天煤矿和贺斯格乌拉露天煤矿自开采以来的受损区域，对比分析三个矿区受损区域的提取结果，得到如下结论：

① 根据简单线段集合阈值法获取的阈值稳定在 0.15～0.45 之间，且 FVC 提取阈值略高于 NDVI 提取阈值。

② FVC/NDVI 提取精度都在 0.75 以上，满足 Kappa 系数最低允许判别规则，且精度

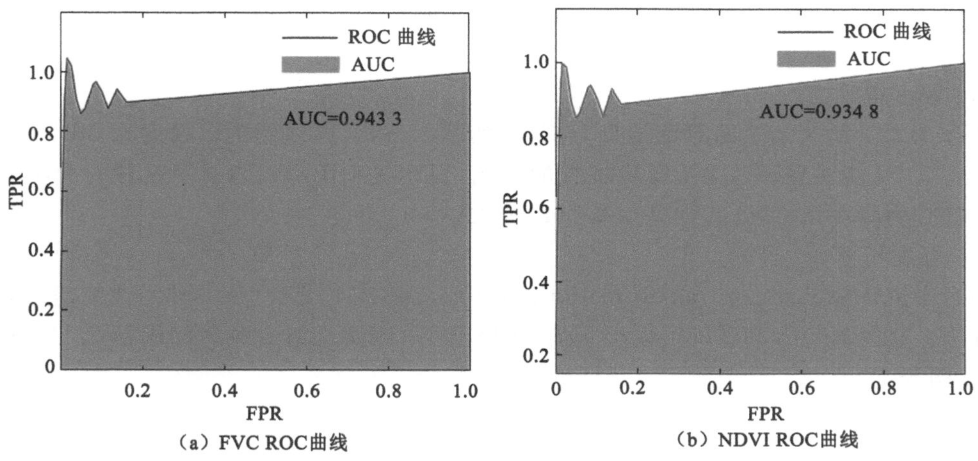

图 3-23　贺斯格乌拉露天煤矿 2008—2021 年受损区域提取精度 ROC 曲线

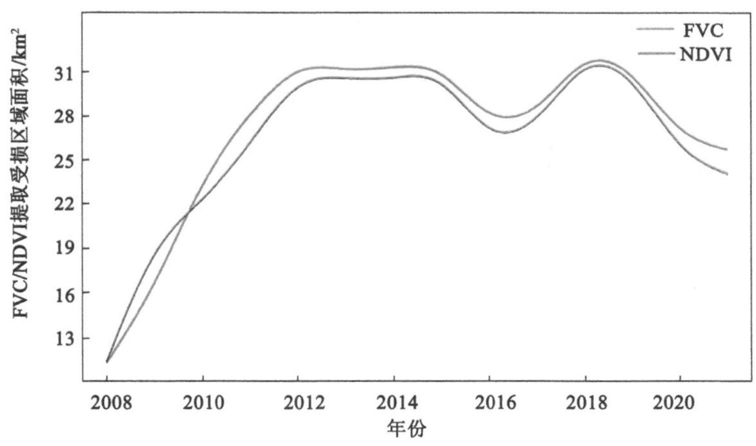

图 3-24　贺斯格乌拉露天煤矿露天矿区 2008—2021 年受损区域面积变化曲线图

ROC 曲线的面积 AUC 都在 0.92 以上，AUC 越接近于 1 说明提取精度稳定性越好，由此可见，基于简单线段集合阈值法提取矿区受损区域的方法有足够的精度保障。

③ 提取的受损区域面积呈增长趋势，且受损区域的面积变化趋势与矿区开采项目周期存在相关性，每期矿区开采规划项目验收后受损区域面积都会出现峰值，然后面积的增长速度逐渐平缓。

3.2.3　基于多特征指标的随机森林算法提取矿区受损区域

前文已经介绍了 Otsu 全局阈值法和简单线段集合的局部阈值法两种基于单一指数的提取方法，虽然两种方法的提取精度都能达到要求，但是基于单一指数获取阈值对矿区周围生态环境的要求比较高，如果矿区周围生态环境质量差会导致提取结果里面含有不属于矿区受损区域的部分，仅利用 FVC 或者 NDVI 指标获取阈值不能综合分析受损区域的情况。因此，本节选用了多特征指数进行研究，获取研究区域内的绿度指标、湿度指标、干度指标、热度指标、盐度指标，然后利用随机森林算法将研究区域分为受损区域和非受损区域两个部分。

3.2.3.1 特征指标

(1) 绿度指标

结合 3.2.1 和 3.2.2 的研究结果分析，虽然基于 FVC 阈值的提取精度比 NDVI 的稳定，但是 NDVI 能够更好地保持影像本身的情况，因此在利用随机森林算法进行分类时选取 NDVI 作为绿度指标，公式详见 3.2.1.1 中的式(3-1)。

(2) 湿度指标

缨帽变换(tasseled cap transformation，TCT)，又称 K-T 变换，是一种经典的遥感影像处理方法。它由 Kauth 和 Thomas 于 1976 年提出[84]，因其光谱变换后的图形呈“缨帽状”而得名(图 3-25)。

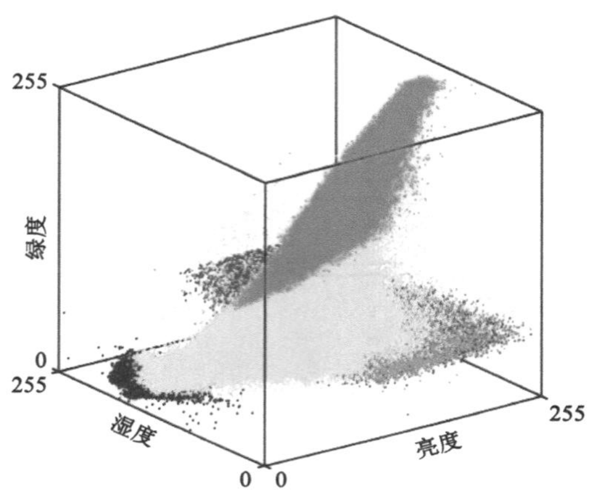

图 3-25 缨帽变换

这个变换主要用于陆地资源卫星数据，包括 MSS、TM 和 ETM+传感器的图像。对于 TM 和 ETM+图像，K-T 变换的前 3 个分量的实际物理意义如下。

① 亮度：第一分量，实际上是六个波段的加权和，反映了总体的反射值。

② 绿度：第二分量，实际是近红外与可见光部分的差值，反映绿色生物量的特征。

③ 湿度：第三分量，该分量反映了可见光与近红外波段、可见光与两个红外波段的差值，而红外波段对土壤湿度和植被湿度最为敏感，易反映出湿度特征。本节利用的就是K-T变换的第三分量，计算公式如下：

$$\mathrm{WET}=C_1\times \mathrm{Blue}+C_2\times \mathrm{Green}+C_3\times \mathrm{Red}+C_4\times \mathrm{NIR}+C_5\times \mathrm{SWIR1}+C_6\times \mathrm{SWIR2} \tag{3-10}$$

式中，Blue、Green、Red、NIR、SWIR1、SWIR2 分别为蓝、绿、红、近红外和两个短波红外波段；$C_1 \sim C_6$ 为变换系数，本节研究中使用了 Landsat-5、Landsat-7、Landsat-8 影像数据，由于 K-T 变换系数的推导依赖于卫星传感器本身的波段设置和光谱特性，因此不同传感器的 K-T变换系数各不相同，对应的湿度分量的计算公式如下：

① Landsat-5：

$$\mathrm{WET}=0.031\,5\times \mathrm{Blue}+0.202\,1\times \mathrm{Green}+0.301\,2\times \mathrm{Red}+0.159\,4\times \mathrm{NIR}-0.680\,6\times \mathrm{SWIR1}-0.610\,9\times \mathrm{SWIR2} \tag{3-11}$$

② Landsat-7：

$$\text{WET}=0.2626\times\text{Blue}+0.2141\times\text{Green}+0.0926\times\text{Red}+0.0656\times\text{NIR}-0.7629\times\text{SWIR1}-0.5388\times\text{SWIR2} \tag{3-12}$$

③ Landsat-8：

$$\text{WET}=0.1509\times\text{Blue}+0.1973\times\text{Green}+0.3279\times\text{Red}+0.3406\times\text{NIR}-0.7122\times\text{SWIR1}-0.4572\times\text{SWIR2} \tag{3-13}$$

(3) 干度指标

本节研究区域为内蒙古锡林郭勒区域，地表“干化”主要影响因素是建筑和裸土，因此选择建筑指数(IBI)和土壤指数(SI)合成干度指数(NDBSI)，该指数的范围是[－1,1]，值越大，表示越干燥，利用干度指数表示干度指标的大小。计算公式如下：

$$\text{IBI}=\frac{\dfrac{2\text{SWIR1}}{\text{SWIR1}+\text{NIR}}-\left[\dfrac{\text{NIR}}{\text{NIR}+\text{Red}}+\dfrac{\text{Green}}{\text{Green}+\text{SWIR1}}\right]}{\dfrac{\text{SWIR1}}{\text{SWIR1}+\text{NIR}}+\left[\dfrac{\text{NIR}}{\text{NIR}+\text{Red}}+\dfrac{\text{Green}}{\text{Green}+\text{SWIR1}}\right]} \tag{3-14}$$

$$\text{SI}=\frac{(\text{SWIR1}+\text{Red})-(\text{NIR}+\text{Blue})}{(\text{SWIR1}+\text{Red})+(\text{NIR}+\text{Blue})} \tag{3-15}$$

$$\text{NDBSI}=\frac{\text{IBI}+\text{SI}}{2} \tag{3-16}$$

(4) 热度指标

地表温度(LST)反演算法主要有以下三种：大气校正法、单通道算法和分裂窗算法[85]。本节研究基于 GEE 进行，GEE 的优势就是能够批量处理海量数据且拥有海量的可用数据集，其中就包括 LST 产品。在使用前需要根据官方参数对其进行修改，修改参数及公式如下：

Landsat-8 处理参数及公式：

$$\text{opticalBands}=(\text{SR\_B.})\times 0.0000275-0.2 \tag{3-17}$$

$$\text{thermalBands}=(\text{ST\_B10})\times 0.00341802+149.0 \tag{3-18}$$

Landsat-7 和 Landsat-5 处理参数及公式：

$$\text{opticalBands}=(\text{SR\_B.})\times 0.0000275-0.2 \tag{3-19}$$

$$\text{thermalBands}=(\text{ST\_B6})\times 0.00341802+149.0 \tag{3-20}$$

其中 SR_B. 表示红、绿、蓝三个可见光波段，近红外波段和 2 个短波红外波段；SR_B10 表示 Landsat-8 的地表温度波段；ST_B6 表示 Landsat-5 和 Landsat-7 的地表温度波段。

(5) 盐度指标

土地盐碱化、荒漠化以及草场退化等易造成土壤肥力下降，导致区域生态环境恶化[86]，因此，在干旱区监测土壤盐碱化程度至关重要。本节选用的盐度指标计算公式如下：

$$\text{SI\_T}=\frac{\text{Red}}{\text{NIR}}\times 100 \tag{3-21}$$

3.2.3.2 随机森林算法

随机森林(random forest)是 Breiman[87]在 2001 年提出的一种建立在决策树基础上的集成方法，是基于多棵决策树对样本进行训练，并根据训练得到的模型对待测样本类别进行预测的一种监督学习分类算法[88]。

随机森林算法非常简单，易于实现，计算成本也很小，如图 3-26 所示。随机森林算法可以用如下几个步骤概括：

① 用有放回抽样的方法（bootstrap）从样本集中选取 n 个样本作为一个训练集。

② 用样本集生成一棵决策树，再生成每一个节点。

a. 随机不重复地选择 d 个特征。

b. 利用这 d 个特征分别对样本集进行划分，找到最佳的划分特征[可用基尼指数（Gini index）、增益率或者信息增益判别]。

③ 重复步骤①到步骤②共 k 次，k 即为随机森林中决策树的个数。

④ 用训练得到的随机森林对测试样本进行预测，并用票选法决定预测的结果。

具体流程见图 3-27。

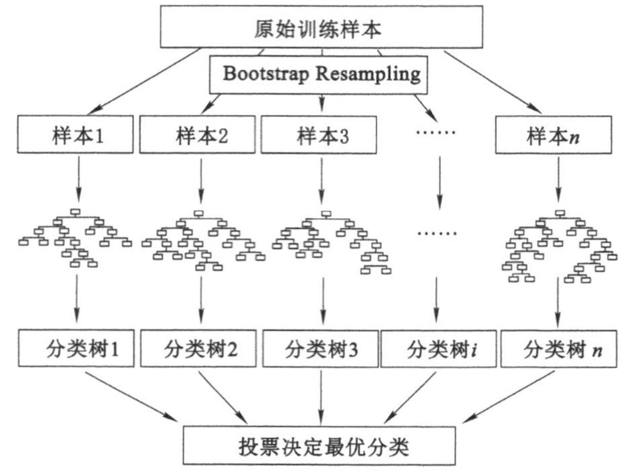

图 3-26　随机森林算法示意图[89]

本节研究选用绿度指标、湿度指标、干度指标、热度指标和盐度指标，为了研究各个指标对分类的影响程度，利用基尼指数作为评价指标衡量每个特征在分类中的重要性。

将特征重要性指数（characteristic importance index）用 CII 表示，针对本研究有 5 个特征、两个类别，则每个特征的 Gini 指数评分 $\mathrm{CII}_j^{(\mathrm{Gini})}$（$j$ 表示第 j 个特征）计算步骤可分为三步[89-90]：

① 计算第 i 棵树节点 q 的 Gini 指数。

$$\mathrm{GI}_q^i = \sum_{c=1}^{c} \sum_{c' \neq c} p_{qc}^i p_{qc'}^i = 1 - \sum_{c=1}^{c} (p_{qc}^i)^2 \tag{3-22}$$

式中，c 表示第 c 个类别，p_{qc}^i 表示第 i 棵树中节点 q 中类别 c 所占比例；$p_{qc'}^i$ 表示第 i 棵树中节点 q 除类别 c 以外的其他类别所占比例。

② 计算特征 j 在第 i 棵树中的重要性。

首先计算特征 j 在第 i 棵树中的节点 q 的重要性，即节点 q 分支前后的 Gini 指数的变化：

$$\mathrm{CII}_{jq}^i = \mathrm{GI}_q^i - \mathrm{GI}_l^i - \mathrm{GI}_r^i \tag{3-23}$$

式中，GI_r^i 和 GI_l^i 分别表示分支后两个新节点的 Gini 指数。设特征 j 在第 i 棵树中出现的节

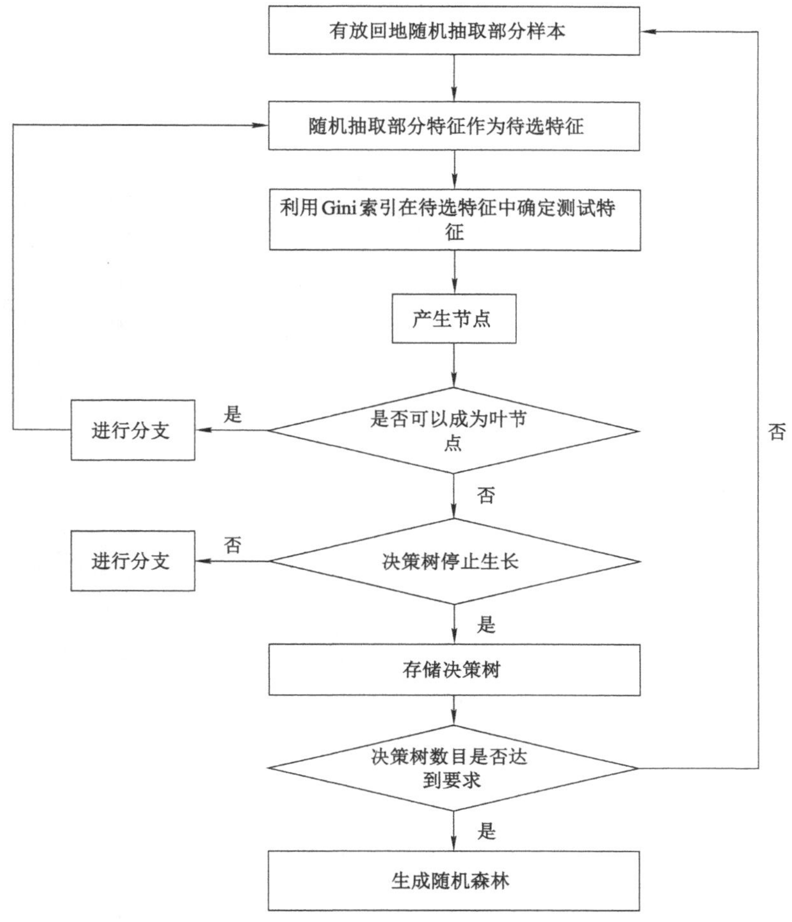

图 3-27　随机森林算法流程图

点的集合为 Q，那么特征 j 在第 i 棵树中的重要性为：

$$\mathrm{CII}_j^Q = \sum_{q \in Q} \mathrm{CII}_{jq}^i \tag{3-24}$$

③ 计算特征 j 在所有树中总的重要性：

$$\mathrm{CII}_j = \sum_{i=1}^{I} \mathrm{CII}_j^Q \tag{3-25}$$

对计算得到的特征重要性指数做归一化处理：

$$\mathrm{CII}_j^{\mathrm{Gini}} = \frac{\mathrm{CII}_j}{\sum_{j'=1}^{J} \mathrm{CII}_{j'}} \tag{3-26}$$

式中，$\mathrm{CII}_j^{\mathrm{Gini}}$ 表示特征 j 在所有特征中的重要性占比。

3.2.3.3　三个矿区的提取结果

基于多特征指数的随机森林算法提取矿区受损区域的结果见图 3-28。

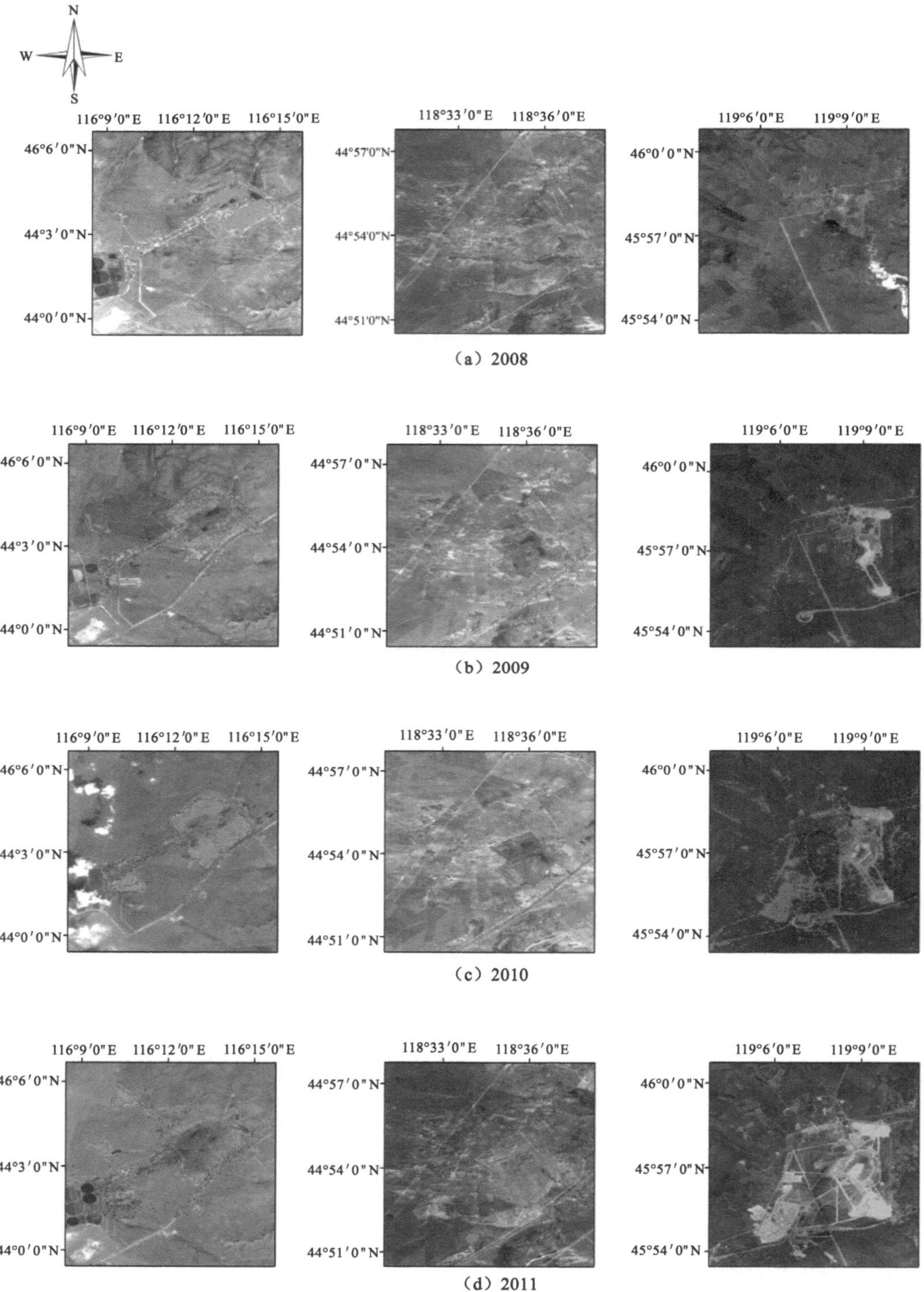

（a）2008

（b）2009

（c）2010

（d）2011

图 3-28　基于多特征指数的随机森林算法提取矿区受损区域的结果图

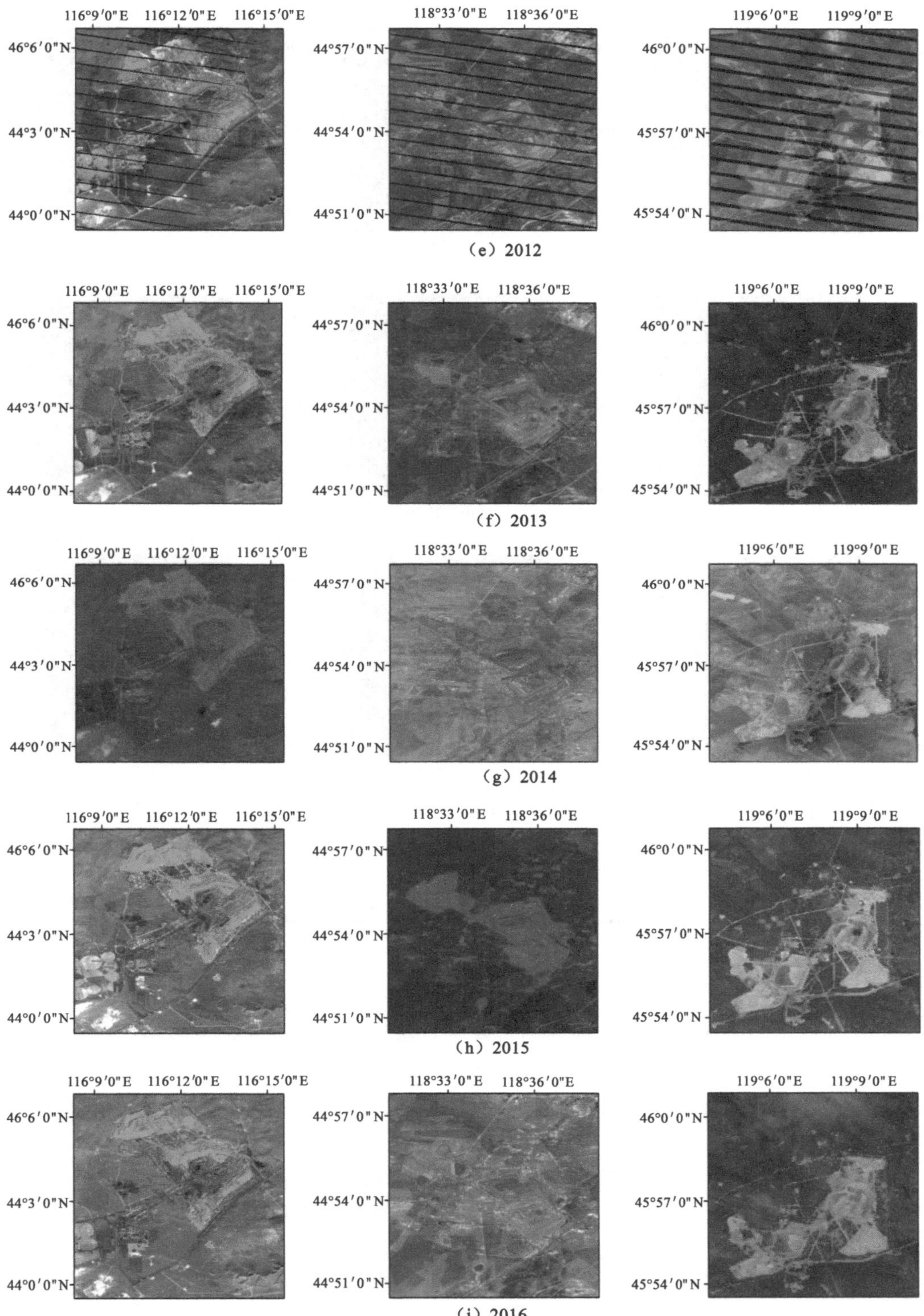
116°9′0″E
116°12′0″E
116°15′0″E
46°6′0″N
44°3′0″N
44°0′0″N
118°33′0″E
118°36′0″E
44°57′0″N
44°54′0″N
44°51′0″N
119°6′0″E
119°9′0″E
46°0′0″N
45°57′0″N
45°54′0″N
(e) 2012
(f) 2013
(g) 2014
(h) 2015
(i) 2016

图 3-28(续)

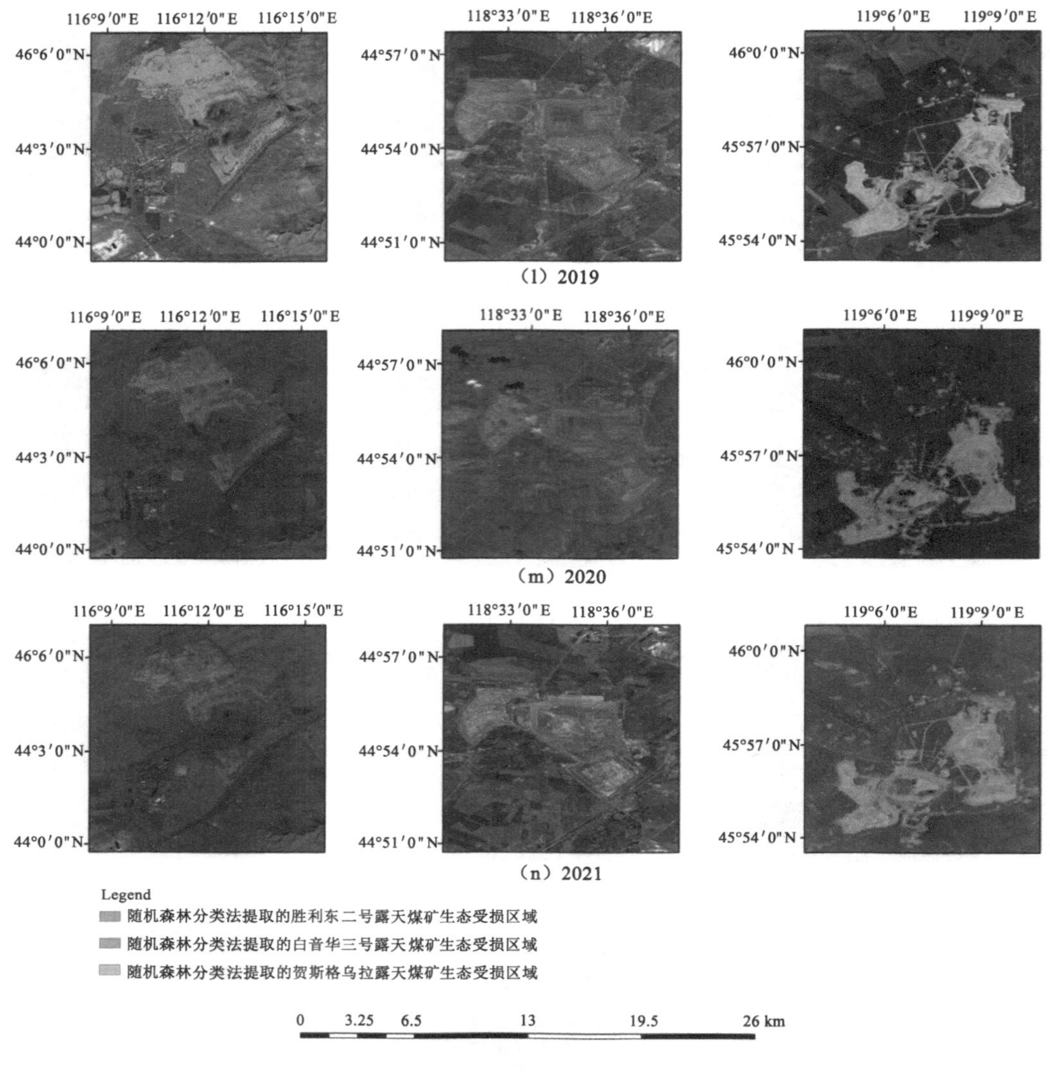

图 3-28(续)

图 3-29 所示为基于多特征指数的随机森林算法提取的矿区受损区域精度和面积变化情况，由图 3-29(a)可知提取精度均高于 0.80，具有较高的可信度。由图 3-29(b)可知受损面积自 2008 年工程实施以来呈现渐增趋势，2018 年之后增长趋势较为稳定，受损面积变化不大。

将三个矿区受损区域的提取结果进行对比分析，得到如下结论：

① 提取精度都在 0.82 以上，满足 Kappa 系数最低允许判别度要求，且精度 ROC 曲线的面积 AUC 都在 0.92 以上，该方法有足够的精度保障。

② 提取的受损区域面积随时间总体呈增长趋势，随着开采项目的开展和验收，受损区域面积存在对应的峰值和稳定平台期。

③ 在基于多特征指数的随机森林算法对胜利东二号露天煤矿、白音华三号露天煤矿和

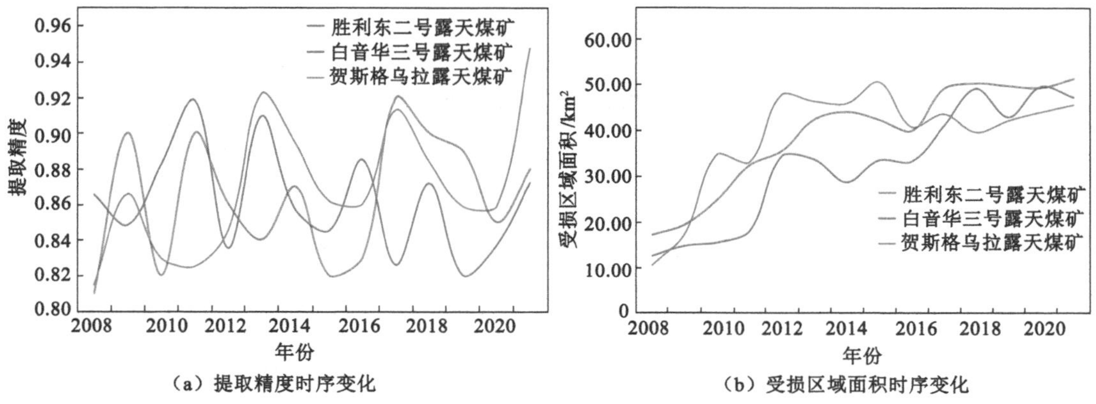

图 3-29　基于随机森林算法提取矿区受损区域的精度和面积变化曲线

贺斯格乌拉露天煤矿进行提取的过程中，NDVI、WET、NDBSI、LST、SI_T 五个特征指数在三个矿区受损区域提取中的平均重要性程度的大小均为：NDVI＞SI_T＞WET＞NDBSI＞LST（图 3-30），该结论为下文选择加入 SI_T 指数对 RSEI 进行改进提供了基础。

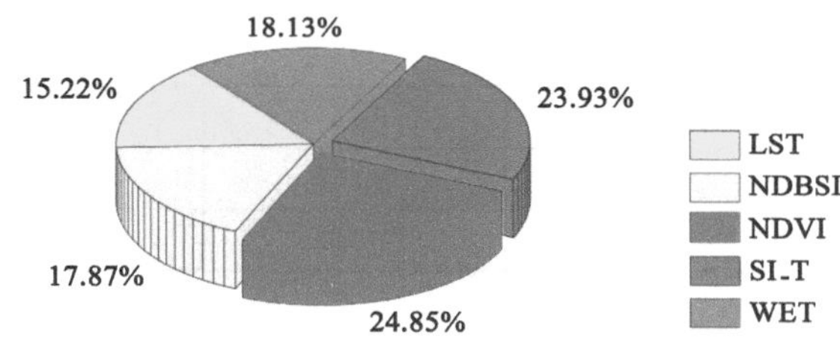

图 3-30　五个特征指数在三个矿区受损区域提取中的平均重要性分布图

3.2.4　对比分析三种方法在三个矿区的实验结果

前文详细介绍了基于单一指数的 Otsu 全局阈值法、基于简单线段集合的局部阈值法和基于多特征指数的随机森林算法的理论基础，说明了利用这三种方法提取矿区受损区域的技术路线，并且选取了三个开采时序较长、分布离散的矿区进行提取。

(1) 胜利东二号露天煤矿

结合前文对胜利东二号露天煤矿的相关介绍，该矿区项目分为三期（表 3-5），2017 年该矿区的调研报告（大唐国际发电股份有限公司，2017）显示，该矿区 2017 年开采的矿田面积为 49.63 km^2，对比表 3-14 可知，三种方法的提取结果中，基于多特征指数的随机森林算法提取面积为 49.08 km^2，最接近调研报告公布的数据。调研报告显示该矿区已处于半停产状态三年多，即 2014—2016 年，该矿区的开采活动很弱，再加上当地生态修复工作的开展，创造性地采用了“筑坝式”排土工艺，使排土场最终边坡提前到界，运用野生土种栽植法、网席法生态恢复和稀织草帘覆盖等方法或技术对边坡进行复垦绿化，按照乔灌木结合的原则，建立了灌草型、乔灌型和乔灌草型三种生态结构模式。矿区半停产和生态修复工作的进行解释了图 3-31 中 2014—2016 年矿区受损面积呈下降趋势的原因。2016 年之后矿区恢复生产状态，受损面积恢复上升趋势，而后逐渐进入均衡开采期，并在2018年达到峰值后逐渐稳定。

表3-14　不同方法提取的胜利东二号露天煤矿受损区域面积对比

年份	Otsu法 FVC提取面积 /km²	Otsu法 NDVI提取面积 /km²	线段集合阈值法 FVC提取面积 /km²	线段集合阈值法 NDVI提取面积 /km²	随机森林算法 提取面积 /km²
2008	11.89	9.57	14.51	10.69	17.11
2009	17.1	16.69	16.20	16.85	19.34
2010	18.06	17.52	15.05	14.86	24.75
2011	24.24	22.34	21.44	21.78	32.37
2012	29.73	27.88	28.16	25.07	35.50
2013	37.78	38.14	37.56	36.96	42.30
2014	37.37	38.44	39.02	38.95	43.98
2015	35.02	32.67	39.33	38.53	42.26
2016	34.06	32.61	33.41	31.51	39.84
2017	42.17	40.23	43.13	42.06	49.08
2018	47.15	44.69	41.89	42.34	50.29
2019	39.72	41.64	40.55	40.89	49.68
2020	40.22	40.26	40.52	40.67	49.34
2021	44.85	40.98	47.28	46.69	51.33

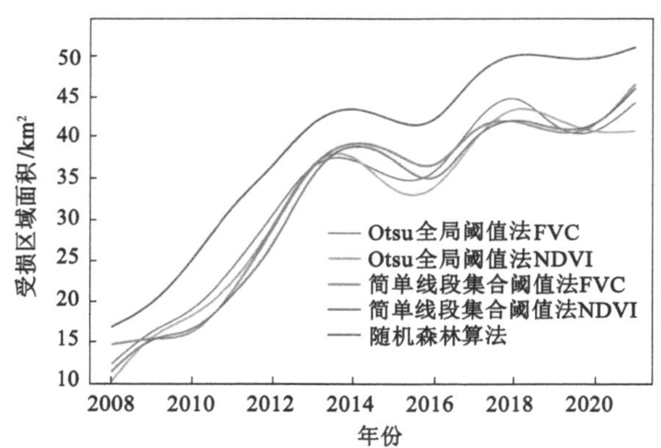

图3-31　不同方法提取的胜利东二号露天煤矿受损区域面积对比

（2）白音华三号露天煤矿

结合表3-6的项目信息和图3-32对比，利用基于多特征指数的随机森林算法和简单线段集合阈值法获取到的矿区受损区域面积变化曲线的形状一致，而利用Otsu全局阈值法获取的矿区受损区域面积在2017—2021年出现了与项目实施不符的下降趋势，也和其他两种方法的结果相悖，因此判断是该方法在白音华三号露天煤矿的应用上存在局限性，出现了失误。西乌珠穆沁旗人民政府网关于该矿区的简介显示该矿区矿田规定可开采面积为 51.38 km^2，对比表 3-15 的提取结果分析，2007—2021 年该矿区受损区域面积没有超过规定可开采面积。2014 年发布的《白音华能源化工园区基本情况》显示，白音华三号露天煤矿在 2014 年的开采面积为34.66 km^2，张德顺[92] 2016 年发表的《白音华煤田三号露天矿区水文地质条件分析》显示，白音华三号露天煤矿在 2016 年的开采面积为 46.23 km^2，对比表 3-15中 2014 年和 2016 年的矿区受损区域面积，最接近的是随机森林算法的提取结果，分别为34.78 km^2 和 40.29 km^2。

表 3-15　不同方法提取的白音华三号露天煤矿受损区域面积对比

年份	Otsu 全局阈值法 FVC 提取面积 /km^2	Otsu 全局阈值法 NDVI 提取面积 /km^2	简单线段集合阈值法 FVC 提取面积 /km^2	简单线段集合阈值法 NDVI 提取面积 /km^2	随机森林算法提取面积 /km^2
2007	14.59	11.58	19.09	8.34	19.38
2008	11.99	6.97	19.00	9.29	12.59
2009	19.21	10.74	13.79	15.42	14.77
2010	16.01	19.64	13.23	10.95	15.49
2011	27.99	24.40	16.01	15.47	17.92
2012	25.25	25.18	19.61	19.40	34.45
2013	30.05	25.80	20.34	19.82	33.75
2014	28.67	27.60	22.11	21.94	34.78
2015	30.59	28.38	29.87	29.56	33.56
2016	36.82	37.79	28.88	28.80	40.29
2017	49.84	47.32	32.93	32.45	40.94
2018	39.83	38.33	32.62	32.17	49.17
2019	40.41	41.45	29.93	29.84	42.92
2020	35.93	35.38	34.75	33.81	49.62
2021	35.54	31.86	32.53	31.82	47.27

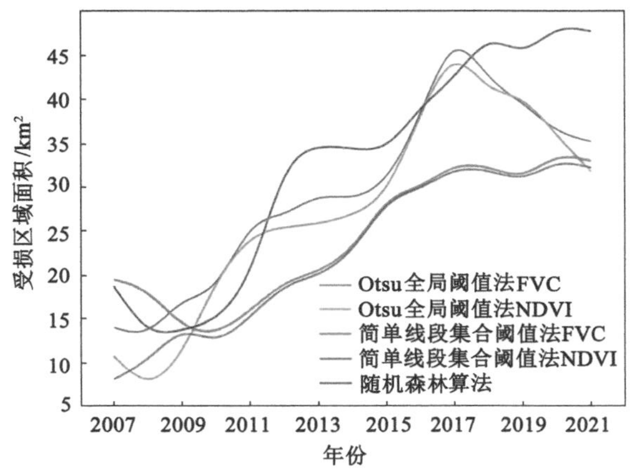

图 3-32　不同方法提取的白音华三号露天煤矿受损区域面积对比

(3) 贺斯格乌拉露天煤矿

关于贺斯格乌拉露天煤矿可获取到的验证数据不多,但根据表 3-7 的项目规划信息对比图 3-33 和表 3-16,矿区受损区域面积变化曲线的形状大致符合项目规划的时间点。一期项目于 2014 年验收,但 2010 年开始矿区开采量没有进行扩张,所以 2011—2014 年受损区域面积出现稳定平台期,甚至呈现下降趋势;而 2015 年之后开启二期工程,所以 2015—2018 年受损区域面积增大,2018 年达到峰值后进入均衡生产期,受损区域面积逐渐稳定。

表 3-16 不同方法提取的贺斯格乌拉露天煤矿受损区域面积对比

年份	Otsu 法 FVC 提取面积 /km^2	Otsu 法 NDVI 提取面积 /km^2	线段集合阈值法 FVC 提取面积 /km^2	线段集合阈值法 NDVI 提取面积 /km^2	随机森林算法 提取面积 /km^2
2008	13.83	14.70	11.59	10.80	10.60
2009	26.04	17.43	15.71	19.83	17.21
2010	17.7	17.08	24.01	21.57	34.77
2011	38.14	36.85	27.41	25.42	33.09
2012	45.61	46.30	31.92	31.24	47.84
2013	38.62	39.06	30.58	30.06	46.37
2014	41.13	38.35	30.95	29.88	45.90
2015	37.63	37.20	32.36	32.22	40.80
2016	33.33	29.19	27.17	25.63	43.58
2017	35.15	36.40	27.70	27.04	39.63
2018	47.54	44.55	32.79	32.47	50.62
2019	38.28	37.77	31.43	31.05	42.18
2020	29.16	30.07	25.85	24.56	44.00
2021	38.39	34.73	26.16	24.53	45.60

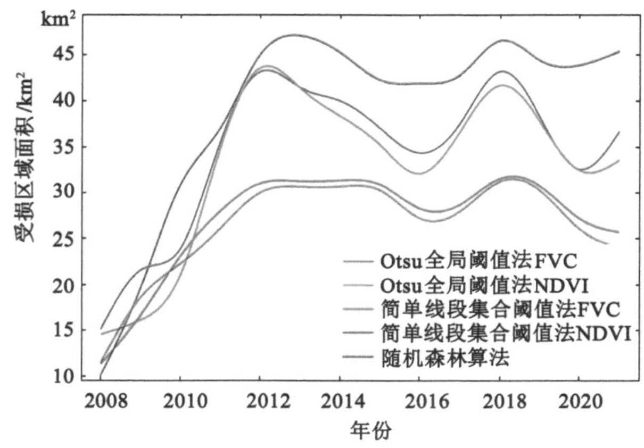

图 3-33 不同方法提取的贺斯格乌拉露天煤矿受损区域面积对比

（4）三种方法对比分析

结合前三点结论和研究结果，对比分析三种提取方法，得到如下结论：

① 基于单一指数的 Otsu 全局阈值法提取速度快，提取流程简单，人工参与度低，自动化程度最高；但是实用性没有其他两种方法高，而且当周围环境比较复杂时获取阈值不准确，会导致提取的面积出现误差甚至错误。

② 基于简单线段集合的局部阈值法提取速度快，但是需要手动画取跨越受损区域和非受损区域的线段，线段画取的好坏决定了提取结果的好坏，自动化程度不高。

③ 基于多特征指数的随机森林算法提取速度稍慢，属于监督分类的一种，需要手动选择样本点，样本点选取的多少和分布情况对提取结果至关重要。该方法对矿区环境的识别更为准确，提取值更接近真值。

综上所述，三种提取方法各有优劣，在实际应用时可根据研究区域情况和研究目的选用不同的提取方法。

3.3　生态受损区受损程度评价及驱动力分析

3.3.1　研究区介绍

锡林郭勒草原自然保护区位于我国华北地区内蒙古自治区锡林郭勒盟，属干旱、半干旱气候区，年降水量少且时空分布不均匀，蒸发量和干燥度大，极易形成干旱灾害。2019 年示范区进行采石场的生态修复，以喷薄草籽为主，现今草原生态环境极度脆弱，干旱极易导致部分地区的草地退化严重，减弱了该地区应对气候变化和环境灾害的能力。

3.3.1.1　研究方法

（1）改进的遥感生态指数法

遥感生态指数（remote sensing ecological index，RSEI）可以快速监测和评价城市生态状况，该指数耦合了植被指数、湿度分量、地表温度和土壤指数等 4 个评价指标，分别代表了绿度、湿度、热度和干度等 4 大生态要素。

RSEI 模型自提出以来已被广泛应用于监测研究区域的生态环境质量以及对研究区域进行时空分析，然而研究区域的地理位置、气候类型等各不相同，因此在实际应用时需要根据研究区域内的实际情况进行改进。

综合 RSEI 在研究中的实际应用情况，以及前文利用多特征指数进行随机森林分类时各指数的重要性程度大小，本节研究综合考虑锡林郭勒盟地区半干旱、干旱大陆性季风气候的特点，在原有的绿度、湿度、热度、干度等 4 个指标的基础上，增加盐度指标（SI_T）。充分考虑主成分分析时各特征向量的系数正负，即指标在成分 PC1 的载荷的正负，从而判断 RSEI 结果与各指标之间的相关关系，最后根据绿度、湿度指标对应的特征系数为正构建标准模型，利用标准模型对其余特征向量进行统一后获取 RSEI。

（2）主成分分析法

主成分分析（principal component analysis，PCA）是一种统计方法。PCA 的原理是线性映射，简单来说就是将高维空间数据投影到低维空间上，然后将数据包含信息量最大的成分保留下来，忽略对数据描述不重要的次要信息。主成分分析有基于特征值分解协方差矩阵和 SVD 分解协方差矩阵两种方法，本节研究选用的是基于特征值分解协方差矩阵方法，主要步骤如下[93]。

① 对样本数据集进行去中心化处理：首先计算每一个特征的均值，然后用每一个特征减去自己的均值，即 $X-\overline{X}$；

② 计算协方差矩阵 XX^{T}；

③ 求协方差矩阵 XX^{T} 的特征值 λ 和特征向量；

④ 将特征值从大到小排序，将对应的特征向量分别作为行向量组成特征向量矩阵 P；

⑤ 将数据转换到特征向量构建的新空间中，即 $Y=PX$；

⑥ 计算各成分的贡献率：$w=\dfrac{\lambda_i}{\sum\limits_{k=1}^{p}\lambda_k}(i=1,2,3,\cdots,p)$

3.3.1.2 受损区域驱动力测算

本研究以绿度、湿度、热度、干度和盐度作为受损区的响应指标，利用主成分分析法和权重指标法判定各个指标响应程度的大小，以响应程度的大小代表各个指标所涵盖的驱动因素的影响程度。

(1) 绿度响应指标

植被的生长状况和覆盖度是衡量区域生态环境质量的标准之一，因此本节选取 NDVI 作为绿度响应指标，分析其对矿区受损的响应程度，利用式(3-1)计算。

植被的生长状况和覆盖度主要受气候、地形、纬度、植被类型和人类活动强度等因素的影响，在同一研究区域内可认为气候、地形、纬度和植被类型等因素的影响程度为定值，忽略不计，只考虑人类活动的影响。因此，本节利用绿度响应指标代表研究区域内的矿山开采活动和生态修复活动等驱动因素，以指标的响应程度代表其所涵盖的驱动因素的驱动力度。

(2) 湿度响应指标

适宜的土壤湿度是植被健康生长的主要因素，本节选取 K-T 变换的第三分量作为湿度响应指标，计算过程如式(3-11)至式(3-13)所示。

土壤湿度受气候、土质、植被等条件的影响。气候决定了降水，降水的多少直接影响着土壤湿度大小，因此，本节将湿度响应指标作为衡量降水对受损的驱动程度的标准，以指标响应程度反映降水对生态的影响程度。

(3) 热度响应指标

除了降水以外，温度也是气候的主要部分，本节利用地表温度作为热度响应指标判断温度对生态环境的影响。结合湿度响应指标一起反映气候因素的驱动程度。热度响应指标直接利用 GEE 中的地表反演数据，具体见 3.2.3.1。

(4) 干度响应指标

本节选取的干度响应指标由土壤裸土指数和建筑指数合成，计算原理详见式(3-16)，利用干度响应指标的响应程度代表土地利用情况对生态环境的影响力度，分析其对矿区受损的影响程度。

(5) 盐度响应指标

在干旱区监测土壤盐碱化程度至关重要，土地盐碱化、荒漠化以及草场退化等易造成土壤肥力下降，导致区域生态环境恶化。因此，本节利用盐度响应指标[计算公式详见 3.2.3.1 中的式(3-21)]来反映土壤质量对生态环境的影响情况，分析其对矿区受损的影响程度。

3.3.1.3 受损区域的时空分析

本节研究融合了绿度响应指标、湿度响应指标、热度响应指标、干度响应指标和盐度响应指标，利用主成分分析法计算了锡林郭勒盟地区改进后的RSEI指数，将改进后的RSEI指数分为[0,0.2]、(0.2,0.4]、(0.4,0.6]、(0.6,0.8]、(0.8,1.0]5个区间，对应严重受损、较重受损、中度受损、轻微受损、基本无受损5个受损等级。然后将各指数按贡献率进行加权得到综合模型的分系数，再计算各个指数的得分系数占总的得分系数的比重，得到指标权重，利用指标权重判断该指标作为驱动力对受损的影响程度，具体研究流程如图3-34所示。

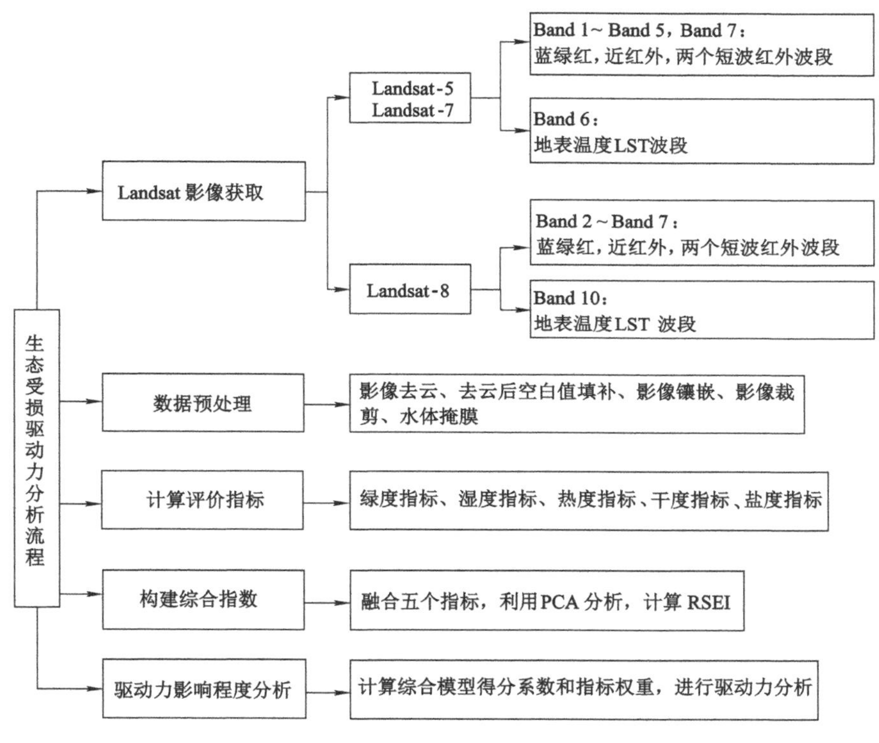

图3-34 受损驱动力分析技术流程

表3-17所示为2001—2021年锡林郭勒盟地区主成分分析结果，包括各个分量的贡献率、特征值和对应的特征向量，其中只有2003年、2004年和2006年的PC1的特征向量与其他年份相反。第一分量的5个特征向量系数分别对应的特征是NDVI、WET、SI_T、LST和NDBSI，每年主成分分析的第一分量贡献率最大，说明第一主成分包含了原始变量的较多信息，可以利用第一分量代表RSEI。由于特征向量的方向不同，需要判断是否进行“1－PC1”的处理以及为什么需要这样处理。PC1表示主成分分析的第一分量，据研究表明，绿度和湿度对环境的影响是正向的，当PC1对应的NDVI和WET的向量系数为负时需要进行“1-PC1”的处理，反之则不需要。

表 3-17 2001—2021 年锡林郭勒盟地区主成分分析结果

年份	主成分	特征值	特征向量系数					贡献率/%
			NDVI	WET	SI_T	LST	NDBSI	
2001	PC1	0.0257 6	−0.656	−0.451	0.387	0.088	0.457	80.04
	PC2	0.004 45	0.496	−0.530	−0.425	0.101	0.531	13.84
	PC3	0.001 14	−0.007	0.204	−0.012	0.979	0.014	3.55
	PC4	0.000 78	0.088	−0.687	0.130	0.155	−0.692	2.41
	PC5	0.000 05	0.562	0.051	0.808	0.001	0.172	0.16
2002	PC1	0.028 70	−0.661	−0.291	0.411	0.403	0.384	80.27
	PC2	0.003 51	0.459	−0.480	−0.384	0.228	0.599	9.83
	PC3	0.003 02	−0.167	−0.202	0.107	−0.884	0.371	8.47
	PC4	0.000 47	0.053	−0.799	0.121	−0.057	−0.582	1.32
	PC5	0.000 04	−0.567	−0.066	−0.411	−0.029	−0.127	0.11
2003	PC1	0.016 78	0.661	0.340	−0.336	−0.386	−0.429	67.74
	PC2	0.004 79	0.325	0.050	−0.174	0.916	−0.147	19.37
	PC3	0.002 60	0.467	−0.502	−0.313	−0.093	0.650	10.52
	PC4	0.000 55	0.011	−0.793	0.048	−0.049	−0.605	2.24
	PC5	0.000 03	0.488	0.004	0.869	0.003	0.071	0.14
2004	PC1	0.022 56	0.648	0.404	−0.229	−0.284	−0.532	71.11
	PC2	0.006 53	0.300	0.002	−0.111	0.943	−0.890	20.60
	PC3	0.002 02	0.583	−0.521	−0.258	−0.168	0.527	6.37
	PC4	0.000 58	−0.044	0.751	0.101	−0.033	−0.650	1.84
	PC5	0.000 02	0.383	0.021	0.919	−0.004	0.091	0.08
2005	PC1	0.027 80	−0.643	−0.336	0.356	0.455	0.372	83.03
	PC2	0.003 20	0.309	0.186	−0.155	0.889	−0.235	9.58
	PC3	0.001 91	−0.467	0.560	0.354	−0.047	−0.582	5.71
	PC4	0.000 51	0.058	−0.730	0.137	−0.019	−0.666	1.53
	PC5	0.000 03	0.518	0.060	0.839	−0.006	0.153	0.09
2006	PC1	0.013 42	0.719	0.323	−0.369	−0.198	−0.449	74.14
	PC2	0.002 68	0.469	−0.335	−0.299	0.566	0.506	14.84
	PC3	0.001 51	0.146	−0.379	−0.136	−0.797	0.424	8.32
	PC4	0.000 45	0.031	−0.799	0.051	0.061	−0.594	2.53
	PC5	0.000 03	0.489	0.009	0.867	−0.017	0.085	0.17
2007	PC1	0.013 21	−0.523	−0.360	0.298	0.560	0.385	73.94
	PC2	0.002 57	0.672	−0.290	−0.431	0.436	0.297	14.38
	PC3	0.001 66	−0.029	−0.620	−0.009	−0.662	0.419	9.30
	PC4	0.000 40	0.032	−0.639	0.618	0.108	−0.762	2.28
	PC5	0.000 01	0.522	0.0179	0.849	−0.004	0.075	0.10

表 3-17(续)

年份	主成分	特征值	特征向量系数					贡献率/%
			NDVI	WET	SI_T	LST	NDBSI	
2008	PC1	0.025 31	−0.590	−0.319	0.408	0.481	0.389	72.45
	PC2	0.006 35	0.359	0.105	−0.225	0.874	−0.021	18.20
	PC3	0.002 65	0.414	−0.594	−0.361	−0.051	0.582	7.61
	PC4	0.000 57	−0.011	−0.728	0.109	−0.043	−0.675	1.63
	PC5	0.000 04	−0.592	−0.022	−0.799	0.016	−0.097	0.12
2009	PC1	0.026 54	−0.506	−0.254	0.338	0.710	0.246	75.02
	PC2	0.005 82	0.431	0.346	−0.269	0.690	−0.380	16.46
	PC3	0.002 39	0.466	−0.574	−0.396	0.132	0.527	6.77
	PC4	0.005 91	0.038	−0.696	0.102	−0.024	−0.708	1.67
	PC5	0.000 02	−0.582	−0.028	−0.803	−0.001	−0.119	0.07
2010	PC1	0.019 23	−0.589	−0.221	0.371	0.594	0.334	72.27
	PC2	0.005 1 5	0.469	0.113	−0.306	0.800	−0.181	19.37
	PC3	0.001 78	0.329	−0.431	−0.311	−0.075	0.776	6.71
	PC4	0.000 41	0.056	−0.867	0.031	−0.009	−0.493	1.54
	PC5	0.000 02	−0.565	−0.012	−0.818	−0.002	−0.095	0.10
2011	PC1	0.031 47	−0.627	−0.366	0.334	0.352	0.486	79.85
	PC2	0.004 58	0.345	0.003	−0.186	0.916	−0.087	11.63
	PC3	0.002 81	0.481	−0.529	−0.328	−0.191	0.586	7.13
	PC4	0.000 51	0.181	−0.761	0.151	−0.033	−0.628	1.31
	PC5	0.000 03	−0.504	−0.075	−0.850	0.005	−0.128	0.09
2012	PC1	0.025 39	−0.564	−0.223	0.252	0.665	0.352	76.59
	PC2	0.005 10	0.476	0.119	−0.215	0.740	−0.404	15.41
	PC3	0.002 39	0.497	−0.456	−0.306	0.030	0.670	7.21
	PC4	0.000 22	−0.017	−0.850	0.133	−0.086	−0.501	0.69
	PC5	0.000 03	−0.453	−0.063	−0.882	−0.013	−0.108	0.10
2013	PC1	0.026 83	−0.557	−0.323	0.222	0.628	0.375	79.60
	PC2	0.004 03	−0.562	−0.110	0.255	−0.756	0.183	11.96
	PC3	0.002 35	0.433	−0.548	−0.273	−0.180	0.635	6.98
	PC4	0.000 45	0.018	−0.763	0.091	−0.025	−0.639	1.36
	PC5	0.000 03	0.429	0.022	0.895	0.007	0.114	0.11
2014	PC1	0.022 43	−0.531	−0.367	0.117	0.628	0.417	80.25
	PC2	0.003 36	−0.546	−0.201	0.140	−0.764	0.238	12.03
	PC3	0.001 69	0.592	−0.500	−0.190	−0.144	0.584	6.06
	PC4	0.000 45	0.015	−0.757	0.045	−0.006	−0.650	1.62
	PC5	0.000 01	0.260	0.010	0.963	0.006	0.060	0.04

表 3-17(续)

年份	主成分	特征值	特征向量系数					贡献率/%
			NDVI	WET	SI_T	LST	NDBSI	
2015	PC1	0.027 20	−0.466	−0.378	0.101	0.628	0.484	74.83
	PC2	0.006 64	0.442	0.269	−0.107	0.774	−0.345	18.26
	PC3	0.001 81	0.713	−0.420	−0.237	−0.071	0.501	4.99
	PC4	0.000 67	−0.006	−0.779	0.039	0.001	−0.625	1.87
	PC5	0.000 01	−0.215	0.002	−0.959	−0.003	−0.059	0.05
2016	PC1	0.019 88	−0.486	−0.342	0.149	0.609	0.502	73.75
	PC2	0.004 85	0.480	0.218	−0.156	0.783	−0.288	17.99
	PC3	0.001 67	0.636	−0.456	−0.286	−0.122	0.538	6.22
	PC4	0.000 53	−0.025	−0.791	0.053	0.023	−0.607	1.97
	PC5	0.000 01	−0.355	0.003	−0.931	0.005	−0.071	0.07
2017	PC1	0.016 95	−0.516	−0.380	0.187	0.645	0.369	70.44
	PC2	0.004 61	−0.395	−0.374	0.136	−0.762	0.322	19.20
	PC3	0.002 01	0.663	−0.529	−0.289	0.050	0.439	8.36
	PC4	0.000 46	−0.002	−0.658	0.066	0.019	−0.749	1.95
	PC5	0.000 01	0.370	0.014	0.926	−0.003	0.068	0.06
2018	PC1	0.018 34	−0.584	−0.283	0.142	0.501	0.553	71.59
	PC2	0.004 95	−0.370	−0.069	0.095	−0.860	0.328	19.34
	PC3	0.002 03	0.662	−0.417	−0.205	−0.050	0.585	7.93
	PC4	0.000 27	−0.089	−0.860	0.076	−0.071	−0.491	1.09
	PC5	0.000 01	0.272	0.028	0.960	0.005	0.049	0.06
2019	PC1	0.022 29	−0.576	−0.357	0.258	0.513	0.456	78.73
	PC2	0.003 21	0.282	0.186	−0.124	0.850	−0.382	11.34
	PC3	0.002 24	−0.611	0.446	0.364	−0.082	−0.536	7.94
	PC4	0.000 54	−0.006	−0.798	0.079	−0.077	−0.591	1.91
	PC5	0.000 02	0.462	0.018	0.880	0.010	0.086	0.08
2020	PC1	0.020 94	−0.575	−0.396	0.248	0.522	0.420	72.00
	PC2	0.005 54	0.404	0.168	−0.188	0.848	−0.231	19.05
	PC3	0.002 12	0.547	−0.610	−0.319	−0.084	0.466	7.30
	PC4	0.000 45	−0.045	−0.664	0.123	−0.021	−0.735	1.56
	PC5	0.000 02	−0.450	−0.019	−0.886	−0.006	−0.103	0.08
2021	PC1	0.032 45	−0.573	−0.413	0.185	0.462	0.501	83.48
	PC2	0.003 45	−0.239	−0.149	0.067	−0.875	0.385	8.89
	PC3	0.002 43	0.680	−0.537	−0.300	0.055	0.393	6.27
	PC4	0.000 50	−0.115	−0.718	0.138	−0.125	−0.659	1.29
	PC5	0.000 02	0.371	0.027	0.922	0.007	0.097	0.07

为证明 5 个特征对环境的作用方向，本节随机选取 1 000 个样本点，获取了样本点 2001—2021 年的 5 个特征值和 RSEI 值进行相关性分析，结果如图 3-35 所示。根据图 3-35 可知：绿度和湿度对环境是正向作用，而盐度、热度和干度是负向作用，所以当绿度和湿度指标对应的系数为负，盐度、热度和干度对应的系数为正时需要进行“1－PC1”，否则直接利用 PC1 即可，综上所述 RSEI 的计算公式为：

$$\mathrm{RSEI}=\mathrm{PC1}[f(\mathrm{NDVI},\mathrm{WET},\mathrm{SI\_T},\mathrm{LST},\mathrm{NDBSI})] \quad \mathrm{Value}_{\mathrm{NDVI}}>0;\mathrm{Value}_{\mathrm{WET}}>0 \tag{3-27}$$

$$\mathrm{RSEI}=1-\mathrm{PC1}[f(\mathrm{NDVI},\mathrm{WET},\mathrm{SI\_T},\mathrm{LST},\mathrm{NDBSI})] \quad \mathrm{Value}_{\mathrm{NDVI}}<0;\mathrm{Value}_{\mathrm{WET}}<0 \tag{3-28}$$

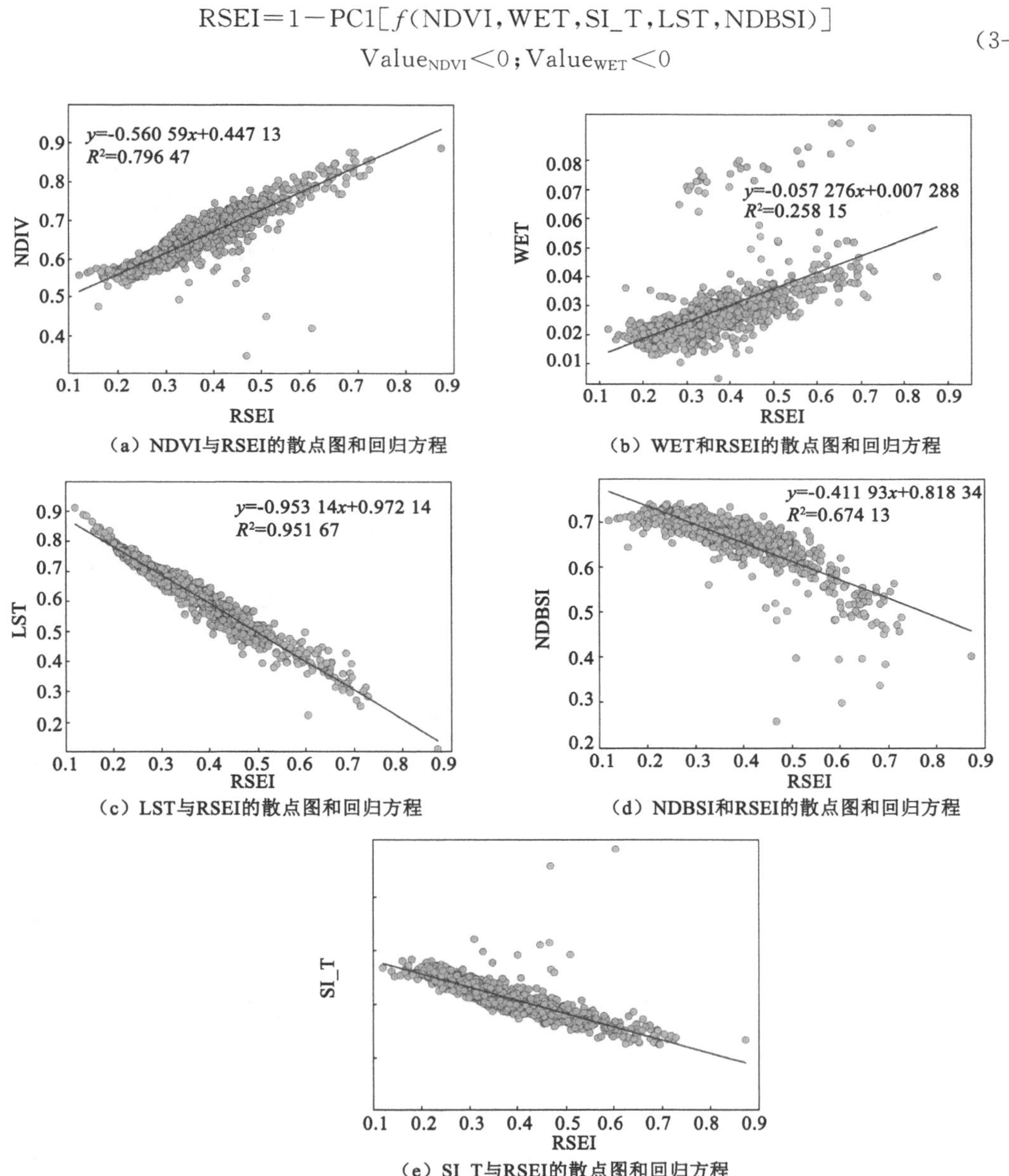

图 3-35　2001—2021 年 NDVI、WET、SI_T、LST 和 NDBSI 与 RSEI 的散点图及回归方程

通过式(3-27)和式(3-28)处理后得到的即 RSEI 值,值越大表示生态环境越好、受损程度越低,反之则受损程度越高。本节将 RSEI 指数均分为 5 个等级,分别对应严重受损、较重受损、中度受损、轻微受损和基本无受损 5 个受损等级。图 3-36 为 2001—2021 年锡林郭勒盟的受损程度变化图,从空间上看,锡林郭勒盟行政区整体呈西南—东北走向,受损程度从西南到东北逐渐减小;从时间上看,2001—2021 年该地区生态严重受损的面积从947.16万 ha 下降到 211.20 万 ha,呈下降趋势,说明锡林郭勒盟地区的生态修复工作已经取得一定的成效。

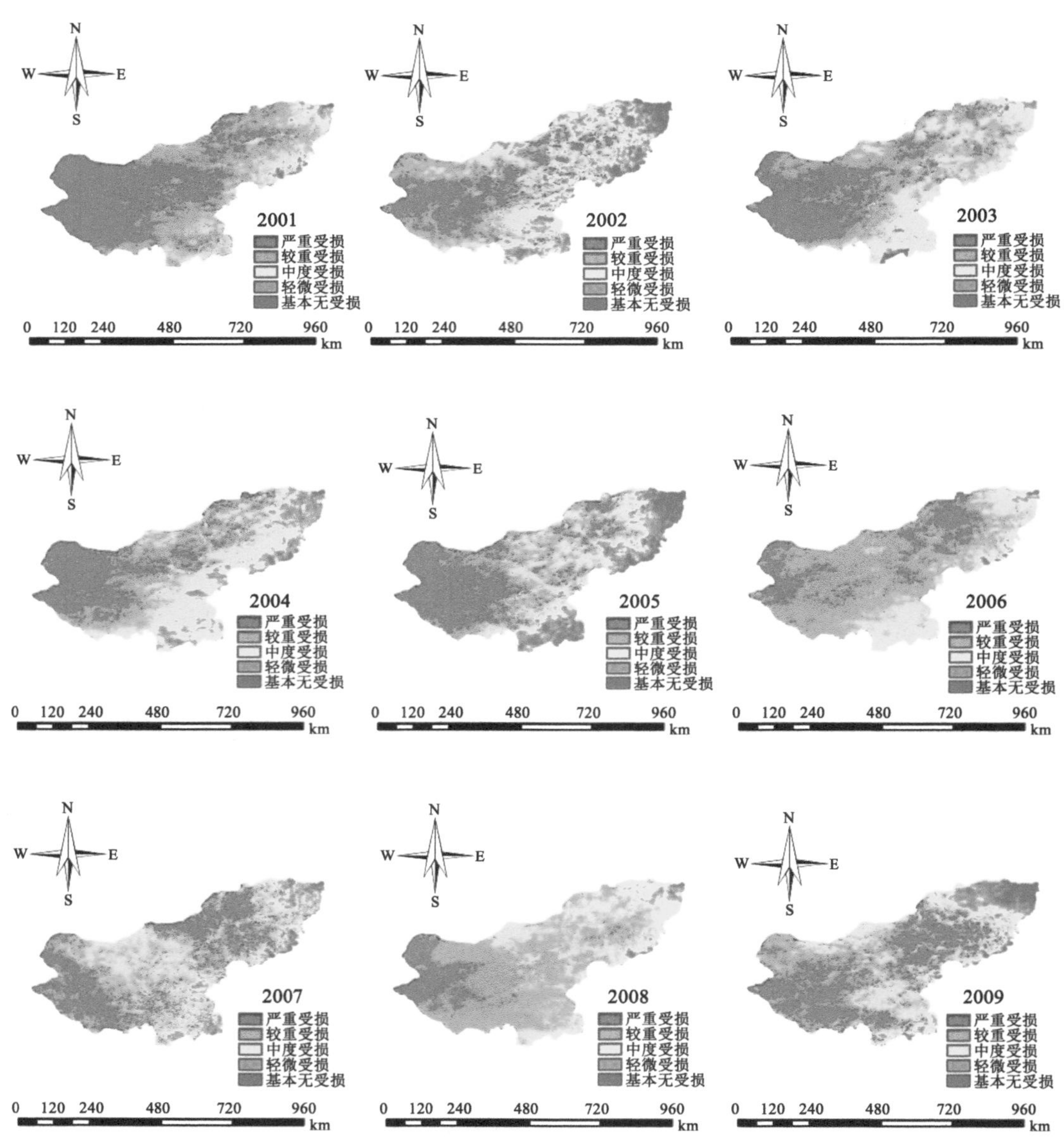

图 3-36　2001—2021 年锡林郭勒盟地区受损程度变化图

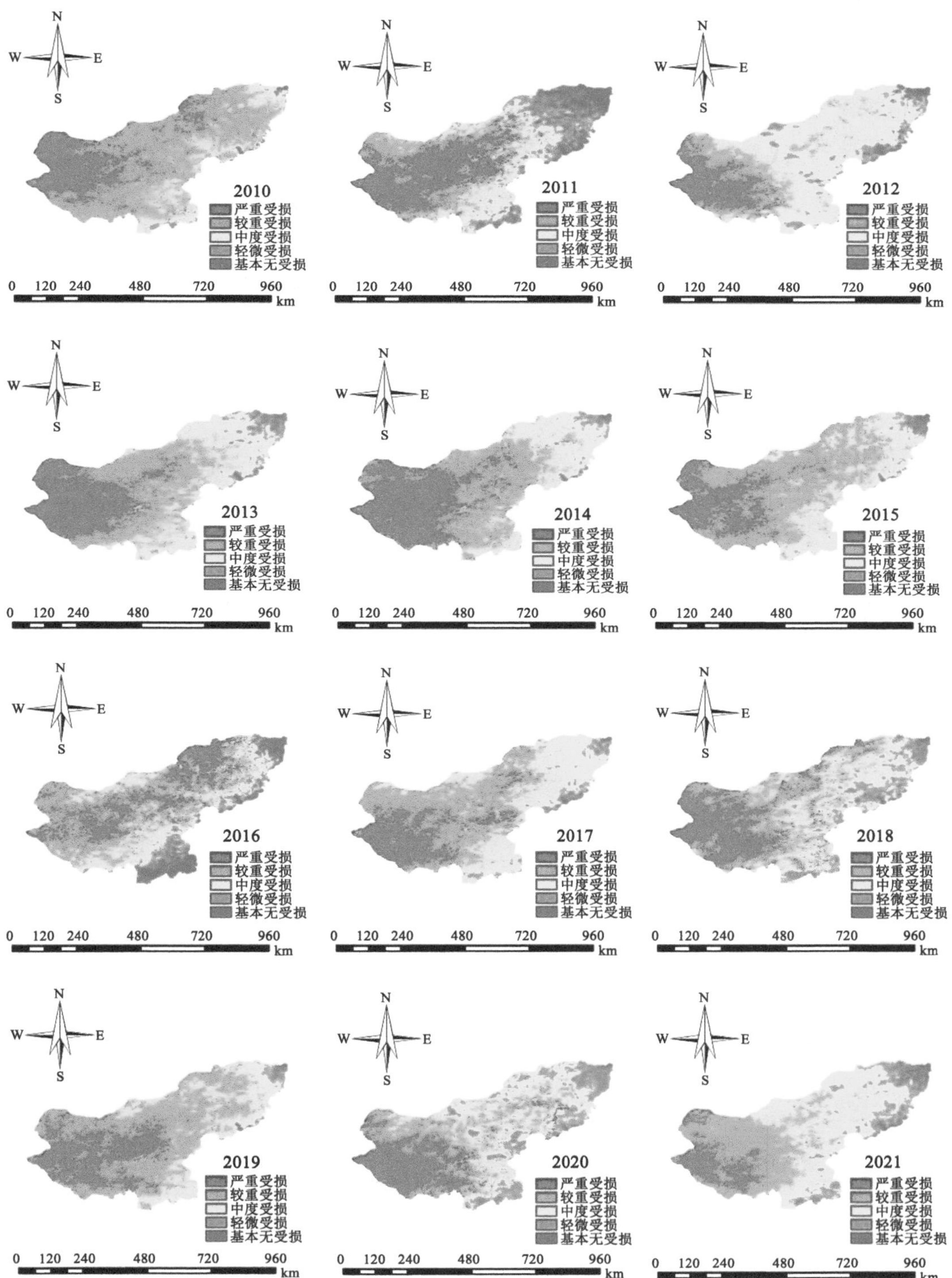

N
W
E
S
2010
2011
2012
2013
2014
2015
2016
2017
2018
2019
2020
2021
严重受损
较重受损
中度受损
轻微受损
基本无受损
0 120 240 480 720 960
km

图 3-36(续)

3.3.1.4 受损区驱动力分析

本节研究中使用了绿度、湿度、热度、干度、盐度5个响应指标，5个响应指标代表不同的驱动力，利用式(3-28)计算各个指标对受损的驱动程度。表3-18统计了2001—2021年各响应指标对锡林郭勒盟受损的影响程度。图3-37所示为锡林郭勒盟地区严重受损土壤面积变化曲线。

表3-18 2001—2021年各驱动力对锡林郭勒盟受损的影响程度统计表

年份	影响程度	NDVI	WET	SI_T	LST	NDBSI
2001	得分系数	0.570 9	0.311 8	0.045 8	0.017 4	0.485 9
	影响程度/%	39.87	21.78	3.20	1.22	33.93
2002	得分系数	0.518 6	0.292 4	0.156 1	0.027 1	0.497 0
	影响程度/%	34.78	19.61	10.47	1.82	33.32
2003	得分系数	0.469 0	0.231 8	0.185 0	0.143 0	0.422 9
	影响程度/%	32.31	15.97	12.74	9.85	29.13
2004	得分系数	0.523 8	0.223 3	0.288 1	0.128 7	0.335 2
	影响程度/%	34.94	14.90	19.22	8.59	22.36
2005	得分系数	0.538 4	0.278 9	0.315 1	0.014 8	0.483 8
	影响程度/%	33.01	17.10	19.32	0.91	29.66
2006	得分系数	0.544 5	0.288 3	0.021 2	0.090 8	0.435 7
	影响程度/%	39.44	20.88	1.54	6.58	31.56
2007	得分系数	0.397 6	0.425 3	0.126 1	0.009 1	0.467 5
	影响程度/%	27.89	29.84	8.85	0.64	32.79
2008	得分系数	0.446 2	0.276 3	0.164 2	0.133 7	0.493 6
	影响程度/%	29.47	18.25	10.85	8.83	32.60
2009	得分系数	0.386 5	0.373 3	0.230 9	0.080 0	0.495 7
	影响程度/%	24.67	23.83	14.74	5.11	31.64
2010	得分系数	0.434 1	0.352 4	0.133 0	0.126 0	0.465 7
	影响程度/%	28.72	23.32	8.80	8.34	30.81
2011	得分系数	0.514 4	0.274 5	0.297 2	0.065 8	0.471 8
	影响程度/%	31.68	16.91	18.30	4.05	29.06
2012	得分系数	0.443 2	0.372 1	0.289 2	0.135 5	0.420 5
	影响程度/%	26.69	22.41	17.42	8.16	25.32
2013	得分系数	0.457 6	0.452 8	0.258 3	0.071 6	0.406 8
	影响程度/%	27.78	27.49	15.68	4.35	24.70

表 3-18(续)

年份	影响程度	NDVI	WET	SI_T	LST	NDBSI
2014	得分系数	0.452 8	0.466 1	0.401 3	0.076 7	0.268 3
	影响程度/%	27.19	27.99	24.10	4.60	16.11
2015	得分系数	0.400 7	0.388 8	0.443 9	0.145 1	0.208 5
	影响程度/%	25.25	24.50	27.97	9.14	13.14
2016	得分系数	0.398 3	0.398 7	0.367 2	0.157 4	0.319 1
	影响程度/%	24.28	24.30	22.38	9.59	19.45
2017	得分系数	0.408 0	0.353 3	0.342 5	0.122 3	0.340 7
	影响程度/%	26.04	22.55	21.86	7.81	21.74
2018	得分系数	0.487 8	0.321 5	0.252 8	0.200 3	0.331 8
	影响程度/%	30.60	20.17	15.86	12.56	20.81
2019	得分系数	0.463 3	0.249 2	0.403 6	0.090 9	0.435 9
	影响程度/%	28.20	15.17	24.56	5.53	26.53
2020	得分系数	0.462 9	0.322 2	0.253 4	0.150 8	0.392 5
	影响程度/%	29.26	20.37	16.02	9.54	24.81
2021	得分系数	0.497 1	0.219 6	0.502 1	0.153 3	0.370 1
	影响程度/%	28.54	12.60	28.82	8.80	21.24
综合	平均得分系数	0.467 4	0.327 3	0.260 8	0.101 9	0.407 1
	平均影响程度/%	30.03	20.95	16.32	6.48	26.23

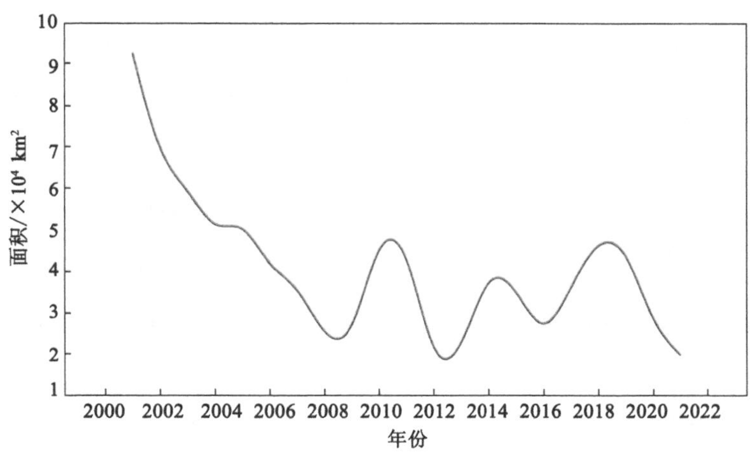

图 3-37　锡林郭勒盟地区严重受损土壤面积变化曲线

指标权重的计算分为两步进行[94]。

(1) 计算综合模型的得分系数

$$A_i = a_{i,1}w_1 + a_{i,2}w_2 + a_{i,3}w_3 + a_{i,4}w_4 + a_{i,5}w_5 \tag{3-29}$$

式中，A_i 为各响应指标的得分系数，$a_{i,1}$ 至 $a_{i,5}$ 为不同响应指标所对应的特征向量系数，w_1 至 w_5 为对应成分的贡献率。

(2) 计算指标权重

$$\varphi_i = \frac{A_i}{A_1 + A_2 + A_3 + A_4 + A_5} \quad (i = 1,2,3,4,5) \tag{3-30}$$

其中 φ_i 为各响应指标的权重百分比，即各响应指标对受损区域的影响程度。

如图 3-38 所示，可看出 NDVI 对受损区域的影响程度最大，稳定在 30%左右，影响程度最小的是 LST，年均影响力度不足 10%，5 个响应指标的年均影响程度从大到小分别为：NDVI>NDBSI>WET>SI_T>LST（图 3-39），据此结果可以说明本研究中选择加入 SI_T 指数是可行的。

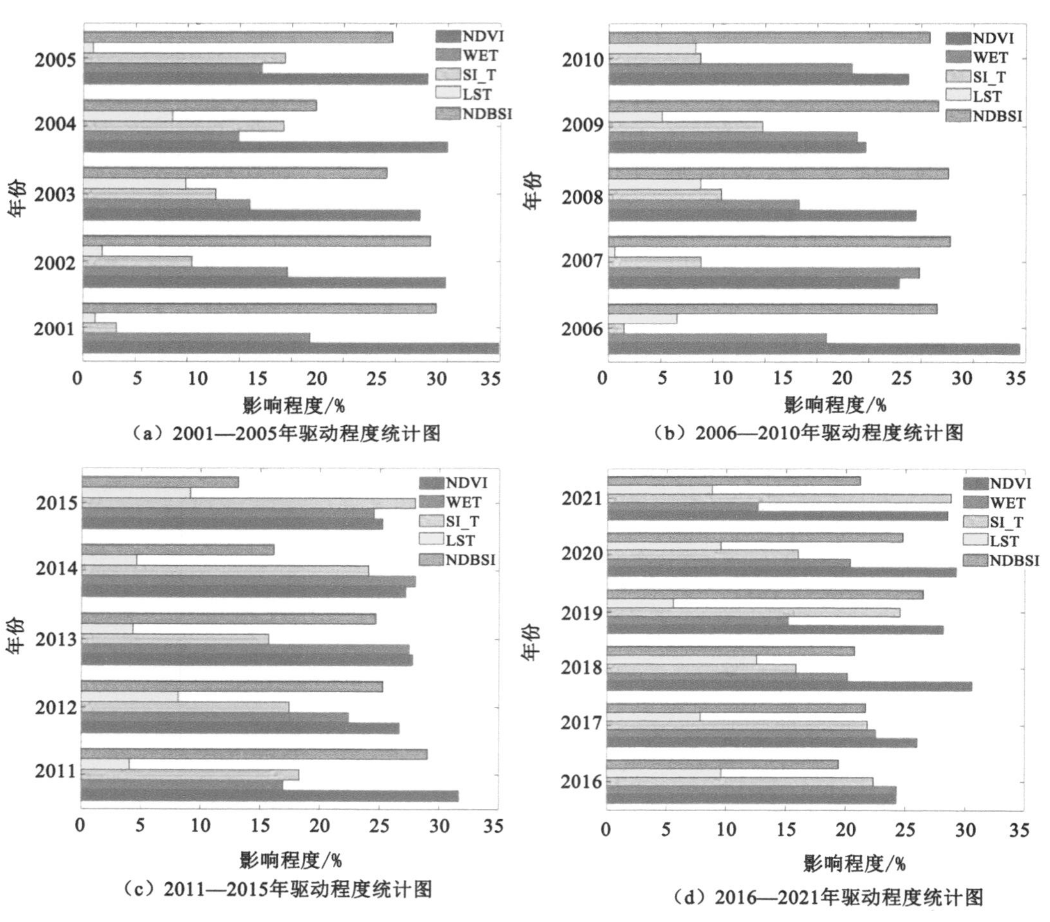

图 3-38　2001—2021 年各响应指标对锡林郭勒盟受损区域的影响程度统计图

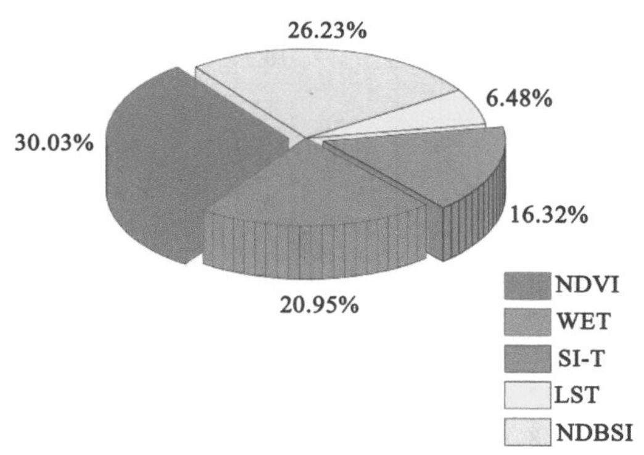

图 3-39　2001—2021 年各响应指标对锡林郭勒盟受损区域的平均影响程度统计图

3.3.2　采矿活动的影响范围分析

为了解矿业活动对区域生态环境和受损区域的影响，以锡林郭勒盟地区胜利东二号露天煤矿、白音华三号露天煤矿和贺斯格乌拉露天煤矿三大矿区为例进行空间相关性分析（图 3-40）。

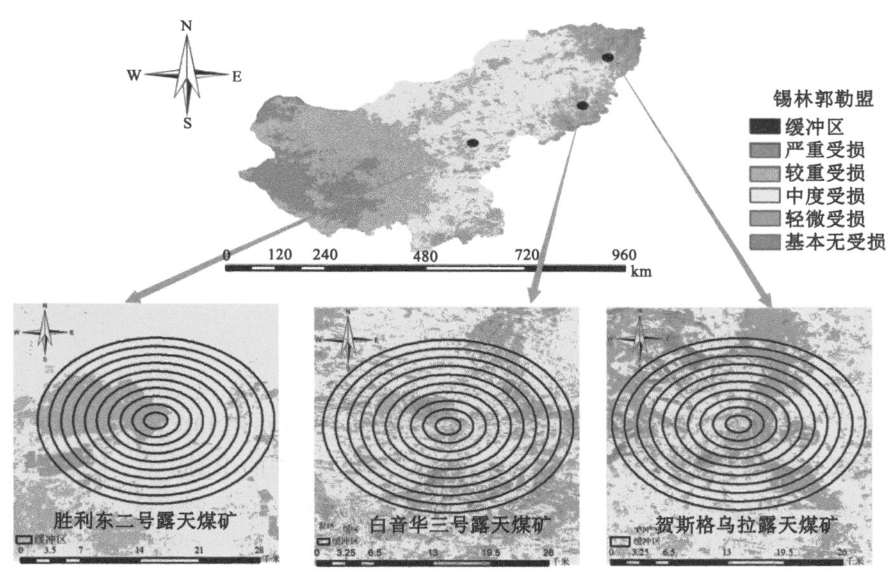

图 3-40　空间相关性分析示意

图 3-41 所示为三个矿区的 RSEI 值随着缓冲半径增大的变化情况，认为 RSEI 值达到 0.5 以上可以忽略采矿活动对该范围外的 RSEI 值的影响。从时间和空间上分析，在 2008 年，三个矿区的周围的 RSEI 值分别在 3 km、3 km、4 km 半径处超过 0.5，说明三个矿区对周围生态环境的影响范围分别在缓冲半径 3 km、3 km 和 4 km 以内。2021 年，三个矿区对周围生态环境的影响范围则分别在 9 km、7 km 和 8 km 半径范围内，随着缓冲半径的增加，生态环境逐渐变好，受损程度逐渐变弱；超过矿区影响范围后 RSEI 值趋于稳定。

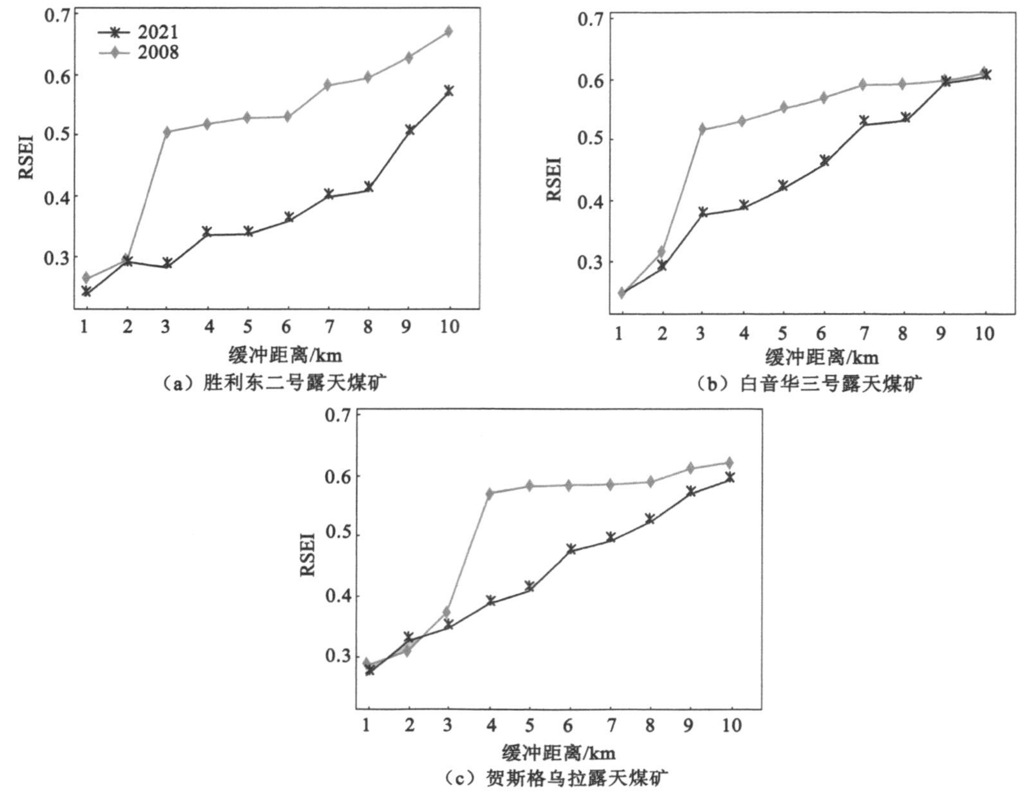

图 3-41　空间相关性分析结果

3.4　本章小结

本章基于 RS 和 GIS 技术，借助 GEE 遥感云处理平台，利用 Otsu 全局阈值法、简单线段集合的局部阈值法、基于多特征指数的随机森林算法、改进的 RSEI 法、主成分分析法等，处理了锡林郭勒盟地区 2001—2021 年的 Landsat 系列影像，共计 315 景、800 GB 的影像数据，提出了三种不同的矿区受损区域的提取方式，然后以胜利东二号露天煤矿、白音华三号露天煤矿和贺斯格乌拉露天煤矿为例，比较三种方法在实际应用中的优缺点。随后，利用绿度、湿度、盐度、干度和热度为响应指标计算了锡林郭勒盟地区 2001—2021 年的 RSEI 指数，分析了该地区受损区域的时空变化情况，揭示了 5 个响应指标对该地区受损区域的驱动程度。最后，利用提取的矿区受损区域为中心进行空间相关性分析，研究采矿活动对周围环境的影响范围。综上所述，本章得到如下结论：

(1) 基于 GEE 的矿区受损区域提取

研究结果表明基于单一指数的 Otsu 全局阈值法、基于简单线段集合的局部阈值法和基于多特征指数的随机森林算法在矿区受损区域提取方面都具有精度高和速度快的特点。

Otsu 全局阈值法提取效果不稳定，对矿区周围环境和指数选取的要求极高，如果选取的指数不能明显地显示出矿区受损区域和非受损区域的界限，提取的阈值就会出现误差，导致提取结果出现问题。

基于简单线段集合的局部阈值法在一定程度上解决了 Otsu 全局阈值法的问题，在影像全局的 DN 值不容易区分时，选择 DN 值区别明显的局部影像进行阈值提取，虽然可以得到比 Otsu 全局阈值法稍好的阈值，但是该阈值往往偏小，会使得提取面积偏小。

基于多特征指数的随机森林算法总体来说比前两者效果好，它融合了多个指数特征，利用机器学习进行自动识别，提取方法更加自动化，对受损区域的识别也更加全面。

三种方法各有优劣，在实际应用时可以根据研究区域内的环境情况和研究目的有选择地使用更适合的提取方法。

(2) 受损驱动力分析

本章考虑锡林郭勒盟地区的干旱、半干旱气候加入了盐度指标，并且考虑了计算 RSEI 时是否需要进行“1－PC1”处理的问题，对 2001—2021 年的主成分分析的特征向量进行了正规化处理，避免了盲目进行“1－PC1”处理的错误。利用改进了的 RSEI 指数对锡林郭勒盟地区进行受损程度分级，将受损情况分为严重受损、较重受损、中度受损、轻微受损和基本无受损 5 个级别，分析了锡林郭勒盟地区 2001—2021 年的受损情况。从空间上看，锡林郭勒盟从西南到东北生态环境逐渐变好，受损程度逐渐降低；从时间上看，从 2001—2021 年严重受损区域面积呈现减少趋势，说明锡林郭勒盟的生态修复取得了有效进展。

然后计算了各个响应指标对 RSEI 的权重指数，并将该权重指数作为各响应指标对受损区域的驱动程度，研究结果表明 5 个响应指标作为驱动因素的代表对锡林郭勒盟受损区域的驱动程度大小依次为：NDVI＞NDBSI＞WET＞SI_T＞LST。

最后利用提取的矿区受损区域为例研究采矿活动对周围环境的影响范围，以受损区域为中心进行缓冲分析，分别以 1～10 km 作为缓冲半径，研究结果表明胜利东二号露天煤矿、白音华三号露天煤矿和贺斯格乌拉露天煤矿自开采项目启动以来，对周围环境的影响半径逐渐增大，2008 年的平均影响半径为 3.3 km，2021 年平均影响半径达到了 8 km。

第4章　内蒙古生态脆弱矿区植被退化识别与评价

4.1　基于无人机多光谱影像的内蒙古生态脆弱区植被群丛识别与评价

4.1.1　研究区概况及数据处理

4.1.1.1　研究区概况

研究区选取满来梁煤矿，该矿位于中国鄂尔多斯市东胜区南偏东约 43 km。矿区位于鄂尔多斯市高原东北部，属高原侵蚀性丘陵地貌，植被稀疏，大部分地区为低矮山丘，属于半荒漠地区。区内日照较丰富，太阳辐射强烈；干燥少雨，气候特征属于半干旱的温带高原大陆性气候；风大沙多，无霜期短；风多雨少，以西北风为主，一般风速为 2.2～5.2 m/s，最大风速为 14 m/s。降水多集中于第三季度，年降水量为 195～532 mm，平均为 396 mm；年蒸发量为 2 297～2 833 mm，平均为 2 534 mm。最大冻土深度为 1.7 m，冻结期一般从 10 月份至次年 5 月份，每年最多沙尘暴日为 40 天。矿区内沟谷不发育，无常年有水地表水体。矿区土壤类型主要有栗钙土和风沙土。土壤腐殖质层浅薄，有机质含量低，沙性大，易受风蚀。植被群落结构简单，种类稀少，多为人工种植植被，现今形成了相对稳定的植被群落。土壤以沙地为主，土层贫瘠，保水能力弱。煤炭开采导致地裂缝，在降雨、风蚀等自然营力的作用下，动态地裂缝能够闭合，具有明显的自修复特征。

4.1.1.2　数据获取

(1) 无人机多光谱影像获取

本研究使用的是 DJI P4Multispectral 无人机。该无人机配备 6 个 1/12.9英寸 CMOS 影像传感器，具有红边、近红外、红、绿、蓝 5 个波段[蓝(B)：450 nm±16 nm、绿(G)：560 nm±16 nm、红(R)：650 nm±16 nm、红边(RE)：730 nm±16 nm、近红外(NIR)：840 nm±26 nm]。同时，配置日光传感器，用于校正光环境变化对多光谱影像的影响。

考虑到鄂尔多斯位于内蒙古西部，植被一般在 8 月上旬和 9 月中旬为植被生长高峰期。为保证无人机多光谱影像的成像质量，选择风速低于三级(≤5.4 m/s)、晴朗或云量低于 2%的气象条件，在太阳高度角最大的 10:00～14:00 时段内采集数据，采集流程见图 4-1。为保证数据不会由于云量变化导致过曝光、欠曝光情况，每次飞行前后均进行标准参考白板矫正。本次影像采集选择在 2020 年 9 月 15 日上午 10 时进行，天气多云，光照环境均一。利用 Pix4D capture 软件规划无人机航拍任务(图 4-2)，飞行高度为 120 m，飞行速度为 9.8

m/s，航向重叠率和旁向重叠率均为 75%，等间距拍照，获取了无人机多光谱影像数据。利用 Pix4Dmapper 软件，对获取的无人机多光谱影像进行了预处理，经过图像拼接和辐射校正，最终得到研究区的多光谱正射影像，见图 4-3，影像覆盖面积为 385 716.34 m^2（约 38.57 ha），空间分辨率为 6.4 cm/像元。

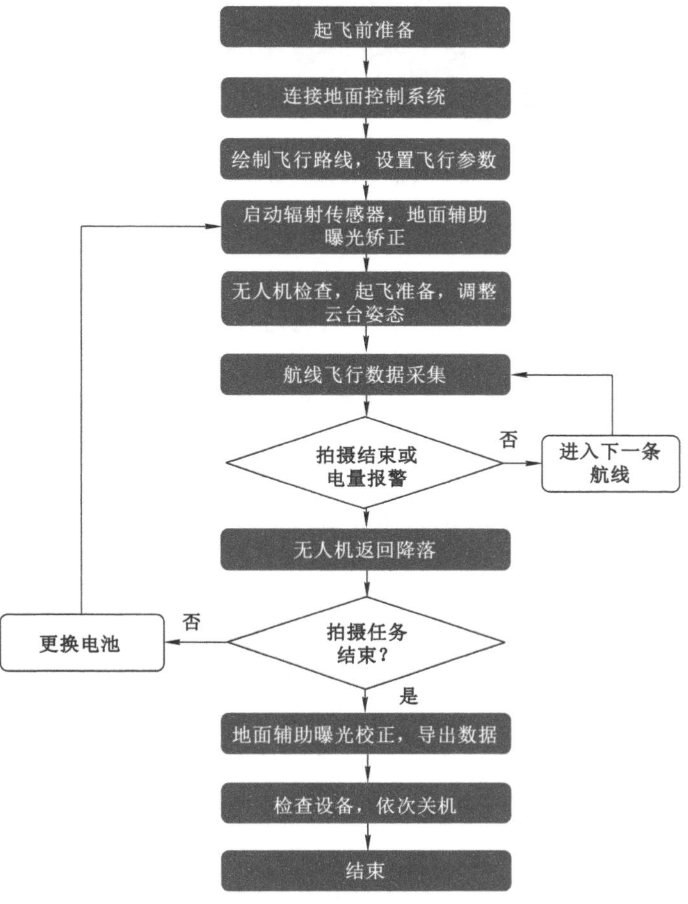

图 4-1　无人机多光谱系统图像采集流程图

图 4-2　无人机飞行现场及飞行设置信息

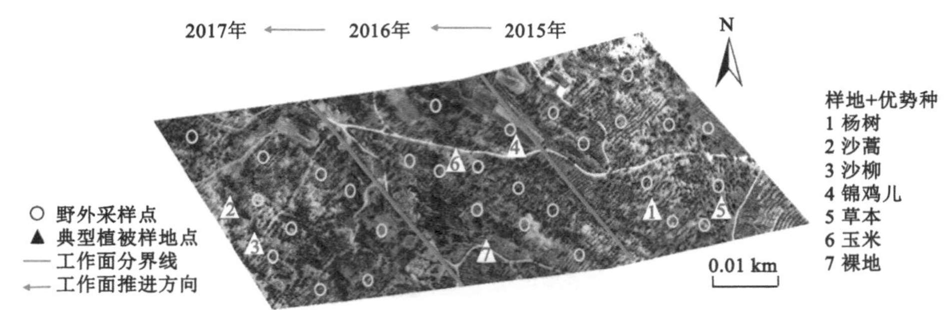

图 4-3 无人机正射影像及植被采样点分布

(2) 植被调查

调查时间与无人机飞行保持在同一天。沿工作面方向设置样带，以 300 m 为分界线设置样地。为保证物种组成、群落结构和生境相对均匀，每个样地随机设置 10 个 30 m×30 m 样方(包括重复样方)，在样方内布设了 10 m×10 m 灌木样方和 1 m×m 草本样方。于样方内展开植被群落学调查，记录植被种类、个体数、高度和覆盖度等基本信息，同时对典型地物和植被群落进行定位和拍照，作为无人机影像分类结果的验证样点数据。样方及典型地物样点均见图 4-3。经调查，植被群落以多年生草本植物和灌木为主，多为旱生的沙生植物，见表 4-1，包括：乔木以小叶杨为主；灌木主要有沙柳、沙蒿、柠条锦鸡儿等；草本以猪毛菜、针茅草、羊草、狗尾巴草为主。

表 4-1 满来梁煤矿主要植被

科名	中文学名	植物类型	生长条件/环境	备注
杨柳科	小叶杨(青杨)	多年生乔木	喜光树种，不耐庇荫，适应性强，对气候和土壤要求不严，耐旱，抗寒，耐瘠薄或弱碱性土壤	优势种
	沙柳	多年生灌木或小乔木	速生，成活率高，适应性强，抗旱，耐贫瘠	优势种
藜科	猪毛菜(刺蓬)	一年生草本	生于村边、路旁、荒地戈壁滩和含盐碱的沙质土壤上	
禾本科	羊草	多年生草本	耐寒、耐旱、耐碱，更耐牛马践踏；不耐涝。草甸草原的主要建群种和优势种，典型草原的优势种	优势种
	狗尾巴草	一年生草本	生于荒野、道旁，为旱地作物常见的一种杂草	
菊科	阿尔泰狗娃花	多年生草本	耐干旱，广泛生于荒漠草原、干草原和草甸草原地带。在沙质地、田边、路旁，及村舍附近等处也能生长	
	沙蒿	多年生草本	生于荒坡、砾质坡地	优势种
	蓝刺头	多年生草本	生于山坡林缘或渠边；适应力强，耐干旱，耐瘠薄，耐寒	
豆科	紫穗槐	多年生落叶灌木	耐贫瘠、耐寒、耐淹，耐干旱能力也很强，能在降水量 200 mm 左右地区生长	
	草木樨	二年生草本	耐瘠薄，耐盐碱性，对土壤要求不严，是优良的绿肥作物	

表 4-1(续)

科名	中文学名	植物类型	生长条件/环境	备注
豆科	锦鸡儿	多年生灌木	生长于半固定和固定沙地；喜光，耐寒又抗高温	优势种
	苜蓿	多年生草本	喜温凉、半干旱气候，耐旱、耐寒、耐牧，护坡固土能力强	
锦葵科	地锦	一年生草本	常攀援于疏林中、墙壁及岩石上	

4.1.2 研究方法

4.1.2.1 分类方法及精度验证

(1) 监督分类

采用基于像元的监督分类方法对植被进行分类，主要选取最大似然法(maximum likelihood method)、支持向量机(support vector machine)、人工神经网络(neural network method)等监督分类器。监督分类通过样本像元识别其他位置类别像元的过程如下，首先确定各类的训练样本，随后计算各类的统计特征值来建立判别函数，利用同步采集的地面数据进行精度验证，进而完成分类。无人机多光谱影像分辨率较高，且波段较少，基于规则的分类会造成地物不能被正确地划分。

支持向量机分类器(support vector machine classification，SVMC)是基于结构风险最小化准则的机器学习算法，适合高维特征空间与小样本统计学习，且抗噪声能力较强。

最大似然分类器(maximum likelihood classification)是基于贝叶斯准则建立非线性判别函数集，假定各类分布函数为正态分布，计算各待分类样区的归属概率的一种算法。该分类器在遥感分类方面应用较广泛。

神经网络分类器(neural net classification)是基于生物学中神经网络原理，在理解和抽象了人脑结构和外界刺激响应机制后，以网络拓扑知识为理论基础，模拟人脑的神经系统对复杂信息的处理机制的一种数学模型。

(2) 精度验证

分类结果将用 Kappa 系数和总体分类精度(overall classification accuracy，OCA)进行精度评价。

Kappa 系数是一种基于混淆矩阵来衡量分类精度和可靠性的指标。根据 Kappa 系数的大小可以反映出标签的一致性，同时也反映被研究的物体特性。通常用于对比两个观测者对同一事物的观测结果或同一观测者对同一事物的两次观测结果是否一致，以此来反映出由于机遇造成的一致性和实际观测的一致性之间的差别大小。Kappa 系数因其良好的实用性广泛应用在医学、人口等各种统计中，在 20 世纪 80 年代被引入遥感领域，用于检验遥感影像中不同类别物种划分的准确性。Kappa 系数计算公式如下所示：

$$K = \frac{P_0 - P_e}{1 - P_e} \tag{4-1}$$

式中，$P_0 = \frac{\sum_{i=1}^{r} x_{ii}}{N}$，表示观测一致性；$P_e = \frac{\sum_{i=1}^{r} x_{i.} \cdot x_{.i}}{N^2}$，表示期望一致性；$x_{ii}$ 表示混淆矩阵对角线元素值；$x_{i.}$ 表示第 i 行观测值的和；$x_{.i}$ 表示第 i 列观测值的和；r 表示总行(列)数；N

表示样本总数。K 取值范围为[-1,1]，K 越接近 1，则说明数据集一致性越高，分类效果好。

总体分类精度是指一个随机样本中正确分类实例个数(n)占检验区域内所有点数量(N)的百分比，能够更加直观地反映出划分结果的准确性。

$$\mathrm{OCA} = \frac{n}{N} \times 100\% \tag{4-2}$$

4.1.2.2 植被多样性计算

1. 植物物种相对重要值

$$\text{重要值} = (\text{相对多度} + \text{相对高度} + \text{相对盖度} + \text{相对频度})/4 \tag{4-3}$$

$$\text{相对多度} = (\text{某一种植物的个体数}/\text{全部种的个体数}) \times 100\% \tag{4-4}$$

$$\text{相对高度} = (\text{某一种植物的高度}/\text{全部植物的高度之和}) \times 100\% \tag{4-5}$$

$$\text{相对频度} = (\text{某一种植物的频度}/\text{全部植物的频度之和}) \times 100\% \tag{4-6}$$

$$\text{相对盖度} = (\text{某一种植物的盖度}/\text{全部植物的盖度之和}) \times 100\% \tag{4-7}$$

相对重要值＝该物种重要值/该样地内所有物种的重要值之和。

多度采用目测估计法；盖度采用投影盖度进行目测估算获得；植物株高为随机选取 10 株植物的平均高度。同时利用 GPS 确定海拔和经纬度。

2. 植物多样性

物种 α 多样性通常用于指示目标群落的物种数量和各个物种的相对优势度。α 多样性指数分为物种丰富度指数(community richness)、物种均匀度指数(community evenness)、物种多样性指数(community diversity)。其中，丰富度指数反映的是群落内物种的丰富程度；均匀度指数反映的是群落内物种的分配状况，也即各物种相对丰度的均匀程度；物种多样性指数反映的是物种丰富度和均匀度的综合状况。

(1) 丰富度指数

① Patrick 指数，即样方内物种数。

$$R = S \tag{4-8}$$

② Margalef 丰富度指数，对样本大小的影响进行了校正，强调了物种丰富度，具有直观的生态学意义。

$$D_{\mathrm{Ma}} = (S - 1)/\ln N \tag{4-9}$$

(2) 多样性指数

① Simpson 指数，在一个无限大小的群落中，随机抽取两个个体，侧重于样本测定值最大的种，强调优势度，对物种丰富度不敏感。

$$D = 1 - \sum P_i^2 \tag{4-10}$$

② Shannon-Wiener 指数，描述种的个体出现的紊乱和不确定性。不确定性越高，多样性也越高。

$$H' = -\sum_{i=1}^{s} P_i \ln P_i \tag{4-11}$$

(3) 均匀度指数

Pielou 均匀度指数，反映群落中不同物种分布的均匀程度。

$$\mathrm{JP} = (-\sum_{i=1}^{s} P_i \ln P_i)/\ln S \tag{4-12}$$

上述式中，S 为物种数目；$P_i=n_i/N$，P_i 为 i 物种个体数占所有物种个体数的比例，即第 i 个物种的相对多度，n_i 为第 i 个物种的个体数目，N 为所有物种个体数。

4.1.2.3　植被指数计算

归一化差值植被指数(normalized difference vegetation index，NDVI)由于植被在近红外波段处有较强的反射，其反射率较高，而在红波段处有较强的吸收，反射率较低。因此该值是通过计算近红外波段和红波段之间的差异来定量化植被的生长状况，通常在作物最活跃生长阶段的季节中期最准确。

$$\mathrm{NDVI}=\frac{\mathrm{NIR}-R}{\mathrm{NIR}+R} \tag{4-13}$$

差值植被指数(difference vegetation index，DVI)对土壤背景的变化非常敏感，可用于植被生态环境监测。

$$\mathrm{DVI}=\mathrm{NIR}-R \tag{4-14}$$

增强植被指数(enhanced vegetation index，EVI)是对 NDVI 的改进，在减少背景和大气作用以及饱和问题上优于 NDVI，可以同时减少来自大气和土壤噪音的影响，稳定反映所测地区植被的情况。

$$\mathrm{EVI}=\frac{2.5\times(\mathrm{NIR}-R)}{\mathrm{NIR}+6\times R-7.5\times \mathrm{B}+1} \tag{4-15}$$

改良土壤调整植被指数(modified soil adjusted vegetation index，MSAVI)能最大限度地抵消土壤背景的影响，适用于裸土比例高、植被稀少或植物中叶绿素含量低的情况。

$$\mathrm{MSAVI}=\frac{2\mathrm{NIR}+1-\sqrt{(2\mathrm{NIR}+1)^2-8(\mathrm{NIR}-R)}}{2} \tag{4-16}$$

可见光波段差异植被指数(visible-band difference vegetation index，VDVI)，利用红、绿、蓝3个波段进行计算。

$$\mathrm{VDVI}=\frac{2G-R-B}{2G+R+B} \tag{4-17}$$

超绿指数(excess green index，ExG)，对绿色植物图像反映效果较好，对阴影、枯草和土壤图像等均能较明显地被抑制，反映植物图像更为突出。

$$\mathrm{ExG}=2G-R-B \tag{4-18}$$

式中，NIR 为近红外波段的反射值，R 为红光波段反射值，B 为蓝光波段反射值，G 为绿光波段反射值。

4.1.2.4　数据统计分析

利用 GIS 空间分析工具分别对植被指数栅格图进行邻域均值统计分析，再通过样方中心点坐标提取得到每个样方所对应的植被指数值，导入 SPSS 22.0 进行植被指数与植物多样性之间的 Pearson 相关性分析及回归分析，并建立相应的估测数学模型。通过计算估测值与实测值之间的标准误差(RMSE)、平均相对误差(MRE)、平均绝对误差(MAE)来分析研究区植物多样性遥感估测精度，进而采用最佳数学模型估测研究区植物多样性，得到研究区植物多样性的空间分布矢量数据。

为探索植物多样性的空间关联特征和聚集性，采用地统计学理论中的全局空间自相关莫兰指数(Moran's I)统计量对研究区植物多样性的空间分布特征进行表征。I 为 Moran's I 指数，反映空间邻接或空间接近的区域单元属性值的相似程度，其值域为$[-1,1]$；$I>0$

表示空间存在正相关性，其值趋于 1 表明正相关程度较高，性质相似的单元分布较为集中；$I<0$表示空间存在负相关性，其值趋于 -1 表明负相关程度较高，总体上邻近单元间差异大；I 接近于 0 表示空间自相关程度较低；当 $I=0$ 时，表示空间无相关性，属于随机分布。计算公式如下：

$$I=\frac{\sum_{i=1}^{n}\sum_{j=1}^{n}W_{ij}(x_i-\overline{x})(x_j-\overline{x})}{S^2\left(\sum_{i=1}^{n}\sum_{j=1}^{n}W_{ij}\right)} \tag{4-19}$$

地理学第一定律指出，任何事物都是与其他事物相关的，相近的事物关联更紧密。空间自相关分析可以了解要素在空间的聚集类型，但无法知道聚类（聚集类型）发生的区域。局部莫兰指数（local Moran's I）可以很好地表示空间相似性（空间聚类）或差异性（空间离群点）。计算公式如下：

$$I_i=\frac{(x_i-\overline{x})\sum_{j=1}^{n}W_{ij}(x_i-\overline{x})}{S^2} \tag{4-20}$$

$$S^2=\frac{1}{n}\sum_{i=1}^{n}(x_i-\overline{x})^2 \tag{4-21}$$

上述式中，n 是空间单元数量；x_i和x_j分别表示单元 i 和单元 j 的观测值；$\overline{x}$为观测均值；W_{ij}是基于空间 k 邻接关系建立的空间权重矩阵。空间自相关分析采用 GeoDa 软件完成。

4.1.3 植被物种识别过程及结果分析

4.1.3.1 不同植被光谱特征

为了对指标植被的光谱反射率曲线特性进行分析，在无人机多光谱遥感影像中分别随机选取杨树、沙蒿、沙柳、沙棘、玉米、草本、裸地的纯净像元各 50 个，并利用光谱反射率均值公式对像元对应的光谱反射率曲线求均值，获取指标植被的光谱反射率曲线，如图 4-4 所示。通过图 4-4 可知，植被的像元值满足 $\rho_{\text{Green}}>\rho_{\text{Red}}>\rho_{\text{Blue}}$（$\rho_{\text{Red}}$、$\rho_{\text{Green}}$、$\rho_{\text{Blue}}$分别表示红、绿、蓝 3 个波段的反射率或像元值），即绿光波段反射率最大，其次是红光波段，蓝光波段反射率最小，符合健康绿色植被的光谱曲线特征。非植被覆盖地物满足 $\rho_{\text{Red}}>\rho_{\text{Green}}>\rho_{\text{Blue}}$，在蓝光及

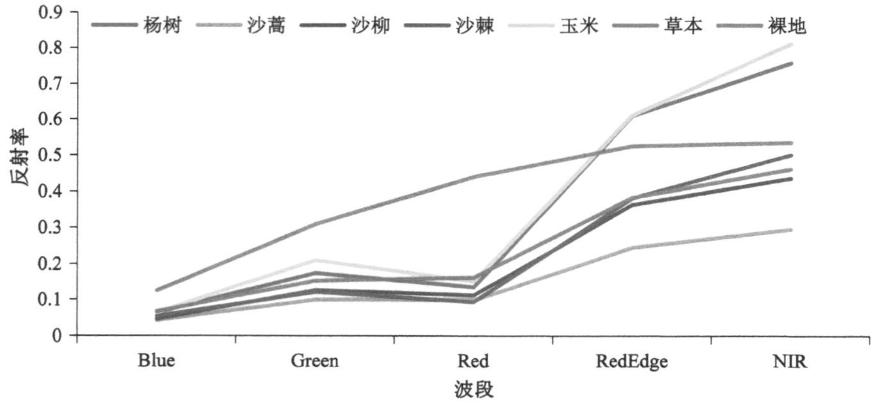

图 4-4 不同植被物种的光谱反射率曲线

绿光波段植被与非植被数值存在重合现象，红光波段植被与沙地区分明显。

$$\overline{S}_x = \frac{\sum_{i=1}^{n} S_{x_i}}{n} \tag{4-22}$$

式中，x 代表某类植被，$\overline{S}_x$ 为 x 类植被样本的平均光谱反射率，n 为纯净像元个数，S_{x_i} 为 x 类植被样本的第 i 个纯净像元的光谱反射率。

4.1.3.2　遥感影像解译

结合野外调查及无人机影像，对主要物种进行研究，将植被划分为杨树、沙蒿、沙柳、柠条锦鸡儿、草本、玉米和裸地。由于草本大多覆盖于乔木冠层和灌木下方或者稀疏分布于裸地，无人机不易发现或无法清晰辨别各类草本物种，本节将其统一划分为草本，不作详细讨论。

标准假彩色影像使植被特征较为明显，相比于真彩色影像能够更好地判读部分植被类型。结合标准假彩色影像和真彩色影像，同时参照植被形态与分布特征进行影像解译。如图 4-5 所示，杨树周边伴有阴影，枝叶分散，其假彩色影像呈亮红色；灌木为簇生植被，聚集

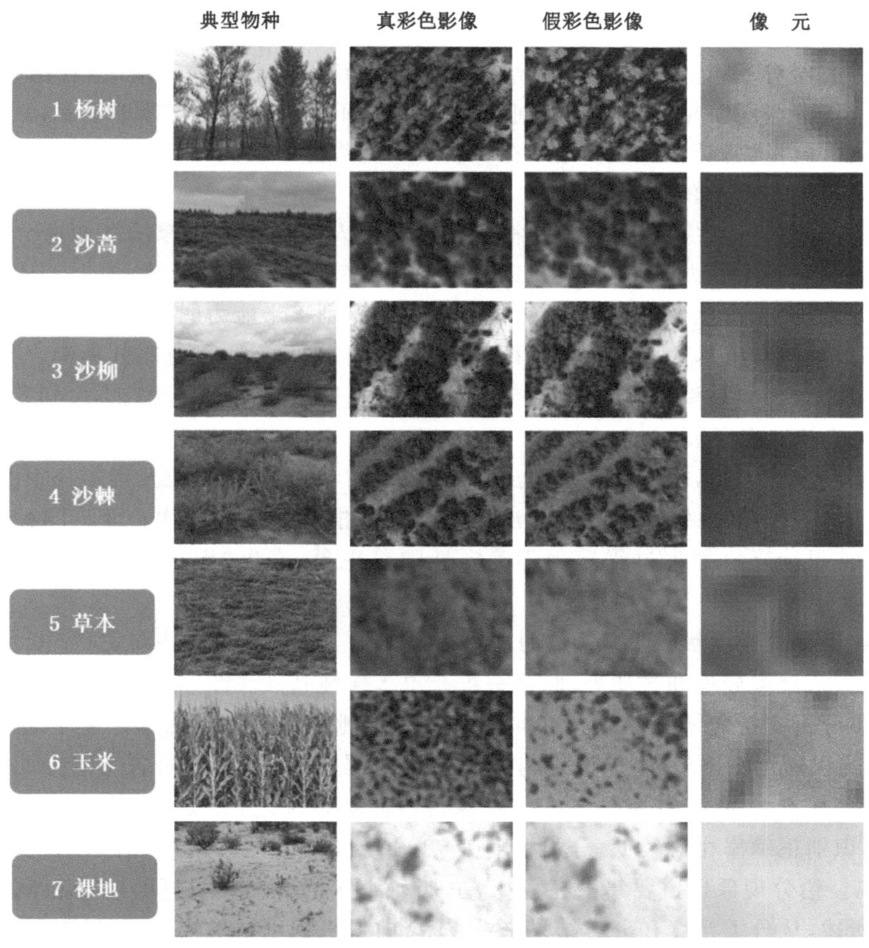

图 4-5　无人机影像中的典型植物及其实地照片

成团生长，根据形态特征就能很好地辨别；沙蒿分布广泛，具有一定郁闭度，假彩色颜色呈深棕色；沙柳株丛高大，长势茂盛，多为成行种植，分布较规则；柠条锦鸡儿在影像中与沙柳形态相似，但枝叶较分散且真彩色影像呈深绿色；草本分布稀疏且不均匀；玉米为人工种植农作物，分布规则，枝叶茂密且盖度较高；裸地最易判读，其真彩色影像和假彩色影像均为亮白色。

4.1.3.3 精度评价

利用实地调查的样方数据对分类结果进行基于混淆矩阵的分类精度评价。共选取两种评价指标：一是表示正确分类像元数占参与分类总像元数比例的总体精度，二是表示分类结果与实际数据一致性的 Kappa 系数。支持向量机法、最大似然法、人工神经网络 3 种分类方法，根据总体精度和 Kappa 系数从高到低的排序分别为支持向量机法、最大似然法、人工神经网络。3 种方法的分类精度均在 79%以上，Kappa 系数在 0.74 以上，总体而言分类精度较高。其中，最大似然法和人工神经网络的分类精度相对较低，分别为 80.71%和 79.20%，Kappa 系数分别为 0.77 和 0.74。相比前两种方法，支持向量机分类精度最高，为 89.38%，Kappa 系数为 0.87。

不同分类器对不同树种的响应情况不同，其分类结果的差异性较显著，见图 4-6。最大似然法和人工神经网络在部分植被识别上表现较差，不能有效识别玉米或沙棘，其分类精度显著低于支持向量机。同时，三种结果存在以下一些共性问题。

(1) 错分和漏分现象

植被的错漏分现象主要是沙蒿、沙柳和玉米。无人机多光谱影像的高光谱分辨率提高了对树冠阴影的识别能力，进而影响光谱异质性，易将阴影错分为沙蒿，加大了沙蒿的识别难度。沙蒿、沙柳光谱相似，被错分的可能性较大。识别玉米能力弱，玉米面积少，样本量不足。而实际调查中，玉米为人工种植庄稼，并非矿区内主要植被，可忽略其影响。此外，有影像自身误差导致分类结果出现错分、漏分等现象，如拼接引起强度密度的不规则变化。

(2) 斑块破碎化现象

由于空间分辨率高，能清楚地识别出乔木、灌木枝叶间的空隙，以及稀疏分布的杂草，图像中出现较多破碎细小的斑块，导致无法很好地表征植物的形态结构。而且同种地物光谱变异较大，使得计算机处理过程出现不确定性随机现象，产生“椒盐”现象，造成分类精度降低。

植物物种分类精度影响生物多样性指数的计算。为此，选取支持向量机分类器的分类结果，对其进行聚类处理和过滤处理，进一步获得多样性基础底图，见图 4-6(d)。

进一步分析支持向量机分类混淆矩阵，可知不同地类的识别正确率存在一定差异，见表 4-2。裸地的识别正确率最高，验证点与分类结果全部一致；由于裸地的光谱特征与植被不同，以及验证样点数量多，其容错率高。沙棘、杨树、草本次之，分类精度达到 89%以上；沙柳、玉米的识别正确率相对较低，分类精度为 71.43%和 68.54%；沙蒿的识别正确率最低，为 52.92%。错分现象也主要集中在杨树、玉米和沙蒿上。没有明显的错分和漏分误差出现。综上所述，从分类精度和分类结果来看，支持向量机识别结果较好，抗噪声能力较强，很大程度上避免了“椒盐效应”。在此基础上，对结果进行后续合并、聚类处理，并作为植物多样性计算的基础数据。

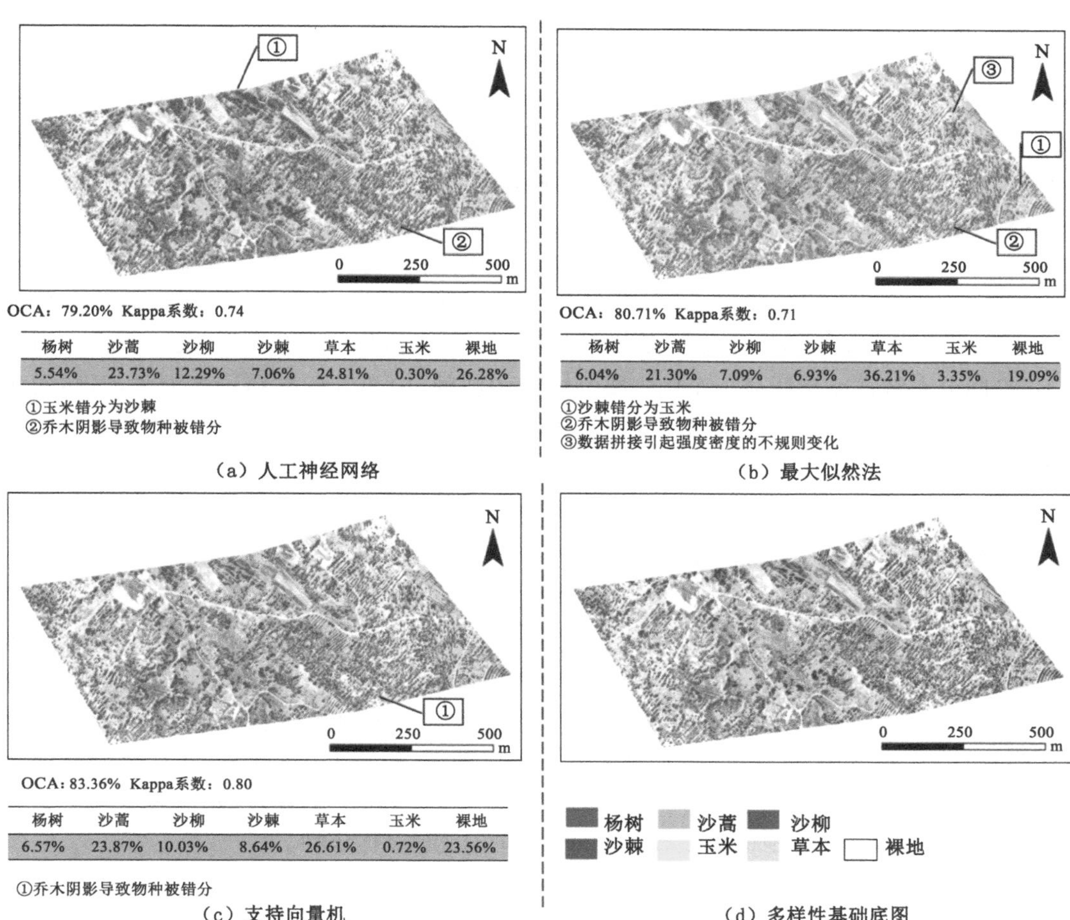

图 4-6　三种分类方法下的分类结果及精度评价结果

表 4-2　采用支持向量机方法的分类结果的混淆矩阵

	杨树	沙蒿	沙柳	沙棘	玉米	草本	裸地
杨树	89.66	0	14.01	4.27	7.7	0.1	0
沙柳	2.64	44.98	71.43	0.17	11.77	4.47	0
沙蒿	0	52.92	1.73	0	0	3.66	0
沙棘	3.43	0	12.62	95.49	7.37	0.51	0
草本	3.43	2.1	0.19	0	4.62	89.79	0
玉米	0.84	0	0.02	0.07	68.54	0	0
裸地	0	0	0	0	0	1.47	100
总计	100	100	100	100	100	100	100

4.1.3.4　植被物种空间分布特征

结合实地调查结果和研究区正射影像，支持向量机分类结果与现状基本一致。研究区的植被群落以耐旱型植物为主，物种组成相对简单。乔木主要为杨树。杨树成行分布，形成了乔木-灌木-草本垂直分层的植被群落结构。灌木为耐沙型植被沙柳、沙棘、沙蒿，具有斑块聚集分布特征。部分沙柳、沙棘为人工种植，成行分布；沙蒿生长茂盛，聚集特征明显。因为同一种群的个体对生境条件的需求是一致的，聚集分布可以形成群体优势，形成适合本身生长的环境，增强抗逆能力，增加存活机会，抵抗外来种的侵人和定居，有利于进行资源竞争，有利于群体发展。

灌木和草本广泛分布于研究区。从不同物种的面积占比来看，草本面积最大，占比26.61%；其次为沙蒿和裸地，二者面积接近，占比约为24%。沙柳、沙棘、杨树面积占比分别为10.03%、8.64%和6.57%；玉米为耕作庄稼，覆盖面积最小，仅占0.72%。在空间分布上，空间分布特征差异明显。东侧主要为杨树和沙棘，中部以杨树和沙蒿为主，西侧大多为沙蒿和沙柳。总体来看，灌木为主要植被类型，其次为草本、乔木，沙蒿为灌木层中的优势物种。正常情况下，半干旱区植被类型以草原为主，而矿区植被模式更偏向于以灌丛为主，无法确定该种模式是否对植物群落生态演替有利。

4.1.4 植被多样性识别过程及结果分析

4.1.4.1 植物群落优势种

根据实地调查的植被样方数据，计算出各个乔木和灌木植物的相对多度、相对高度、相对盖度、相对频度和重要值。如图4-7所示，重要值位于前三位的植物有杨树、沙蒿和沙柳。利用无人机影像数据得到的样方中的植物重要值排序与实地调查结果一致。杨树是乔木层的优势物种，重要值为49.9%；灌木层优势物种以沙蒿、锦鸡儿、沙柳为主，重要值分别为39.48%、30.77%和21.92%。其中沙蒿的相对多度和相对频度最大，分别为0.483 4和0.935 5，表明沙蒿在采样地的数量较多且分布较广，是绝对优势种。

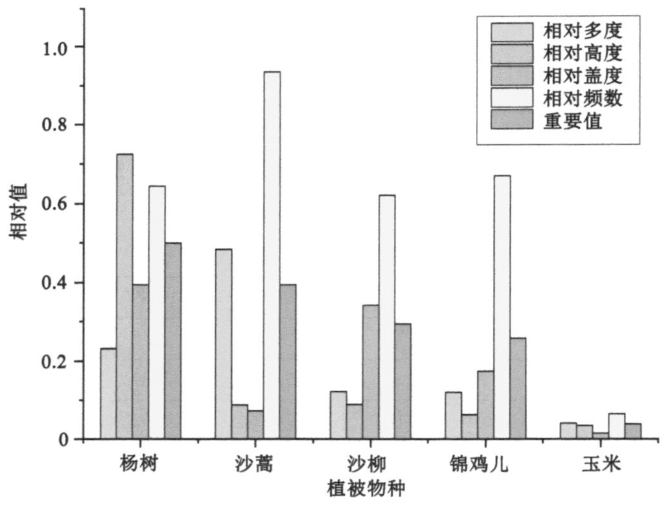

图4-7 植物调查样方中各植物的相对多度、相对高度、相对盖度、相对频数和重要值

4.1.4.2 植被多样性空间分布

从不同网格上看，10 m和30 m两种尺度下物种多样性指数分布的总体趋势相同，但10 m×10 m显示的多样性信息更加丰富、更加精准，如图4-8所示。在10 m×10 m尺度

下，Margalef 丰富度指数在 0～2.581 之间，均值为 0.760。均匀度指数反映的是均匀程度，并非物种数量。Pielou 均匀度指数一般在 0～0.927 之间，均值为 0.295。Simpson 多样性指数描述的是从一个群落中连续两次抽样所得到的个体数属于同一种的概率。该指数强调优势度，对物种丰富度不敏感。在 10 m×10 m 尺度下，Simpson 指数均值为 0.210。Shannon-Wiener 多样性指数与物种丰富度的关系最密切，Shannon-Wiener 多样性指数在 0～1.492之间，均值为 0.395。在 30 m×30 m 尺度下，Margalef 丰富度指数在 0.286～1.138 之间，均值为 0.589；Simpson 多样性指数范围在 0.009～0.685 之间，均值为 0.215；Shannon-Wiener 多样性指数在 0.031～1.249 之间，均值为 0.430；Pielou 均匀度指数在 0.023～0.818 之间，均值为 0.291。通过各指数均值可以发现，研究区植被多样性水平总体较低，不同尺度下的多样性接近，见表 4-3。

表 4-3　两种尺度下物种多样性指数均值

	Margalef	Simpson	Shannon-Wiener	Pielou
10 m×10 m	0.760	0.210	0.395	0.295
30 m×30 m	0.589	0.215	0.430	0.291

从不同指数的分布特征来看，各指数的空间分布特征相似，植物群落多样性表现出由东向西呈现递减趋势，与植被类型的分布较为一致(图 4-8)。

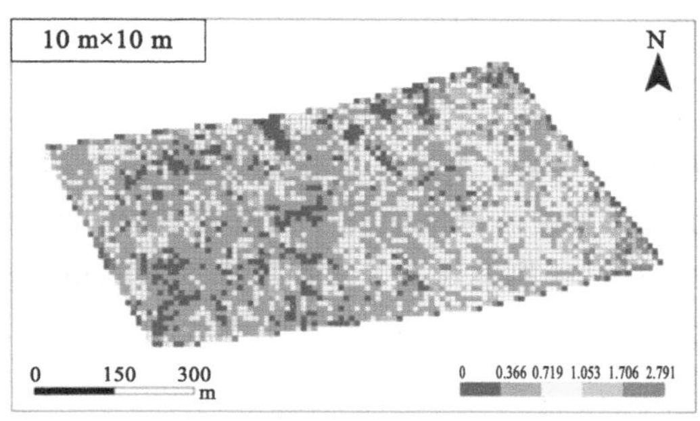

(a) 10 m×10 m Margalef 丰富度指数

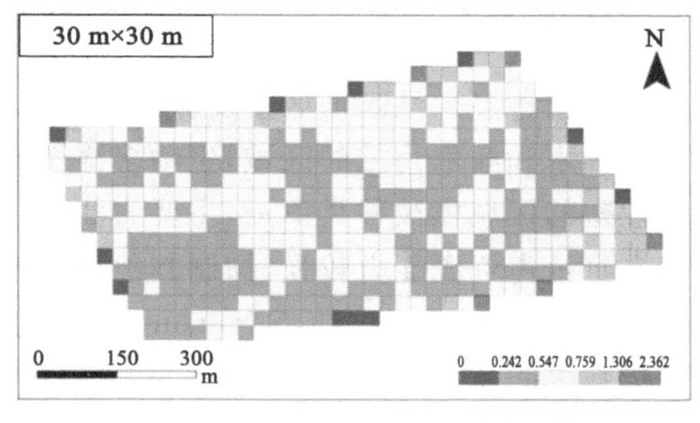

(b) 30 m×30 m Margalef 丰富度指数

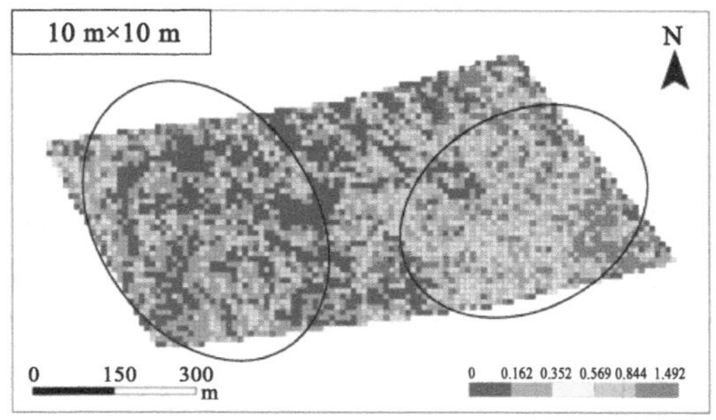

(c) 10 m×10 m Shannon-Wiener多样性指数

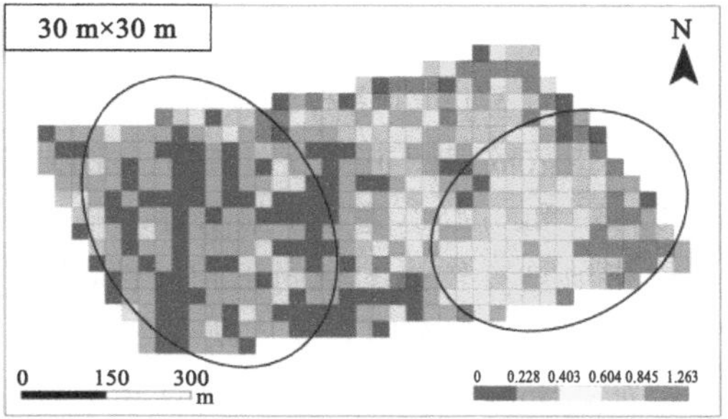

(d) 30 m×30 m Shannon-Wiener多样性指数

图 4-8　物种多样性指数分布

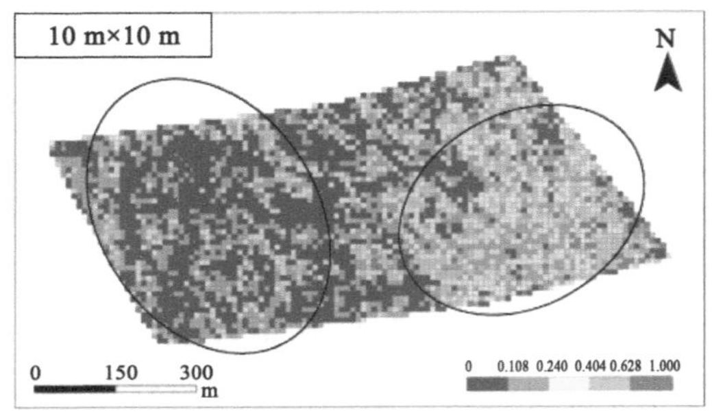

(e) 10 m×10 m Simpson多样性指数

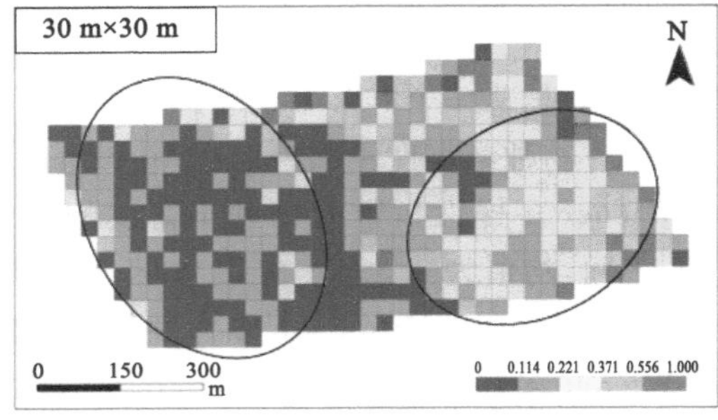

(f) 30 m×30 m Simpson多样性指数

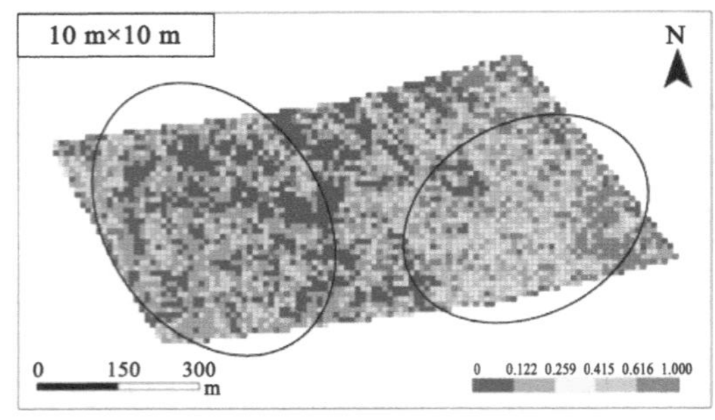

(g) 10 m×10 m Pielou均匀度指数

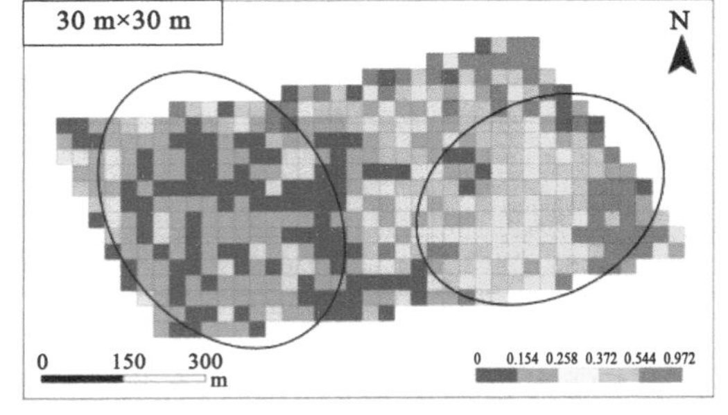

(h) 30 m×30 m Pielou均匀度指数

图 4-8(续)

植被物种多样性高值区主要分布在灌丛草地相间的区域，位于东侧；生物多样性中等区多是以乔木和灌木为主的区域，生物多样性低值区主要集中在灌丛为主的区域，位于西侧；多样性差的区域植被种类单一，主要为沙蒿和沙柳。其中沙柳周边几乎没有植被，可能由于沙柳自身抢占资源能力较强，抑制其他物种生长，同时沙柳冠幅较大，使枝叶下方的植被受到的阳光照射有限。此外，Simpson 多样性指数、Shannon-Wiener 多样性指数和 Pielou 均匀度指数之间显著相关。

4.1.4.3　空间自相关性分析

进一步通过空间自相关分析描述多样性分布状况，判断在空间是否存在聚集，以及在哪处有聚集现象。经统计分析，各个多样性指数的局部莫兰指数(local Moran's I)均大于 0，其中 Shannon-Wiener 多样性指数的数值最大。在 10 m×10 m 尺度和 30 m×30 m 尺度下局部莫兰指数散点图主要分布在第一象限和第三象限(图 4-9 和图 4-10)，局部莫兰指数分别为 0.469 和 0.463，通过了显著性水平 $\alpha=0.05$ 的检验($z>1.96$)，表明 Shannon-Wiener 多样性指数具有较强的空间正相关性，有明显的空间聚集特征，在空间分布上并非完全随机。空间自相关分布图直观反映了 Shannon-Wiener 多样性指数在空间聚集与分异的位置分布特征。Shannon-Wiener 多样性指数高-高聚集主要分布在研究区东侧，主要为多样性高值区；低-低聚集主要分布在研究区西侧，为多样性低值区。而高-低聚集和低-高聚集在研究区内呈现零星分布。

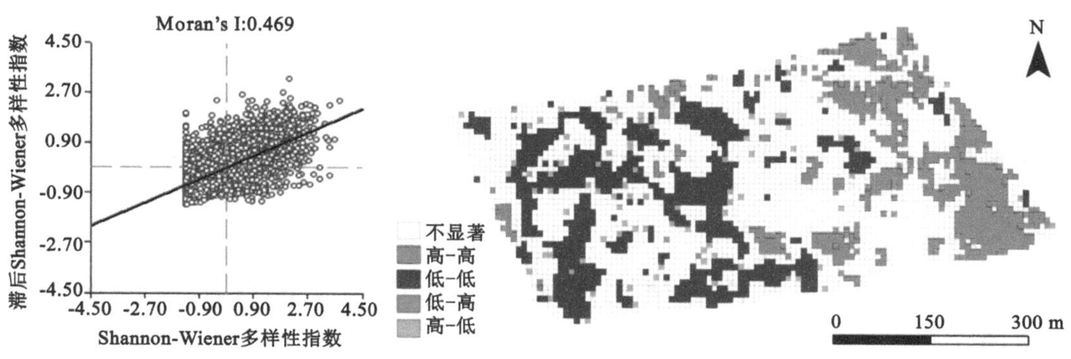

图 4-9　10 m×10 m 尺度下 Shannon-Wiener 多样性指数
局部莫兰指数散点图和空间自相关聚集图

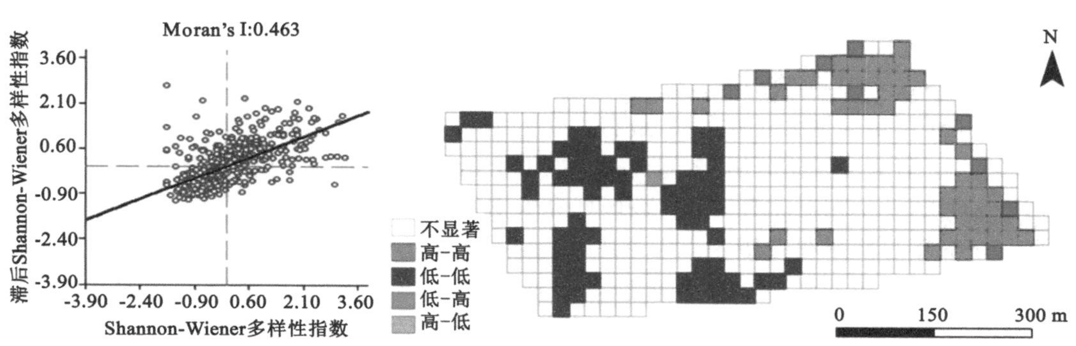

图 4-10　30 m×30 m 尺度下 Shannon-Wiener 多样性指数
局部莫兰指数散点图和空间自相关聚集图

4.1.5　植被指数与多样性的相关性分析

本节分析植被指数与植被多样性之间的关系，考虑到影像波段少，研究区裸土面积大，为了尽可能减少土壤噪音的影响，本研究选取 NDVI、DVI、VDVI、SAVI、MSAVI、ExG、ExG-ExR 等植被指数。在两种尺度下，Shannon-Wiener 多样性指数与 DVI 植被指数的相关性最高，分别为0.65和 0.73。以 10 m×10 m 尺度为例，该尺度下的 Shannon-Wiener 多样性指数、Simpson 多样性指数、Pielou 均匀度指数与 DVI、MSAVI、NDVI、SAVI、VDVI、ExGExR、ExG 6 种指数呈显著正相关（$p<0.01$）。其中，Shannon-Wiener 多样性指数、Simpson 多样性指数、Pielou 均匀度指数与 DVI 和 MSAVI 的相关性系数均在 0.54 以上（表 4-4），说明植被多样性与植被指数之间存在较强相关性，可以利用植被指数建立植被多样性监测数学模型。

表 4-4　10 m×10 m 尺度下植被多样性与植被指数相关性分析

	DVI	MSAVI	NDVI	SAVI	VDVI	ExGExR	ExG
Margalef	0.303**	0.513**	0.007	0.007	−0.045**	−0.044**	−0.042**
Pielou	0.577**	0.567**	0.342**	0.342**	0.313**	0.316**	0.316**

表 4-4(续)

	DVI	MSAVI	NDVI	SAVI	VDVI	ExGExR	ExG
Shannon-Wiener	0.617**	0.571**	0.379**	0.379**	0.341**	0.347**	0.344**
Simpson	0.538**	0.547**	0.286**	0.286**	0.263**	0.264**	0.266**

注：** 表示在 0.01 水平上显著相关。

4.2 基于 LiDAR 和高光谱影像的内蒙古生态脆弱区植被结构识别与评价

4.2.1 研究区概况及数据获取

4.2.1.1 研究区概况

(1) 自然地理概况

研究区位于中国北部的内蒙古自治区鄂尔多斯市准格尔旗黑岱沟露天煤矿，见图4-11。该矿区为半干旱中温带大陆性气候，最高温度为 38.3 ℃，最低温度为－30.9 ℃，年平均气温为 7.2 ℃。研究区四季分明，冬春两季寒冷干燥，夏季雨量较为集中，夏季炎热历时短，冬季寒冷历时长，秋季相对凉爽短促。该区域降水主要集中于 7～9 三个月份，占年降水量的 60%～70%，年总降水量范围为 231～459.5 mm，年平均降水量为 404.1 mm。蒸发量较大，为 1 750～2 436 mm。春、冬两季多风，风速一般在 10～15 m/s。矿区霜冻期及冰冻期历时久，约每年 195 天，结冰期始于 11 月，最大冻土深度约为 150 cm。

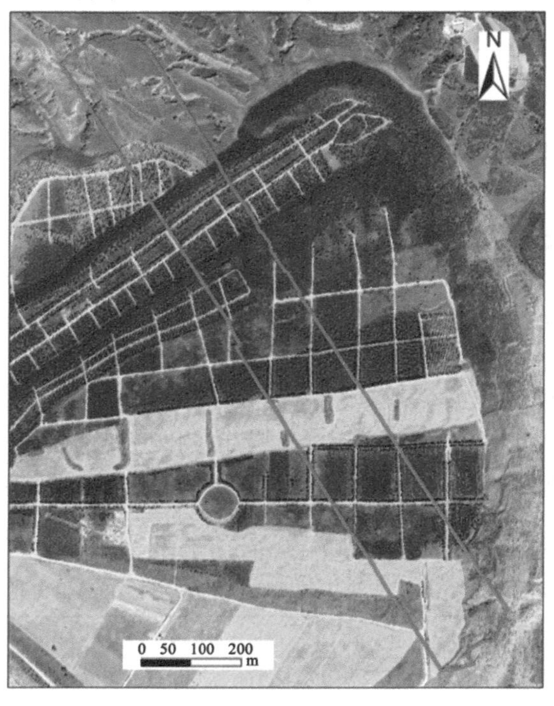

图 4-11　研究区位置

研究区属于鄂尔多斯高原东部，地形走势总体呈现西高东低。海拔高度 1 093～1 308 m。地表因流水侵蚀作用，呈典型高原侵蚀性地貌。区内沟谷纵横，平面上呈现树枝状，断面呈现“V”字型。黄土广泛分布，地形破碎，零星基岩出露。

在内蒙古的植物区系中，研究区的位置处于黄土丘陵草原，土壤类型主要包括栗钙土、风沙土、洪淤土以及黄绵土等 4 类。区内无明显的地带性土壤，其中黄绵土分布最为广泛，但是此类型土壤呈微碱性，肥力低下，排土场台阶上土壤为复填土，经排土场车辆碾压后较为紧实。

(2) 采矿及排土场状况

研究区隶属黑岱沟煤矿，该矿建设于 1992 年，于 1999 年投入生产。露天开采设计生产能力为 1 910 万 t/a，服务年限 70 年左右，开采面积约 50 km^2。该区域的煤田地层区划隶属华北地层区的鄂尔多斯分区，属于晚古生代的石炭-二叠纪煤田。

黑岱沟煤矿东排土场顶层覆土厚度为 1 m 左右，边坡覆土厚度为 0.5 m 左右，覆土主要为黄土，来自露天开采时剥离的表土。地质调查结果表明，东排土场的边坡稳定，未曾发生崩塌、地裂缝、泥石流等地质灾害。

(3) 植被恢复概况

研究区属于暖湿性草原带，自然地带性植被为本氏针茅草原。但由于开垦、放牧、风蚀及水蚀等，天然原生植被受到严重破坏，大部分被旱生、耐风蚀、耐践踏的百里香替代。植被稀疏低矮，覆盖度普遍低于 30%。经生态修复后，矿区内人工植被占据主导地位，天然植被分布零散。

研究区内植被恢复工程始于 2000 年，按生态恢复规划，研究区人工乔木林包括杨树、油松、沙棘、刺槐、香花槐。人工灌木主要以紫穗槐、柠条和沙棘混合为主，局部区域为欧李。少数人工草地植被类型以草木樨、苜蓿、沙打旺以及紫花苜蓿为主。研究区植被恢复措施中，坡面以乔灌草混交为主，主要目的为防止水土流失。平台多种植豆科类牧草和沙棘，主要为完成土壤熟化。研究区已基本实现了生态的恢复。研究区内植被类型如表 4-5 所示。

表 4-5　植被类型及基本特征

植被类型	基本特征
杨树	属乔木，树干端直，树皮常呈灰白色。叶片互生，多为卵圆形、卵圆状披针形或三角状卵形，叶片边缘为锯齿状，叶柄较长，呈侧扁或圆柱形。研究区内主要有小叶杨、毛白杨两类，树高一般为 700 cm 左右，株行距 300～400 cm
油松	松科针叶常绿乔木，具有深根性，喜光、耐瘠薄、抗风的特性，高 150～400 cm 左右，株行距 150 cm
沙棘	落叶灌木或落叶乔木，灌木高度范围在 150～180 cm 之间，乔木高度可达 800 cm，嫩枝呈褐绿色，老枝呈灰黑色，较粗糙。沙棘对土壤的适应性强，具有耐寒及耐风沙的特性
刺槐	落叶乔木，为豆科及刺槐属植物，树高范围为 200～500 cm，适应性强，对水分敏感，抗干旱能力强，为优良固沙保土的树种之一
榆树	榆科落叶乔木，喜光，耐旱且耐寒，耐瘠薄，不择土壤，适应性很强。具抗污染性，叶面滞尘能力强
香花槐	落叶乔木，树干呈现褐色至灰褐色，叶片为椭圆形至卵长圆形。高 140～220 cm，株距 100 cm，行距 100 cm 。性耐寒，且耐干旱、瘠薄

表 4-5(续)

植被类型	基本特征
紫穗槐	豆科落叶灌木,抗风力强,耐贫瘠,耐寒性强且耐干旱能力也很强,高 150～200 cm 左右,株距 100 cm,行距 100 cm,截留雨量能力强,是水土保持的优良植物材料
欧李	落叶灌木,高 0.7 m 左右。树皮呈灰褐色,一般生于荒山坡、沙丘边
柠条	灌木,又称柠条锦鸡儿,高 60 m 左右,分布于固定、半固定沙地,适应性强,既耐寒又抗高温,在贫瘠干旱沙地、荒漠和半荒漠区域以及黄土丘陵区域均能生长,有固氮性能
苜蓿	草本植物,一年或多年生草本,耐干旱,产量高而质优,能够改良土壤。生殖株高约 0.6 m,营养枝高约 0.22 m

4.2.1.2 数据获取

(1) 激光雷达(LiDAR)数据

LiDAR 数据于 2020 年 8 月 3 日由 LiAir 220 无人机激光雷达系统获取。此系统配备了中距 LiDAR 扫描仪、GNSS 以及 IMU 定位定姿系统与存储控制单元,可以实时、动态、海量地进行高精度点云数据及丰富的影像信息的采集。所采用的无人机平台为 DJI M600 Pro,激光传感器为 HS40P。航飞区共规划航带 2 条,航线共计 2 762 m,飞行高度为90 m,飞行速度为 5 m/s。激光雷达数据获取过程中,水平视场角为 360°,垂直视场角大于 20°。平均点云密度为 142 个/m^2。具体技术指标见表 4-6。

表 4-6 LiAir 220 无人机激光雷达系统技术指标

指标		数值	指标		数值
最大激光测距(60%反射率目标)		≥200 m	激光测距精度		≤20 mm
视场角	水平	≥360°	角分辨率	水平	≤0.2°
	垂直	≥20°		垂直	≤1°
作业相对航高		≥100 m	巡航半径		2 km
激光脉冲回波次数		≥2 次	激光波长		905 nm
俯仰/侧滚角精度		≤0.1°	航偏角精度		≤0.1°

采集的激光雷达数据需要进行一系列的预处理,主要包括航迹结算、航带拼接、条带消冗、点云合并与去等操作,见图 4-12。航迹结算参数的获取为航带拼接奠定了基础。航带旁向重叠部分造成了数据的冗余,需要进行条带消冗,对航带重叠部分点云进行抽稀。稀释后的点云数据量仍然很庞大,可采取点云合并进一步对点云数据进行冗余去除。数据获取过程中受到环境及硬件本身等影响,容易产生噪声。噪声一般包括高位粗差与低位粗差。此时可采用滤波算法对噪声进行去除,达到提高数据质量的目的。

此外,黑岱沟矿区海拔起伏较大,高度差可达 200 m 左右,海拔高差也达到了近 60 m。从图 4-13 可以看出,研究区根据高程可分为三个平台,海拔由北向南递增。因此,预处理过程中需消除地形影响,即识别地面点,进一步对其进行归一化处理。上述预处理过程通过软

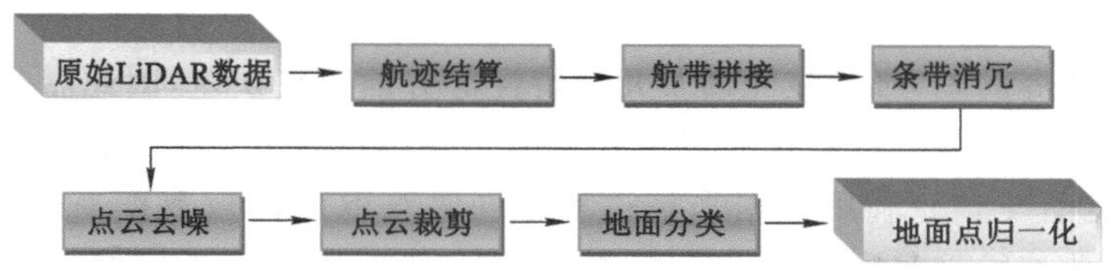

图 4-12　激光雷达数据预处理流程

件 LiAcquire-VUX 和 LiMapper 完成，其中，地形校正前后对比如图 4-13 所示，校正后研究区内海拔高度基本统一，只有极少部分海拔高度过渡区高程依旧高于其他区域，但是高差仍然控制在 0.5 m 以内，地形影响基本消除。

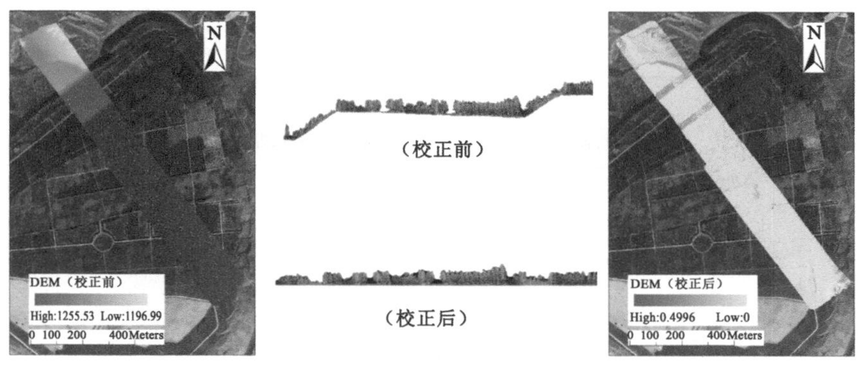

图 4-13　地形校正前后对比

另外，采用标准偏差(StdDev)、均方根(RMS)、平均高差(Average dz)、最小高差(Min dz)、最大高差(Max dz)、点云数量(PN)、覆盖面积(CA)、最小密度(Min density)、最大密度(Max density)、平均密度(Average density)参数对点云高程差值以及点云密度进行质量评估，描述结果见表 4-7。

表 4-7　点云预处理质量参数

高程差		点云密度	
StdDev	0.12925	PN	85842458
RMS	0.20296	CA/m^2	603920
Average dz/m	0.156569	Min density/(points/m^2)	1
Min dz/m	0.000488	Max density/(points/m^2)	1395
Max dz/m	0.499634	Average density/(points/m^2)	142.142

(2) 高光谱数据

高光谱数据是由以多旋翼为平台搭载的 S185 高光谱传感器获取的。此高光谱传感器能够在 1/1 000 s 内获得整个视场范围的高光谱图像，兼具高光谱数据的精准性以及高速照成像的特性。本次高光谱数据采集方案共规划航线 10 条，飞行高度为 100 m，速度为 7.5 m/s，本研究获取数据光谱范围为 450～998 nm，光谱分辨率为 8 nm，光谱采样间隔为4 nm，地面分辨率可达到 0.05 m。

因环境或硬件等问题，影像在光谱及几何特性等方面存在误差，因此需要对采集的高光谱数据进行预处理。影像数据的预处理过程一般包括辐射定标、大气校正、几何校正、航带拼接及裁剪等，见图 4-14。利用数据采集过程中同时获取的白板数据来进行传感器定标。本次在研究区内单波段采集影像 1 780 景，数据预处理过程中，辐射定标、大气校正、几何校正、影像的拼接以及波段的合成均借助 ENVI 平台实现，影像的拼接则通过 Agisoft photo-Scan 平台进行操作。

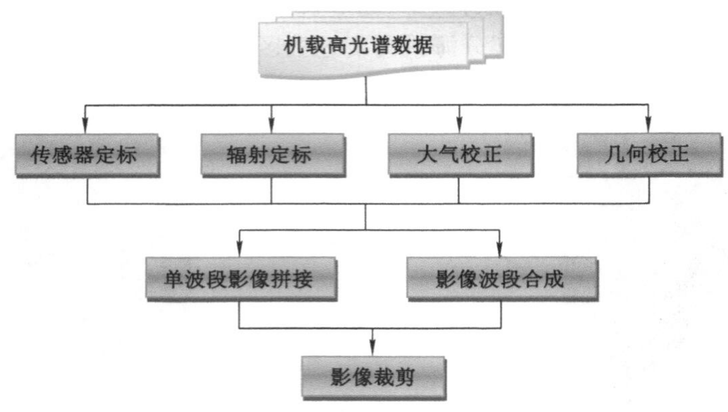

图 4-14　高光谱数据预处理流程

(3) 样地调查

样地调查与无人机激光雷达和高光谱影像数据采集保持同步。如图 4-15 所示，采用随机及典型采样技术，设置样方面积为 10 m×10 m，对样方内植被进行调查，共调查样方 52 个，记录样方内植被类型、植被数量、优势植被，并记录优势植被的树高、胸径、叶面积指标。于每个大样方中心设置 1 m×1 m 小样方，测定植被覆盖度及间隙率。另外采集样点 140 个，主要调查样点的植被类型、叶面积及树木高度指标，同时记录采样点的位置信息。本次调查使用的工具包括叶面积测量仪、标尺、测高仪和卷尺等。通过实地调查发现，研究区内优势树种中，乔木有杨树(小叶杨及毛白杨两类)、油松、沙棘及刺槐 4 类，其中，杨树分布最为广泛，原规划香花槐位于研究区中部区域，因大面积死亡，部分区域被草本植物代替。灌木包括紫穗槐及柠条与沙棘(灌木)，原规划欧李区域已退化为裸地，极少部分区域被草本植物覆盖。草本主要有鼠尾粟、苜蓿、玉米、苦荬菜、茅草等。另外，研究区内有榆树、柳树、小叶紫檀、香花槐零星分布。因此，本研究选取 7 类具有代表性的优势植被群丛类型作为研究对象，包括杨树、油松、沙棘(乔木)、刺槐、紫穗槐、柠条+沙棘(灌木)以及草本。

4.2.2 LiDAR 与高光谱数据特征提取与分析

4.2.2.1 LiDAR 点云特征

LiDAR 的强穿透性能够精准地获取植被的结构信息，LiDAR 技术的飞速发展使之在提取植被的三维特征方面展现出不可比拟的优势。研究区内重建植被均为人工种植，由图 4-16 可以看出，重建植被具有较为明显的空间结构，露天矿山排土场的植被经过自然演替，植被群丛又展现出独特的结构演替特征。

(1) 强度特征

图 4-15　样点分布

LiDAR 强度值定量描述了物体的后向散射，其值受目标对象反射率、激光器发射能量、大气环境以及传感器与物体距离等影响。机载激光 LiDAR 传感器波长一般处于近中红外波段，本节用于 LiDAR 数据采集的传感器波长为 905 nm，植被对于这一波段的反射率较高。而且，研究表明，由于树木叶片、分支方向、地形变化以及激光路径长度等因素影响，激光雷达强度值在森林区域内表现出差异性。因此，LiDAR 回波强度表征了地物目标的辐射特性信息，该数据可进行植被组分结构的提取[95]。

(2) 高度特征

机载 LiDAR 系统可以获取目标三维坐标信息，通过对点云的处理可以提取植被的高度特征。但是研究区地形经校正后仍然存在部分高差，直接进行树高提取会产生较大误差，所以对数据进一步处理以更好地排除地形因子的影响。本节采用形态学的点云滤波法区分激光雷达数据中的地面信息，步骤如下。

① 点云数据栅格化：按照 1 m×1 m 的网格大小设置三维格网，寻找点云数据的最低点进行栅格化。

图 4-16　不同植被群丛的三维模型

② 空洞区域填充：对栅格数据中出现的空洞区域进行填充。

③ 高差数据获取：移动窗口 W 遍历栅格数据，并进行开运算，对进行开运算前后的栅格数据进行分析对比，计算高差 dh。

④ 坡度数据获取：选取网格中最低点作为控制点，利用合适的插值方法生成 1 m×1 m DEM，计算地形坡度 hg。

⑤ 阈值判断：比较高差与坡度数据的距离（dh－hg），根据坡度确定阈值 th，若距离大于阈值，则认为是非地面点。反之暂时划入地面点进行下一步运算。

⑥ 增大窗口尺寸，迭代以上步骤，达到最大移动窗口后，获得最终的点云滤波结果，即为研究区的数字高程模型。

以此高程模型为基准，将点云高程值减去相对应位置的数字高程模型中的值，达到降低地形因子对植被结构参数反演影响的目标后，即可对 LiDAR 高度特征进行提取。

（3）回波特征

激光雷达发射具有一定面积的激光点，会出现一个激光点打在两个物体上的情况，所以可接收多次回波。一般激光雷达为单回波或双回波，接收回波的多少与激光的发射强度大小相关。不同树木的垂直结构与冠层特性对点云回波分布具有较大影响。植被冠层的空间结构变化明显，枝叶茂密的树木会拦截一部分激光。不同类型植被的冠层空间结构具有明显差异，密集或稀疏使激光雷达的回波具有不同比例。因此，LiDAR 点云数据的回波特征是表达植被结构参数的重要特征之一。

4.2.2.2　高光谱影像特征

激光雷达优越的穿透性使其能够获取植被的形态特征，但是缺乏植被纹理及光谱等信息，不能对植被组分进行充分表征，高光谱数据则可以解决此问题。高光谱分辨率能够体现不同植被群丛的光谱特征，且研究区内影像数据空间分辨率也极高，同时也能够很好地展现植被的纹理信息，可以为植被结构参数的反演提供更充足的数据。因此，本节对高光谱数据的光谱、植被指数及纹理特征进行了提取。

(1) 光谱特征

研究区内 7 类优势植被群丛及裸地的高光谱特征如图 4-17 所示，植被群丛的光谱曲线整体符合健康绿色植被的光谱反射规律，能够反映不同植被的生理特性。在 450～670 nm 波段范围内，由于叶绿素对于蓝色波段和红色波段能量的强吸收作用，所以植被在此范围反射率较低，而绿色波段存在一个小的反射波峰。在 700～998 nm 波段范围内，绝大部分能量被反射，小部分能量被吸收，其余能量全部透射，从而形成了“红边现象”，这也是植被光谱最显著的特征。从不同的植被群丛类型来看，在 750～950 nm 波段范围内光谱表现出不同的特征，反射率差异性较大，在此光谱区间中，按照反射率由高到低大致表现为草本＞柠条＋沙棘(灌木)＞裸地＞沙棘、紫穗槐＞杨树＞刺槐＞油松，因此可以用 750～950 nm 的光谱区间来识别不同的植被群丛类型。

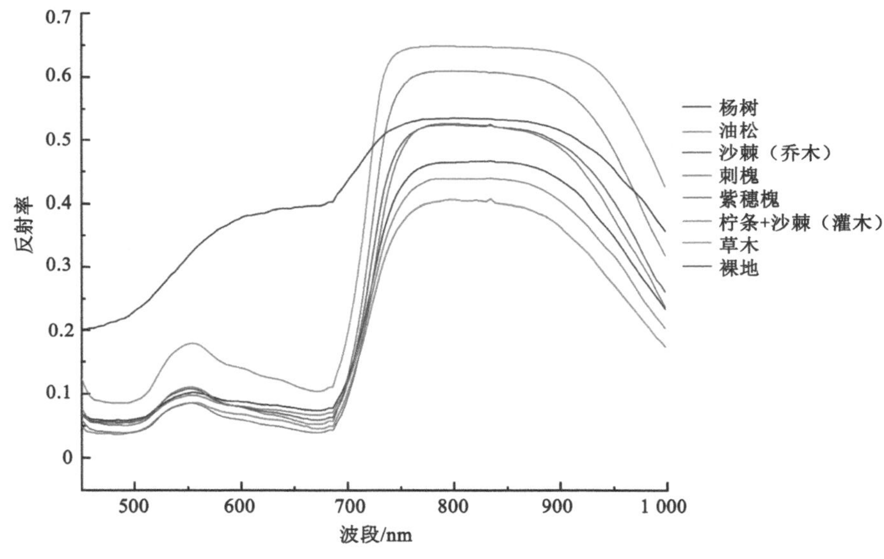

图 4-17　不同植被群丛的光谱曲线

(2) 植被指数特征

高光谱影像在识别不同的植被群丛类型时，易受土壤等非植被地物的影响，而且单一的光谱信息难以表现不同植被群丛的特征。研究发现，在可见光及近红外波段范围内，对光谱信息进行进一步挖掘整合，通过数学运算得出的植被指数可作为区分不同植被的有效指标之一。本节选取了 33 个植被指数来进行研究，具体计算方法见表 4-8。

提取不同植被群丛的高光谱植被指数进行特征分析，由图 4-18 植被指数分布图可以看出，标准化降水指数(standardized precipitation index，SPI)对土壤最为敏感，转换型植被指数(transformed vegetation index，TVI)则对植被较为敏感，二者对于植被和裸地区域具有较好的区分性。密集的刺槐和紫穗槐群丛的植被指数特征值普遍较高，草本特征值偏低。

表 4-8　植被指数计算公式

植被指数	计算公式
CHI_{green}[96]	$b_{782}/b_{550}-1$
CHI_{red_edge}[96]	$b_{782}/b_{706}-1$
DD[97]	$(b_{750}-b_{722})/(b_{700}-b_{670})$
DVI[98]	$b_{834}-b_{662}$
EVI[99]	$[0.5\times(b_{834}-b_{662})]/(b_{834}+2.5\times b_{834}-6.0\times b_{482}+7.5)$
GM	b_{750}/b_{702}
GNDVI	$(b_{834}-b_{546})/(b_{834}+b_{546})$
LCI[99]	$(b_{850}-b_{710})/(b_{850}+b_{682})$
MCARI[100]	$(b_{702}-b_{670})-0.2\times(b_{702}-b_{550})(b_{702}/b_{670})$
mND_{750}[100]	$(b_{750}-b_{705})/(b_{750}+b_{705}-2\times b_{445})$
mSR_{750}[97]	$(b_{750}-b_{445})/(b_{705}-b_{445})$
MSAVI	$(2\times b_{834}+1-\sqrt{(2\times b_{834}+1)^2-8\times(b_{834}-b_{662})})/2$
MTVI1[101]	$1.2\times[1.2\times(b_{802}-b_{550})-2.5\times(b_{670}-b_{550})]$
NDI	$(b_{750}-b_{705})/(b_{750}+b_{705})$
NDVI[101]	$(b_{834}-b_{662})/(b_{834}+b_{662})$
NPCI[102]	$(b_{450}-b_{680})/(b_{450}+b_{680})$
PBI[103]	b_{810}/b_{562}
PRI[104]	$(b_{570}-b_{530})/(b_{570}+b_{530})$
$PSND_a$[105]	$(b_{802}-b_{682})/(b_{802}+b_{682})$
$PSND_b$[105]	$(b_{802}-b_{634})/(b_{802}+b_{634})$
PVR	$(b_{550}-b_{650})/(b_{550}+b_{650})$
RVI[106]	b_{834}/b_{662}
RVSI	$(b_{714}-b_{754})/2-b_{734}$
R_{680}	b_{680}/b_{710}
R_{800}	$b_{802}-b_{550}$
SAVI	$(b_{834}-b_{662})/[1.5\times(b_{834}+b_{662}+0.5)]$
SPI	$(b_{802}-b_{450})/(b_{802}-b_{682})$
SRPI	b_{430}/b_{680}
TVI	$0.5\times[120\times(b_{750}-b_{550})-200\times(b_{670}-b_{550})]$
$VARI_{red\_edge}$	$(b_{730}-b_{662})/(b_{730}+b_{662})$
VOG_a	b_{742}/b_{722}
VOG_2	$(b_{742}-b_{746})/(b_{714}+b_{722})$
WI[107]	b_{902}/b_{970}

注：表 4-9 中的 b_{782} 表示 782 nm 波段处的光谱反射率值；其他参量类推。

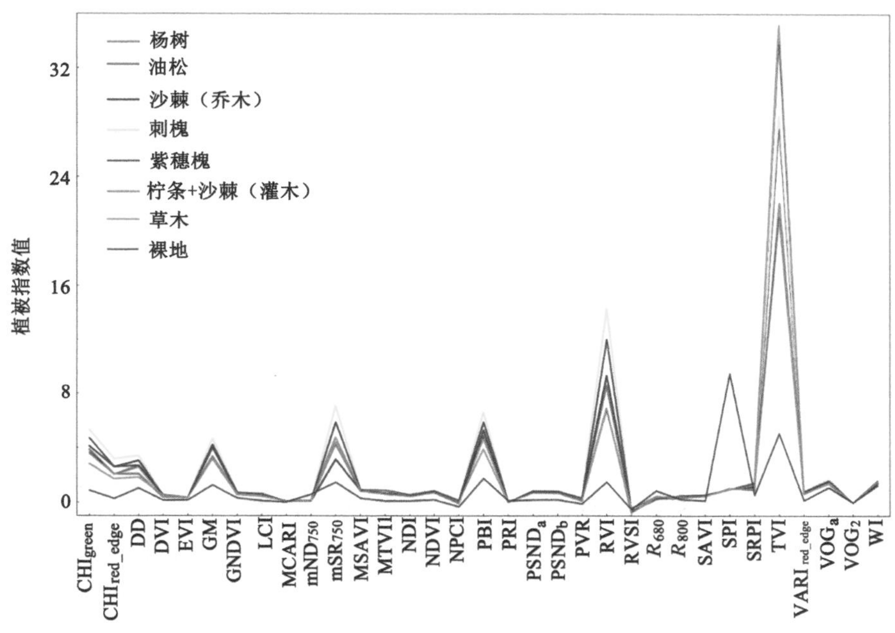

图 4-18 不同植被群丛的植被指数

(3) 纹理特征

纹理能够定量描述某区域相邻像素点的灰度值关系，在空间层上代表了色调的变化，在整体视觉层上决定了图像特征的平滑及粗糙的程度。纹理具有尺度性、区域性及规则性三种特性，在中、低分辨率影像上难以区分，但在高分辨率影像上则可为植被的识别提供关键信息。

灰度共生矩阵(gray level co-occurrence matrix，GLCM)是目前应用较为广泛的统计学方法，此方法可以反映影像某一邻域范围中像素对间灰度值。灰度共生矩阵利用概率密度函数 P 表示 θ 方向上相对某一固定距离 d，灰度值分别为 i 和 j 的一对像素的概率，其计算公式如下：

$$P(i,j,d,\theta) = \{[(x,y),(x+\mathrm{d}x,y+\mathrm{d}y)] \mid f(x,y) = i, f(x+\mathrm{d}x,y+\mathrm{d}y) = j\} \tag{4-23}$$

灰度共生矩阵数据冗余量过高，不宜直接用于纹理分析。本节选取均值(Mean)、方差(Variance)、信息熵(Entropy)、同质性(Homogeneity)、对比度(Contrast)、相异性(Dissimilarity)、二阶矩(Second Moment)、相关性(Correlation)8 个常用统计量作为纹理特征参数，提取图像的纹理特征。图 4-19 展示了不同植被群丛的纹理特征分布差异，可以发现：最小噪声分离得到的两个波段植被纹理体现了相同的变化趋势，二阶对比度(Contrast)、相异性(Dissimilarity)及均值(Mean)三个纹理指数差异性相对显著，其次为二阶相关性(Correlation)、信息熵(Entropy)。对比度(Contrast)表征纹理的复杂程度，影像的非均质性则利用相异性(Dissimilarity)来进行描述，最小噪声分离得到的两个波段能够体现植被的对比度和非均质性。植被群丛在二阶矩(Second Moment)与一阶方差(Variance)纹理上差异性较小。伪彩色波段上，植被群丛纹理参数差异相对较小，草本和裸地在二阶均值纹理因子的中

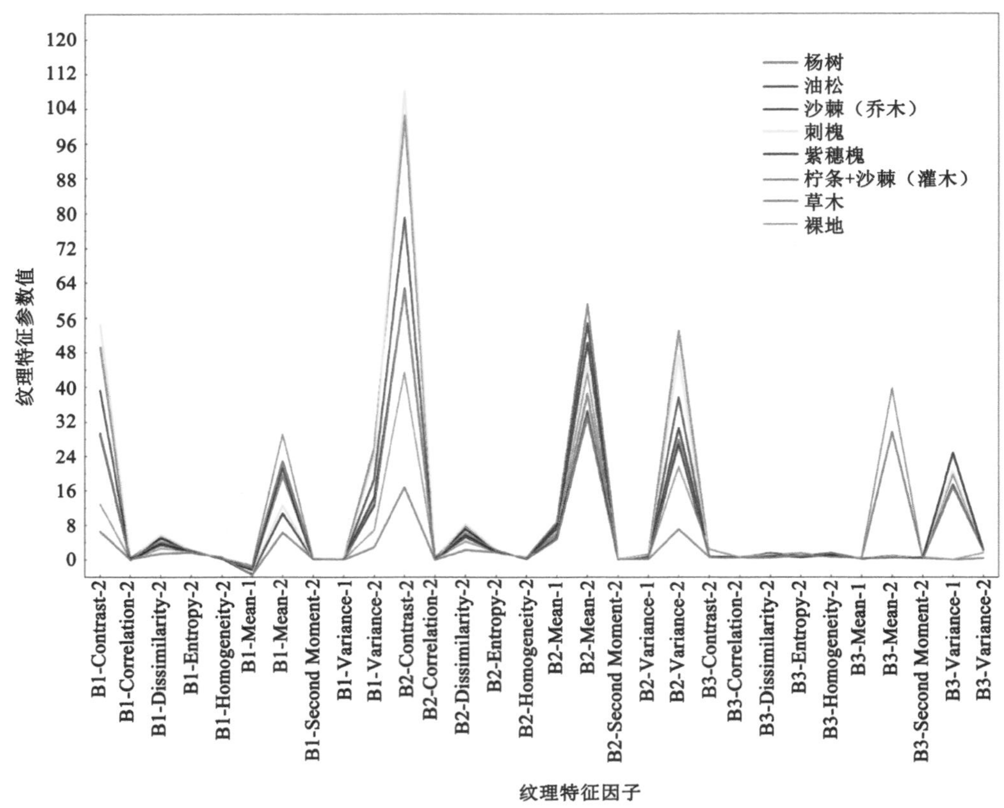

图 4-19　不同植被群丛的纹理

注：B1、B2、B3 为绿、红、近红外三个波段组成的伪彩色波段。采用 3×3 像元窗口，分别基于一阶概率统计法及二阶概率统计法，对合成波段影像的灰度共生矩阵进行统计，提取植被串纹理特征，纹理特征因子命名规则定义为：波段-纹理指数-概率统计阶数。

值远高于其他植被。各植被群丛 3 个波段的二阶均值（Mean）的纹理特征值均较高，说明了植被的规则程度较高，这与矿区重建植被特性相符。

4.2.2.3　LiDAR 和高光谱数据特征分析

从激光雷达数据、高光谱数据中分别提取了表达强度、高度、回波、光谱、植被指数及纹理特征的因子，共计 134 个，构成了植被结构参数反演特征因子库。采用 Pearson 相关系数法进行参数之间相关性的分析，其计算公式如下：

$$\gamma_{xy} = \frac{\sum_{i=1}^{n}(x_i - \overline{x})(y_i - \overline{y})}{\sqrt{\sum_{i=1}^{n}(x_i - \overline{x})^2}\sqrt{\sum_{i=1}^{n}(y_i - \overline{y})^2}} \tag{4-24}$$

式中，γ_{xy} 为特征参数 x 和 y 的相关系数，x_i 和 y_i 分别代表两特征参数元素，$\overline{x}$ 及 $\overline{y}$ 为两特征参数元素的平均值。

（1）植被结构特征因子相关性分析

因强度、高度及回波特征因子较少，且三个特征均通过激光雷达点云数据进行提取，所以将此三个特征组合进行相关性分析，如图 4-20 所示。各个植被结构特征中，强度特征因子之间的相关性最低，高度特征因子与纹理特征因子次之，植被指数特征因子相对光谱特征因子相关性低，光谱特征因子数量最多，共选取了 50 个波段，但是数据信息之间相关性也最高，产生了数据冗余。强度特征因子中，IP99 与 MaxI 之间的相关性较高，其余因子之间相关性均较低。高度特征因子中，高度变异系数因子 CVH 较其他参数所包含信息较为独立。三个回波特征因子中，第一次回波与第二次回波相关性较高，但是二者的比值与两次回波因子相比更具有信息的独立性。光谱特征因子中，918～950 nm 所包含信息与其他波段相关性相比相对丰富。33 个植被指数特征因子中，修正型叶绿素吸收反射率指数（modified chlorophyll absorption and reflectance index，MCARI），改进简单比值指数（modified simple ratio index，mSR_{750}）以及水分指数（water index，WI）独立性较强。纹理特征因子中，均值和相关性纹理特征因子与其他纹理特征因子之间的相关性较低。B1、B2 波段的二阶概率统计纹理特征因子相关性相对较高，B3 波段的二阶概率统计纹理特征因子同时与 B1、B2 波段的纹理特征因子相关性较高。由此可见，各个特征类别中，LiDAR 数据中提取特征因子信息冗余相对较低，信息丰富度较高，因特征因子存在一定的信息冗余，所以在利用特征因子进行植被结构参数反演前，有必要对特征因子进行筛选。

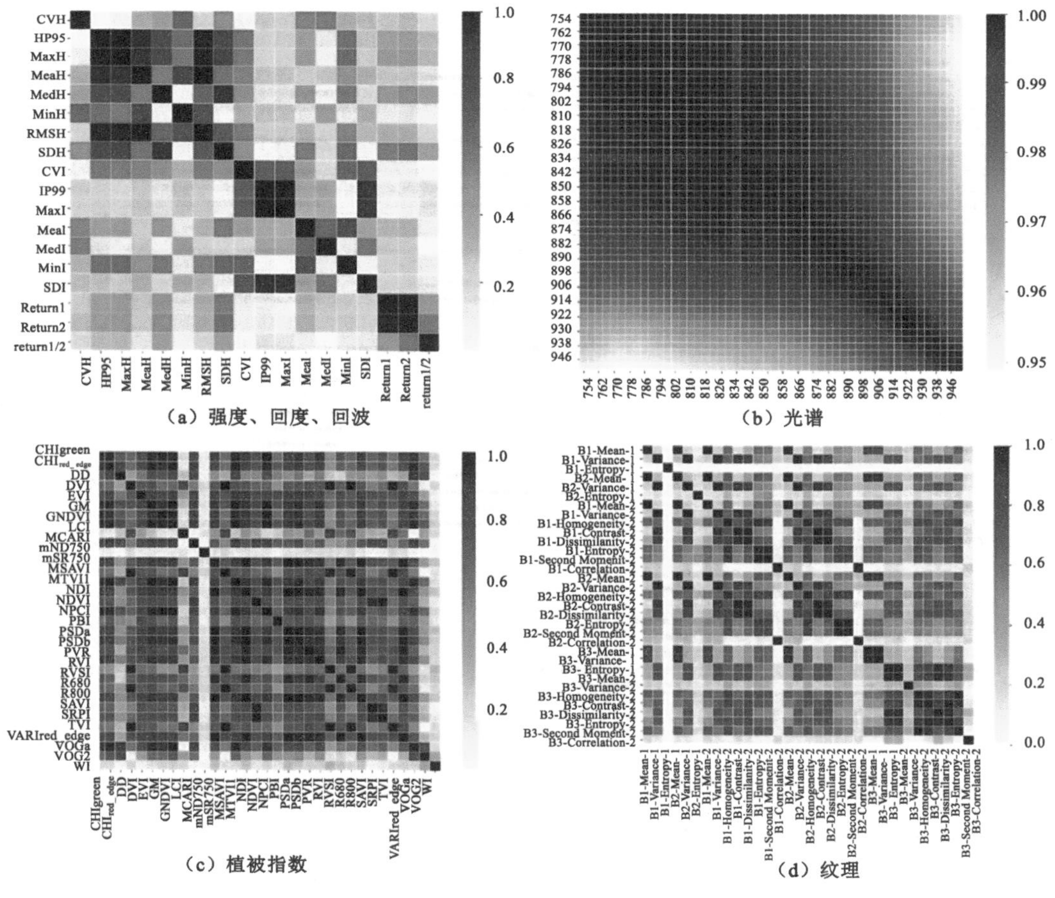

(a) 强度、回度、回波　(b) 光谱

(c) 植被指数　(d) 纹理

图 4-20　特征因子相关性分析

(2) 植被结构特征相关性

取各个特征中因子间累计相关性由低到高前10个特征因子，共计40个特征因子来进行各个植被结构特征之间的相关性分析，见图4-21。回波特征与其他特征之间的相关性仍为最低，其次为强度特征。与单一植被结构特征因子相关性同样的，植被光谱特征与其他特征之间相关性最高，且每一个光谱波段与其他特征因子的相关性差异较小。强度、高度及回波特征中，高度特征与光谱特征相关性较高，其中最小高度特征与光谱特征相关性最高。光谱特征则与纹理特征相关性强，各个光谱特征参数与纹理特征的相关性差异较小，与B3波段的二阶均值纹理相关性最高。植被指数特征中，部分参数与纹理特征相关性较高，如双重差异指数(double difference，DD)参数，其他则与光谱及纹理特征相关性均较高，其中三角形植被指数(triangle vegetation index，TVI)、R_{800}(800 nm与550 nm处反射率的差值)以及红边植被胁迫指数(red edge vegetation stress index，RVSI)指数与光谱及纹理相关性相对较强。绝大部分纹理特征因子与光谱及植被指数相关性较高，相反地，B1、B2波段的二阶相关性纹理与光谱及纹理参数的相关性相对较低。另外，B3波段的二阶矩则与强度、高度、回波特征相关性更高。总体来看，LiDAR数据反映了与高光谱数据不同的信息，具有一定的优越性，为了能够更准确全面地进行植被结构参数的反演，进行数据的联合是十分重要的技术手段。

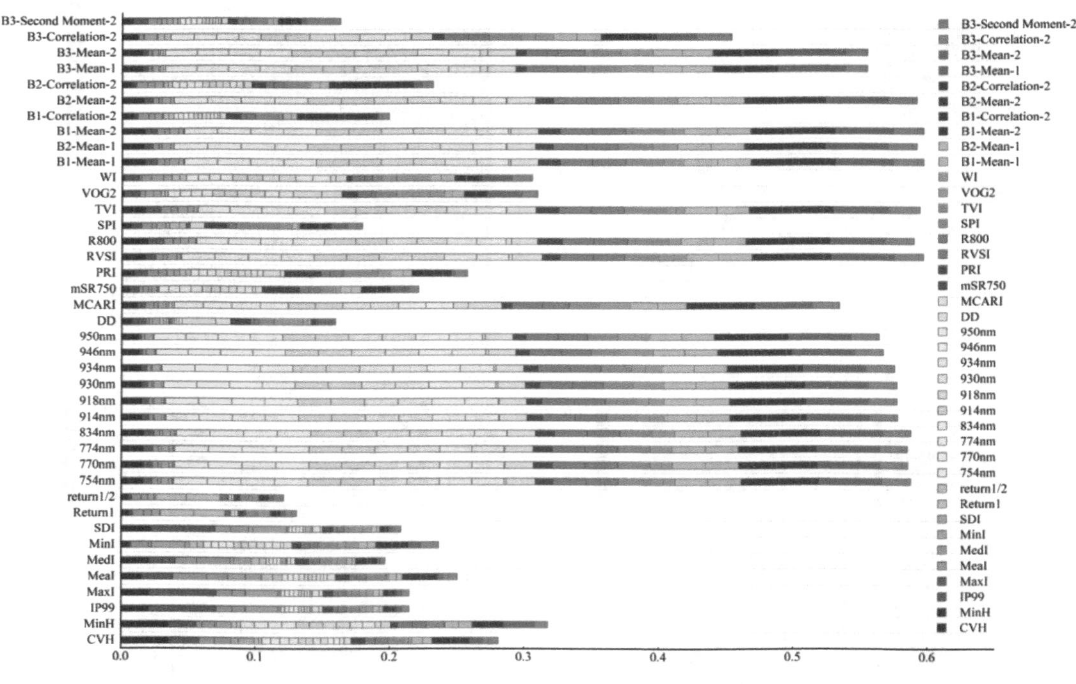

图4-21　特征相关性分析

4.2.3　植被形态结构参数反演模型及结果分析

森林群丛中的植被在冠层高度、植被冠盖度、植被间隙率及叶面积指数等形态上表现出不同特征。本节利用回波及高度特征构建植被的冠层高度、冠盖度、间隙率、叶面积指数及叶高多样性 5 个形态结构参数反演模型。另外基于冠层高度模型利用分水岭的图像分割算法来实现单木结构的反演。

4.2.3.1　植被形态结构参数反演模型

(1) 冠层高度

激光雷达的强穿透能力，能够获取森林区域的植被以及地面高程信息。获取植被冠层高度的前提是生成数字高程模型(DEM)以及数字表面模型(digital surface model，DSM)。在进行高度特征提取前已对地形进行校正进而获取数字高程模型，数字表面模型则根据激光雷达第一次回波特征数据进行构建。对于数字表面模型，根据第一次回波特征，筛选出点云数据，对其进行插值，选取普通克里金插值法生成数字表面模型。冠层高度模型(crop height model，CHM)表达为数字表面模型与数字高程模型之差，公式如下：

$$\mathrm{CHM}=\mathrm{DSM}-\mathrm{DEM} \tag{4-25}$$

(2) 冠盖度

植被冠盖度(canopy cover，CC)表示为林分冠层的垂直投影与林地面积之比。现主要有基于三维点云与二维冠层高度两类方法。本节选用基于三维点云计算冠盖度，常用计算指数为第一回波覆盖指数(first echo cover index，FCI)。

$$\mathrm{FCI}=\frac{\sum \mathrm{single}_{\mathrm{canopy}}+\sum \mathrm{first}_{\mathrm{canopy}}}{\sum \mathrm{single}_{\mathrm{all}}+\sum \mathrm{first}_{\mathrm{all}}} \tag{4-26}$$

式中，$\mathrm{single}_{\mathrm{canopy}}$表示只有单次回波的冠层点云，$\mathrm{first}_{\mathrm{canopy}}$表示首次回波的冠层点云，$\mathrm{single}_{\mathrm{all}}$表示只有单次回波的所有点云，$\mathrm{first}_{\mathrm{all}}$表示首次回波的所有点云，即第一次回波特征因子。

虽然激光雷达近似垂直方向发射激光，但随着扫描视场角增大，冠盖度估算结果的误差也会增大，通过以下公式对误差进行校正。

$$\mathrm{CC}=\mathrm{FCI}-0.632\times\theta_{\mathrm{scan}} \tag{4-27}$$

$$\mathrm{CC}=\mathrm{FCI}-0.0253\times\theta_{\mathrm{scan}}\times F_{\max} \tag{4-28}$$

式中，θ_{scan}表示激光雷达扫描角度均值，$F_{\max}$表示最高回波至地面距离值。

(3) 间隙率及叶面积指数

间隙率(gap fraction，GF)主要描述了植被群丛中老龄树死亡或因偶然因素导致成熟阶段优势树种死亡，由此在林冠层造成空隙的现象。激光雷达数据中，间隙概率被定义为激光束通过树冠时植被的通畅概率[108]。

Morsdorf 等人验证得出仅使用首次回波数据预测间隙率，获取的激光雷达间隙率估测结果更佳。因此本节采用首次回波比模型反演间隙率，该模型根据首次地面回波脉冲与首次全部回波脉冲数之比推断间隙率。该方法的原理是假设首次回波击中裂缝后即从地面返回，若击中树叶，则判定为冠层。因此间隙率估算公式如下：

$$\mathrm{GF}=\frac{\sum \mathrm{first}_{\mathrm{ground}}}{\sum \mathrm{first}_{\mathrm{all}}} \tag{4-29}$$

式中，GF 为间隙率，取值范围为[0,1]；$\mathrm{first}_{\mathrm{ground}}$为首次回波的地面点。

叶面积指数(leaf area index，LAI)，被定义为每单位面积叶片向下的投影面积。主流获取叶面积的光学法使用范围更广泛，但是采样具有一定的破坏性，而且此方法存在测量区域规模小的缺陷。间接测量法则需要较多参数设置，因此结果的准确性及稳健性值得商榷。

而从激光雷达数据中获取叶面积指数，最大限度地减少了各种因素的影响。本节依据间隙率进行叶面积指数的计算，所需输入参数较少，因此结果也较好[109]。LAI 计算公式如下。

$$\mathrm{LAI}=\frac{\ln(\mathrm{GF})}{k} \tag{4-30}$$

式中，GF 为间隙率；k 为消光系数，一般取值为 0.5。

(4) 单木冠幅

通过分水岭算法可以实现单木分割获取单木的位置及冠幅。分水岭分割算法是基于拓扑理论的数学形态学原理的一种图像分割算法，该方法分割速度快且分割效果准确，因此被广泛应用于图像分割[109]。分水岭的形成可以通过浸没模拟思想来说明，如图 4-22 所示，将冠层高度模型(CHM)生成的影像视为植被冠层的表面，每个点的冠层高度值则由该像素点处的灰度值表示，定义每个局部邻域内极小值点为树高，其影响区域定义为聚水盆，即需要分割提取的植被的树冠。利用浸没原理，待相邻两处聚水盆水汇合，于汇合处构建大坝，形成分水岭用来区分树冠，堤坝则作为图像分割边界，积水区则为分割区域，即单木冠幅分割结果。CHM 影像中每个像元都被赋予了高程值，生成连续表面，具有分散的峰值和谷值。因此，将连续表面的峰值点定义为单木的最高点。

图 4-22 分水岭分割算法

(5) 叶高多样性

叶高多样性(foliage height diversity，FHD)表征植被冠层的高度和密度分布，可用于描述植被冠层结构的内部复杂性。叶高多样性基于激光雷达首次回波，利用 Shannon-Wiener 指数进行计算，反演模型原理见图 4-23，计算公式如下。

$$\mathrm{FHD}=-\sum p_i \ln p_i \tag{4-31}$$

$$p_i=\frac{n_i}{N} \tag{4-32}$$

$$i_{\max}=\mathrm{roundup}\left(\frac{H}{V}\right) \tag{4-33}$$

式中，p_i 为第 i 层的水平植被比例，即第 i 层的 LiDAR 回波占总回波的比例。n_i 为第 i 层水平植被回波点数，N 为植被总回波点数。H 为研究植被高度最大值，V 为垂直高度间隔，m。roundup 表示向上取整函数，即叶高多样性模型覆盖研究区植被全部高度范围。

图 4-23　叶高多样性反演模型原理

4.2.3.2　植被形态结构参数反演结果

将上述模型应用于黑岱沟东排土场，开展植被结构参数的反演。利用分水岭算法对CHM栅格影像进行分割，提取单木形态结构，根据植被高度特征因子分析结果，设置最小树高为 2 m，利用高斯平滑减轻过度分割，获取最终的单木分割结果。叶高多样性参数反演模型中，垂直间隔分别取 1 m、2 m 及 3 m。对植被形态结构参数反演结果进行栅格化处理，如图 4-24、图 4-25、图 4-26 所示。

研究区内植被冠层高度及间隙率普遍较低，冠盖度相对较高，叶面积指数区域区分性显著。植被间隙率高值分布在道路边缘区域，冠盖度和叶面积指数高值则分布于植被冠层密集区域。结合植被群丛类型来看，杨树冠层高度高，但是冠盖度以及叶面积指数较低；沙棘(乔木)所在区域则不仅冠层高度较高，且冠盖度和叶面积指数均处于优势地位，间隙率则较

(a) 冠层高度

(b) 冠盖度

图 4-24　冠层高度、冠盖度、间隙率及叶面积指数结构参数反演结果

(c) 间隙率

(d) 叶面积指数

图 4-24(续)

低;油松的冠层高低处于中等水平,冠盖度及叶面积指数高,间隙率低;刺槐与油松呈现相同特征;柠条+沙棘(灌木)冠层高度和间隙率略高于紫穗槐,冠盖度及叶面积指数则低于紫穗槐;草本及裸地冠层高度、冠盖度、叶面积指数均较低。

(a) 3 m

(b) 2 m

图 4-25 叶高多样性结构参数反演结果(垂直间隔分别为 3 m、2 m、1 m)

（c）1 m

图 4-25(续)

图 4-26　单木分割结果图

将单木冠幅提取结果与实地调查情况相比较，提取的乔木与调查情况基本一致。所以，单木分割结果中乔木群丛所在区域有了精准的定位，可以用来精准提取乔木，达到提升分类结果精度的目标。对于叶高多样性参数，分别根据 1 m、2 m、3 m 高度间隔进行参数反演。

由图4-25可以得出，随着高度间隔的减小，叶高多样性结构参数能够表征更多植被的高度多样性特征，3 m 间隔的叶高多样性仅能反映部分乔木不同高度层的内部复杂性，如杨树和沙棘，其中杨树的叶高多样性值一般较高；2 m 间隔的叶高多样性则补充了对于部分高度相对较低的乔木，如刺槐、油松的冠层结构的多样性的描述。2 m 间隔的叶高多样性能同时表征乔木和灌木的植被冠层复杂性，覆盖范围更广，结果更精细。

采用最大值(X)、最小值(M)、均值(E)、标准差(StdDev)对各个植被结构反演结果进行描述性统计，结果如表 4-9 所示。形态结构参数中，叶面积指数值域范围最大，其次为冠层高度；不同垂直间隔的叶高多样性指数中，1 m 垂直间隔的叶高多样性标准差最大，为 0.212 1，3 m 垂直间隔的叶高多样性最小，为 0.122 3。冠层高度和叶面积指数的值域跨度最广，标准差最大的结构参数为叶面积指数，为 2.533 2，最小为间隙率，为 0.084 1，说明研究区内植被叶面积指数分布最为离散，而间隙率分布较为均匀。

表 4-9　植被形态结构参数反演结果

植被结构参数	M	X	E	StdDev
冠层高度	0	21.664 6	0.130 3	0.690 9
冠盖度	0	1.000 0	0.080 9	0.234 8
间隙率	0	1.000 0	0.008 4	0.084 1
叶面积指数	0	23.025 8	0.520 0	2.533 2
叶高多样性(1 m)	0	3.168 9	0.055 2	0.212 1
叶高多样性(2 m)	0	2.283 5	0.033 7	0.157 0
叶高多样性(3 m)	0	1.784 4	0.022 1	0.122 3

利用实地调查植被类型样本，对不同植被群丛的形态学植被结构参数均值进行比较。从图 4-27 中可以看出植被冠层高度反演结果与从点云数据中提取的 HP95 高度特征一致，

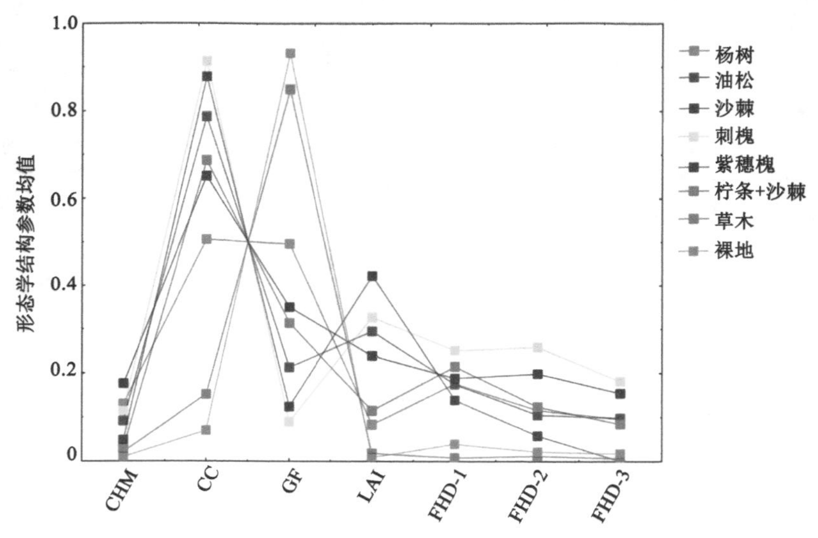

图 4-27　不同植被群丛的形态结构

按植被群丛高度排序为：沙棘＞杨树＞刺槐＞油松＞紫穗槐＞柠条＋沙棘＞草本＞裸地；除裸地草本外，杨树的冠盖度最低，冠盖度最高的植被群丛为刺槐；间隙率参数表现与覆盖度相反，草本、裸地、杨树的间隙率较高；紫穗槐的叶面积指数较高；刺槐在 1 m、2 m、3 m 垂直间隔获取的叶高多样性中表现均为最优，说明该植被群丛冠层较为复杂；草本及裸地的叶面积指数及叶高多样性参数均较低。

采用回归分析法对冠层高度、冠盖度、间隙率及叶面积指数反演结果进行验证，验证参数包括决定系数 R^2 和均方根误差（root mean squared error，RMSE），结果如表 4-10 和图 4-28所示。

表 4-10　冠层高度、冠盖度、间隙率及叶面积指数反演结果

	CHM	CC	GF	LAI
R^2	0.922	0.982	0.986	0.898
RMSE	0.098	0.024	0.023	0.480

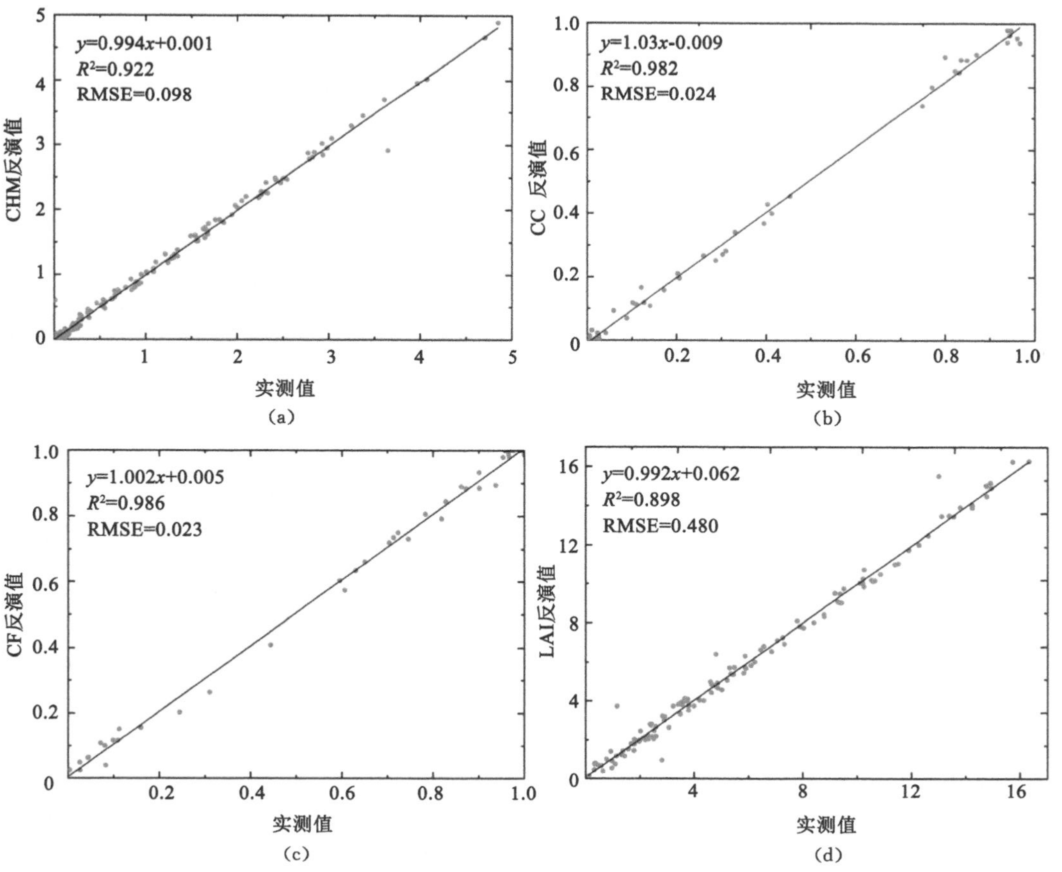

(a)

(b)

(c)

(d)

图 4-28　冠层高度、冠盖度、间隙率及叶面积指数实测值与反演值的回归分析

$$\mathrm{RMSE}=\sqrt{\frac{1}{n}\sum_{i=1}^{n}(\hat{y}_i-y_i)^2} \tag{4-34}$$

式中，n 为数据量，$\hat{y}_i$ 为预测值，y_i 为真实值。

统计结果表明，4 个形态结构参数反演结果决定系数均大于 0.89，均方根误差均小于 0.48。其中间隙率反演精度最高，$R^2=0.986$，RMSE＝0.023；其次为冠盖度参数，$R^2=0.982$，RMSE＝0 .024；反演精度相对较低的参数为冠层高度，$R^2=0.922$，RMSE＝0.098；反演精度最低的参数为叶面积指数，$R^2=0.898$，RMSE＝0.480。由此可见，冠层高度、冠盖度、间隙率及叶面积指数四个形态学参数反演结果均较为可靠。

4.2.4 植被组分结构参数反演模型及结果分析

形态结构参数体现了植被的表观特征，但对植被内部的联系缺乏直观判断。植被群丛的类型是植被结构的最直观表现之一，实现植被群丛的精细化分类，能够统计空间上植被群丛类型数分布，达到掌握植被群丛类型在空间上的分布和动态变化的目的，获取植被的发展、演替、稳定性特征，对生态的恢复及重建具有重要作用。同时，植被的结构也决定着植被的功能性状与多样性的空间变异[110]，大量的实验研究证明了植物多样性和生态系统功能之间的相关性[111]，植被的功能多样性可以直观地体现生态系统的功能。植被的功能多样性代表了植被群丛的生态位及资源利用关系，评估植被功能多样性有助于预测森林生态系统的生产力和稳定性。

4.2.4.1 植被组分结构参数反演模型

（1）植被群丛类型数

将植被群丛类型数（the number of vegetation community types，VCN）定义为某一空间斑块内植被群丛类型的数量，该参数可以体现植被物种丰度在空间上的分布特征。

提取植被群丛类型数的前提是对植被群丛类型进行精细化分类。高光谱数据包含光谱、纹理、指数等特征，可以作为识别不同植被群丛类型的依据，但是影像中存在同物异谱、异物同谱现象，所以使用单一影像数据的分类精度不理想。因此，联合高光谱和 LiDAR 数据构建的特征因子库来进行精细化的植被群丛类型反演。利用特征因子库进行预实验，发现非监督分类方法，仅能识别出部分植被区域，无法进行精细化植被群丛类型识别，见图 4-29(a)。一般监督分类方法识别结果不准确，而且部分植被群丛类型没有被有效识别，见图 4-29(b)。

基于 LiDAR 和高光谱数据特征因子的特征分析结果，发现高度、植被指数等特征对于植被群丛具有明显的区分性。本节以特征分析结果作为经验知识，开发了分层分类反演方法，结合决策树（decision tree，DT）和随机森林（random forest，RF）算法构建植被群丛类型反演模型，技术路线见图 4-30。

① 基于 DT 的非植被区域与草本提取

决策树分类器是以知识发现及空间数据挖掘为基础的监督分类方法之一。此分类器首先根据实验样本，确定适宜的判别函数，然后根据得到的函数构建树的分支，再依据每个分支的需要构建子分支，形成最终的决策树。

植被与非植被在遥感影像上的表现差异较大，区分性较强。研究区为矿山排土场，非植被区域只有裸地类型。根据植被指数分析结果，选取对植被较为敏感的转换型植被指数

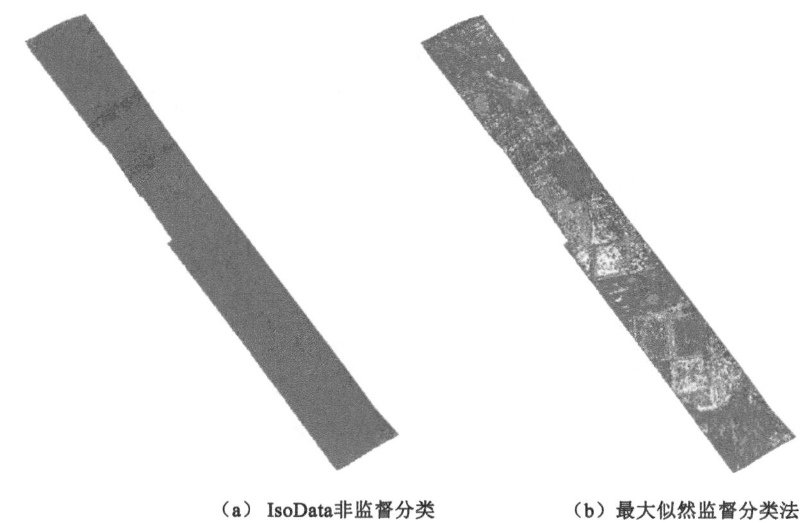

图 4-29　植被群丛类型反演预实验

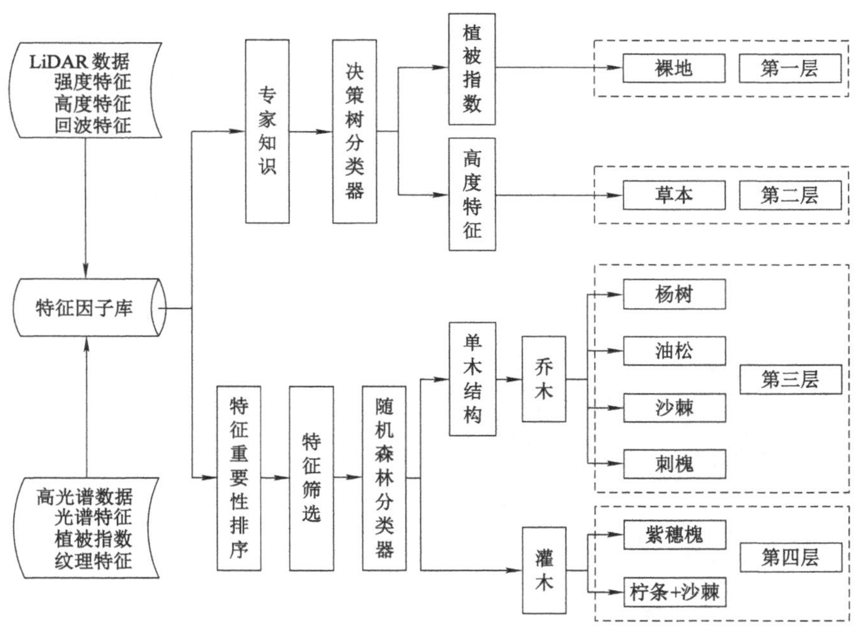

图 4-30　植被群丛类型反演模型技术路线

(TVI)和对土壤背景较为敏感的标准化降水指数(SPI)来定义植被区域与裸地的分类规则。另外，草本、乔木及灌木在高度特征上具有明显差异，因此，通过对比分析草本与其他类型的高度特征总结草本的分类规则，此外裸地与草本在高度层上可能存在重叠层，所以需考虑在通过高度特征获取的草本层中，去除裸地区域。

区分裸地和草本后，反演乔灌草植被群丛类型。本节利用交叉验证法对决策树和随机森林分类器进行评价，发现随机森林分类器的精度远高于单一决策树，见图 4-31。因此，后续采用随机森林算法对乔木与灌木群丛进行识别。

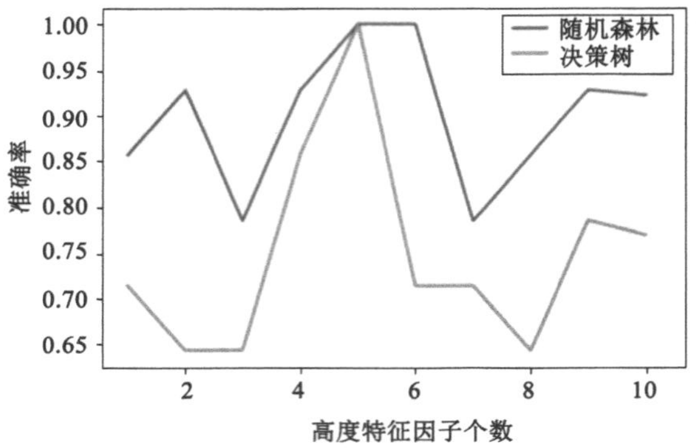

图 4-31 决策树与随机森林算法准确率

② 基于随机森林的乔木与灌木植被群丛类型提取

随机森林是一种高精度的分类算法，可用于处理大量输入数据，计算效率高，速度快，目前广泛应用于各个领域。随机森林算法是以分类回归决策树为基分类器的集成学习算法，决策树是基于根节点、中间节点和叶节点组成的树形数据结构。随机森林算法采用自主采样(bootstrap resampling)法从训练样本中进行抽样，从训练样本集合 N 中有放回地重复抽取一定数量的样本，产生新的 n 个训练样本，每个样本生成一颗分类树，n 棵分类树即组成了随机森林，如图 4-32 所示。当产生一定数量的决策树后，测试样本用来检验每一个数的分类效果，从而投票选出最优的分类结果。因此随机森林算法具有抗噪性能强、不易过拟合、适应数据能力强、不需要大量预处理工作等优势，从而在遥感分类领域中被广泛应用。

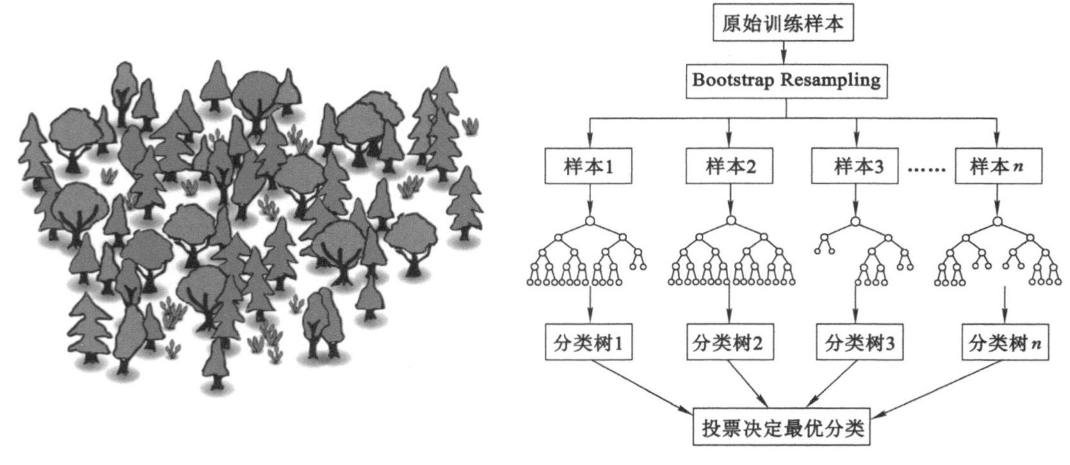

图 4-32 随机森林算法原理图

在利用随机森林算法分类前，首先对各个特征的因子进行随机森林排序，筛选出各个特征中对植被群丛类型反演较为重要的因子。图 4-33 展示了各个特征单独输入随机分类器后的特征重要性排序结果，显然，每个特征中均有对分类结果贡献较小的特征因子，因此选择每个特征中重要性排序前十的因子进行最终的分类。

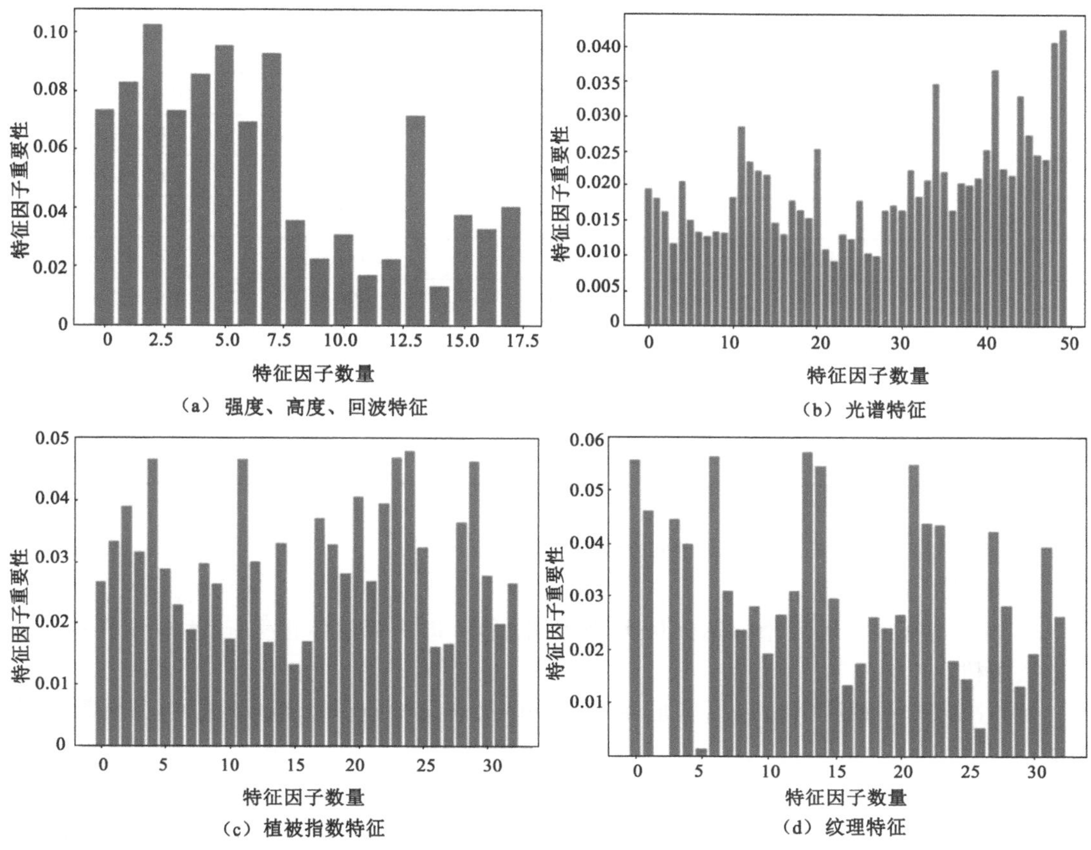

图 4-33　特征因子重要性排序

各特征中筛选的特征因子如表 4-11 所示，在强度、高度及回波三个特征中，高度特征的重要程度最高。植被光谱特征中，筛选出的重要性特征因子位于 834～950 nm 波段区间内，说明近红外波段对识别植被群丛类型具有重要作用。植被指数中，比值植被指数 R_{800} 与差值植被指数 R_{600} 重要性较高。纹理特征中，植被均值及相关性纹理对植被群丛类型反演较为有效。此外，对单一特征在随机森林分类器中的表现，利用验证集进行了测试，发现基于点云数据提取的强度、高度、回波三个特征与纹理特征反演精度较高，为 0.7，而单独使用植被光谱特征进行类型反演精度最低，仅有 0.45。所以，必须结合各个特征的综合应用，进行植被群丛类型反演，提高反演结果精度。

确定分类特征后，利用自主采样方法获取 n 个训练集，需要对每一个训练集进行训练生成相对应的决策树模型，决策树构建流程如下：

a. 计算所有特征的不纯度指标；

b. 选取最优不纯度指标的特征来进行分支；

c. 根据该特征分支后，计算其余所有特征的不纯度指标；

表 4-11　特征因子重要性排序

	RF 精度			
	强度，高度，回波	植被光谱	植被指数	纹理
	0.70	0.45	0.60	0.70
1	MaxH	950nm	R_{800}	B1-Correlation-2
2	MinH	918nm	R_{680}	B1-Mean-2
3	SDH	946nm	EVI	B1-Mean-1
4	MedH	934nm	MSAVI	B2-Correlation-2
5	HP95	914nm	$VARI_{red\_dege}$	B2-Mean-2
6	CVH	882nm	PVR	B1-Variance-1
7	MinI	938nm	TVI	B2-Mean-1
8	RMSH	834nm	CHI_{red_dege}	B3-Mean-1
9	Return1/2	942nm	NDVI	B3-Mean-2
10	Return1	878nm	PSDa	B2-Contrast-2

d. 选取不纯度指标最优的特征继续进行分支；

e. 重复步骤③～④；

f. 当无特征或不纯度指标达到最优，则停止循环，即决策树停止生长，生成该样本相对应的决策树。

计算决策树不纯度指标包括基尼指数（Gini）及信息增益（Entropy）两种，其计算公式如下：

$$\text{Gini}(p) = \sum_{i=1}^{c} p_i(1-p_i) = 1 - \sum_{i=1}^{c} p_i^2 \tag{4-35}$$

$$\text{Entropy}(t) = -\sum_{i=1}^{c} p_i \log_2 p_i \tag{4-36}$$

式中，c 表示类别数，p_i代表样本点属于第 i 类的概率。

任何模型都具有一定的决策边界，若不加限制，可能造成精度不改变，但是会产生计算量更大的问题。因此，对随机森林的基评估器数量（n_estimators）、最大深度（max_depth），中间节点的最小样本量（min_samples_split）、最大特征数量（max_features）等参数进行测试，来对决策树执行剪枝，剪枝完成后表示模型训练完成，可用于研究区整体的植被群丛反演。

获得可靠的植被群丛分类结果后，采用渔网空间分析技术对分类结果进行分割，对每一个格网内除裸地以外植被群丛类别进行统计，最终获取每个格网中的植被群丛类型数量作为植被群丛类型数。

（2）植被功能多样性

植被功能多样性与植被的生长、繁殖、存活状态以及对环境条件的响应密切相关。目前研究多通过物种丰度的分布来表示功能多样性，但是忽略了同物种间可能也存在差异，而且部分物种可能对功能多样性贡献率极低。因此本节不考虑植被类型，通过构建功能特征空间，来进行植被功能多样性的反演。此外，传统植被冠层测量方法破坏性大，操作困难，且不具有普适性，限制了植被功能多样性连续空间数据的获取。激光雷达技术在遥感领域的发展为实现植被功能多样性定量化计算提供了可能，弥补了现有植被数据的空白。因此，本节融合了激光雷达和高光谱数据，提出一种新的空间连续方法进行区域植被功能多样性制图。

本节从形态多样性与生理多样性两个方面对植被功能多样性进行定量化描述。在形态多样性反演中，选取 HP95(95％高度分位数)、LAI(叶面积指数)、FHD(叶高多样性)三个形态特征构建特征空间，HP95 表征植被到地面的垂直距离，LAI 表征每单位面积的投影植物面积，FHD 表征随着高度变化冠层的变化，三个特征组合描述了植被的水平和垂直结构，影响光的可用性，进而影响植被光利用和生态系统生产力的竞争性和互补性，因 1 m 垂直间隔的叶高多样性更能体现不同的冠层差异性，因此选择该特征作为 FHD 指标。生理多样性反演中，叶绿素控制着光合作用吸收的光合有效辐射量；类胡萝卜素通过光合作用的额外辐射以及多余能量的释放，保护叶片避免大量太阳辐射的入射，间接地对叶绿素做出贡献；植被含水量则能够表达植被对于干旱的响应，干旱会降低光合碳同化和电子传递速率，进而降低植物的生理表现，三者结合可以描述植被对于光的利用情况。因此，本节选取与叶绿素高度相关的红边叶绿素指数 CHI_{red_edge}，与植被含水量相关度的植被红边胁迫指数 RVSI，以及与类胡萝卜素相关性较高的光化学植被指数 PRI，三个指数构成生理多样性的特征空间。

植被功能多样性指数描述了植被在功能特征空间中的分布，在群丛层面，它们反映了群丛的生态位，可以更好地描述生态系统功能。采用功能丰富度(functional richness，Fric)、功能差异性(functional divergence，Fdiv)及功能均匀度(functional evenness，Feve)三个指数来表征功能多样性。

首先，运用归一化数据处理方法，将功能特征空间中的各特征参数数值换算到[0,1]范围内，消除量纲对不同功能特征的影响。

$$DN_{normalization}=\frac{DN-DN_{min}}{DN_{max}-DN_{min}} \tag{4-37}$$

式中，DN 为栅格图像某一点的灰度值；DN_{min}、DN_{max} 分别为整幅栅格图像中灰度最小及最大值，$DN_{normalization}$ 为归一化后的数值。

在功能特征空间的某个方向的邻域内映射像素，使用具有不同邻域的移动窗口来覆盖整个研究区域，进行功能多样性的运算。图 4-34 所示为功能丰富度和功能差异性计算的示例，以映射功能空间中某个邻域的像素为数据基础，功能空间的轴由功能特征定义，如图 4-34(a)所示，此处由 LAI-HP95-FHD 三者构成的形态功能多样性的特征空间作为示例。

生态位是一个物种、群丛或树木集合所占据的功能空间，功能丰富度是生态位范围的量度，定义所占功能空间的外部边界。如图 4-34(b)所示，凸包所包围的空间即为植被占据的功能空间，因此，通过计算映射像素的凸包体积作为植被的功能丰富度。

功能差异性表征了像素样本点到重心的平均距离的分布。其值高，代表植被的个体或物种间差异性大，其值低则表示个体或物种间具有相似性。计算步骤如下：

① 计算所有像素点在三维空间的重心点 $G(G_x, G_y, G_z)$，如图 4-34(c)所示；

② 计算各个像素点 P_i 与重心 G 的欧几里得距离 Δd_i；

③ 计算所有像素点到重心的平均距离 $\overline{d}$，如图 4-34(d)所示；

④ 计算功能差异性 Fdiv，如图 4-34(e)所示。

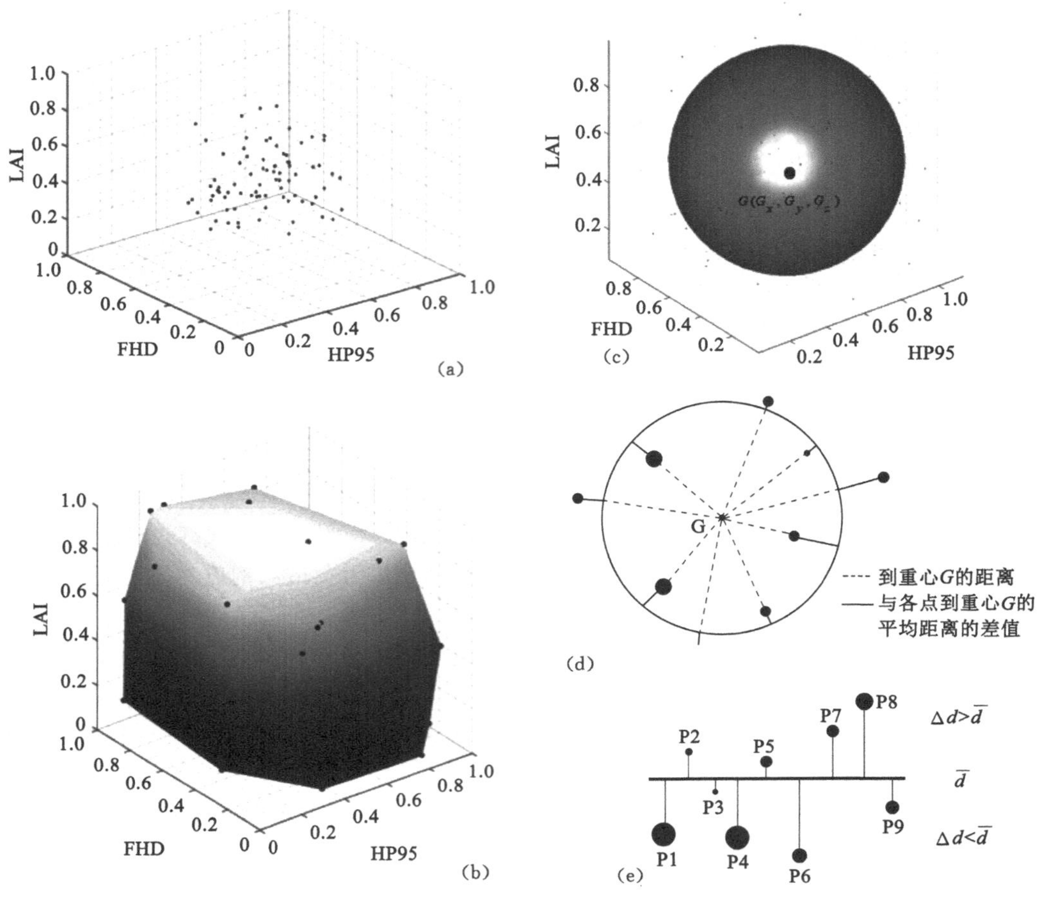

图 4-34　功能丰富度与功能差异性反演模型原理

$$D = \sum_{i=1}^{s} \frac{1}{s} | \Delta d_i - \overline{d} | \tag{4-38}$$

$$\mathrm{Fdiv} = \frac{\overline{d}}{D + \overline{d}} \tag{4-39}$$

式中，s 是在函数空间中映射的像素数，共 9 个像素点，此时 $s=9$。功能差异性为 1 时表示所有像素都位于一个与重心距离相等的球体上。

功能均匀度描述了功能特征相对于函数空间中相似样本点之间的间距如何均匀分布。均匀度高表示功能性状的规则分布，而均匀度低则表示性状在空间中聚集或不规则分布，这可能表明资源利用不足[112]或环境中缺乏相应的生长条件。Feve 基于最小生成树进行计算，最小生成树分支的距离特征代表了植被功能的分布规律。利用函数空间中所有点之间的欧几里得距离矩阵推导最小生成树，计算步骤如下：

① 计算所有像素点之间的欧几里得距离作为最小生成树各条边的权重，如图 4-34(b)所示，不同圆的大小代表不同的权重；

② 利用克鲁斯卡尔(Kruskal)算法计算特征函数空间的最小生成树，获取最小生成树

中的各个分支的欧几里得距离 Ed_i。

最小生成树算法流程如图 4-35 所示，步骤如下：

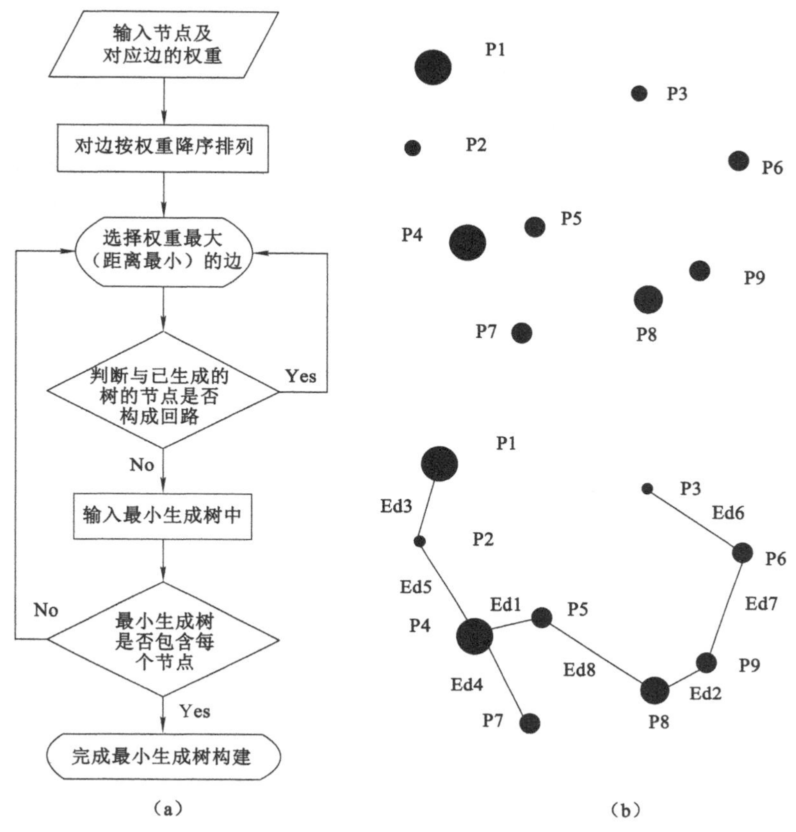

图 4-35　最小生成树算法流程

a. 首先，输入像素点组成的边及对应点的权重；

b. 按权重降序排列；

c. 选择权重最大的边作为最小生成树分支；

d. 判断权重最大的边是否与已生成的树的分支构成回路；

e. 若没有构成回路，则输入最小生成树中，执行步骤 c～d；

f. 若构成回路，则放弃该边，执行步骤 c～d。

直至所有边均判断完成，最小生成树生成。

计算功能均匀度 Feve 见式(4-40)、式(4-41)。

$$PEd_i = \frac{Ed_i}{\sum_{i=1}^{s-1} Ed_i} \tag{4-40}$$

$$Feve = \frac{\sum_{i=1}^{s-1} \min(PEd_i, \frac{1}{s-1}) - \frac{1}{s-1}}{1 - \frac{1}{s-1}} \tag{4-41}$$

式中，Ed 是加权均匀度，PEd 是部分加权均匀度，s 是映射在函数空间中的像素数，因此 $s-1$ 对应于最小生成树中的分支数量。

4.2.4.2 植被组分结构参数反演结果

(1) 植被群丛类型数反演结果

根据植被群丛类型反演模型，本节利用分层分类的方法对植被群丛类型进行反演。首先进行草本及裸地提取，根据不同植被群丛类型的两个植被指数结果，进而归纳 TVI 与 SPI 阈值来提取裸地。由图 4-36 及表 4-12 及实验结果分析得到，当 TVI＜15 或 SPI＞1.25 时，能够较好地分离裸地与植被区域。再根据植被高度特征分布，选取 HP95 高度特征因子，建立分离裸地、草本区域及乔灌木区域的决策规则，取 HP95＜0.85 提取裸地及草本区域，如图 4-37 所示。

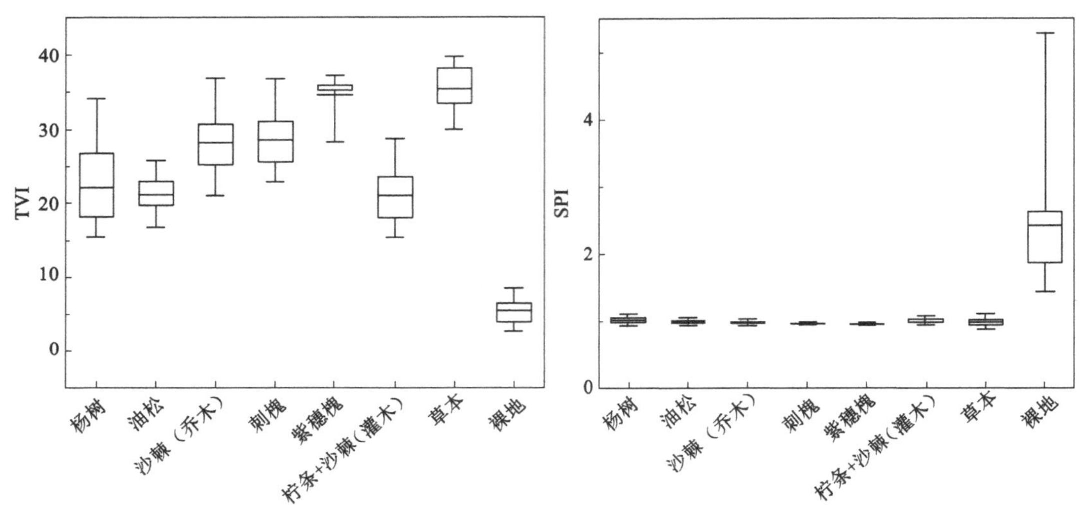

图 4-36 不同植被群丛 TVI 及 SPI 特征分布

表 4-12 不同植被群丛在 TVI 及 SPI 的数值分布

		杨树	油松	沙棘(乔木)	刺槐	紫穗槐	柠条＋沙棘(灌木)	草本	裸地
TVI	最小值	15.465	16.747	21.086	22.883	28.219	15.426	29.861	2.852
	最大值	34.036	25.687	36.790	36.678	37.112	28.754	39.557	8.577
	均值	22.139	21.125	28.045	28.479	34.489	21.130	35.190	5.507
SPI	最小值	0.944	0.951	0.939	0.949	0.944	0.956	0.884	1.443
	最大值	1.112	1.059	1.027	0.983	0.987	1.075	1.113	5.281
	均值	1.027	0.996	0.988	0.967	0.964	1.013	0.979	2.436

提取草本及裸地后，利用随机森林算法进行乔木与灌木群丛类型反演，反演结果如图 4-37 所示。首先利用单木分割结果对研究区影像乔木进行掩膜分类，之后对灌木进行分类。

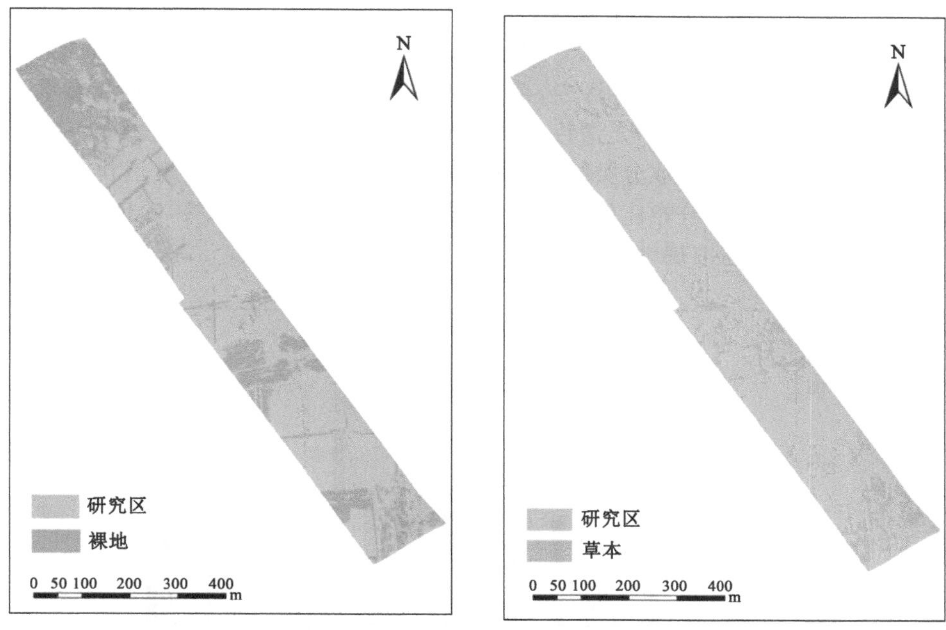

图 4-37　裸地、草本的反演结果

在利用随机森林分类器进行分类前，对分类器参数进行限制，以提高运算效率，见图 4-38。以乔木分类器为例，最优基分类器数量为 61，随机森林中树的最大深度为 7，最大特征数为 16，最小样本量为 2。灌木分类执行同样的命令。

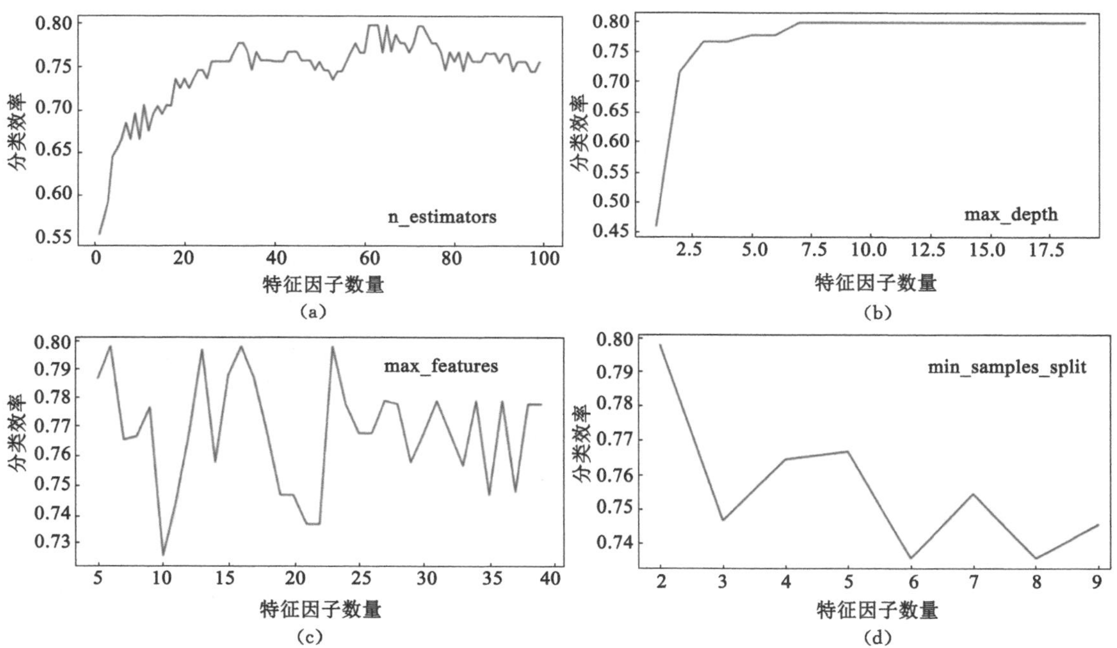

图 4-38　随机森林算法参数调整

本节选取70%的植被类型调查样本作为训练数据，30%的样本用于验证，利用随机森林分类器建立乔木与灌木的分类算法。图4-39所示为各特征因子在植被群丛类型反演中的重要性排序，结果发现，在本研究区内，植被指数特征对植被群丛类型提取具有重要作用，其次为高度特征，纹理特征次之，光谱特征重要性最低。随机森林分类算法构建完成后将其应用于研究区特征影像中，获取分类结果，如图4-40所示。研究区位于矿区排土场，重建植被均为人工种植，因此整体分布比较规则，且与实地调查结果基本相符，验证了本节提出的分层分类方法的可行性与准确性。

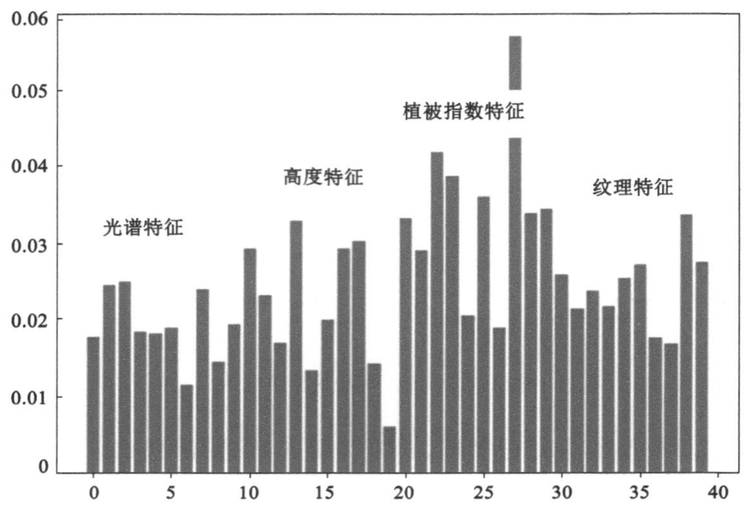

图4-39　植被群丛类型反演中各特征因子的重要性排序

借助ENVI遥感数据处理平台，利用非监督分类中IsoData法，监督分类中最大似然法、支持向量机法、随机森林算法分别对研究区的植被群丛进行分类。对上述方法与本节中所用分层分类法结构进行精度验证。采用Kappa系数法与总体分类精度两种常用的分类精度评价方法，具体计算方法分别见式(4-1)和式(4-2)。

各分类方法精度评价结果如表4-13所示，其中IsoData非监督分类方法精度最低，仅能区分裸地及植被区域，无法更进一步地对植被的类型加以区分。常规监督分类方法中，随机森林算法精度最高。最大似然法中沙棘与刺槐难以区分，支持向量机对于道路边缘的杨树易混淆，随机森林法则不能较为完整地进行乔木的提取，乔木区域破碎斑块较多，不准确。分层分类方法因在专家知识及单木分割提取的乔木区域的基础上进行提取，可以较好地避免此类问题，因此分类精度最高，总体分类精度为87.448 8%，且数据集的一致性最高，Kappa系数达到了0.787 4，总体用户精度较非监督分类法提高了近43%，与其他监督分类法相比精度提高了10.7%～22.7%，表明分层分类方法在植被群丛类型反演中具有一定优势，反演结果可靠。

获得可靠的植被群丛分类结果后，本节采用15 m×15 m渔网对研究区进行分割，进而统计除裸地以外的植被群丛类型数(VCN)，对统计结果进行栅格化。

图 4-40　植被群丛类型反演结果

表 4-13　植被群丛分类结果精度评价

	OCA/%	K/%
IsoData	44.038 2	0.147 5
最大似然法	64.780 9	0.587 0
支持向量机	73.436 4	0.685 8
随机森林	76.683 0	0.723 3
分层分类	87.448 8	0.787 4

反演结果如图 4-41 所示，研究区中北部柠条＋沙棘(灌木)与杨树相交区域、中部刺槐、沙棘与柠条＋沙棘混合区域，以及中南部紫穗槐与油松交界处植被群丛类型数较高，说明乔灌类型的配置更易产生新的植被物种的更新及演替。植被群丛类型数较低的区域为裸地及草本区域，原规划为单一的香花槐与欧李区域，说明其不利于植被的演替。

(2) 植被功能多样性反演结果

对 HP95、FHD、LAI、CHI_{red_edge}、PRI 、RVSI 6 个功能多样性特征值进行归一化处理后

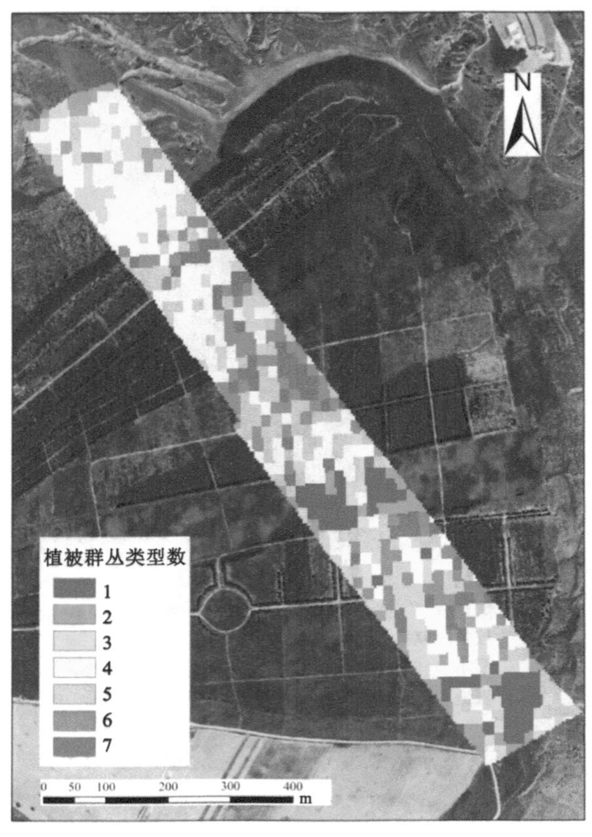

图 4-41　植被群丛类型数反演结果

(表 4-14、表 4-15)，6 个功能特征值值域转换到[0,1]，平均值和标准差分别为 0.001 6±0.044 6、0.017 4±0.066 9、0.022 6±0.110 0、0.032 7±0.019 1、0.623 6±0.022 1、0.877 4±0.262 8。其中 HP95 均值最低，RVSI 均值最高，整体上形态多样性特征均值均低于生理多样性特征值。标准差最低的特征为 CHI_{red_edge}，最高的特征为 RVSI，说明研究区内重建植被叶绿素含量差异性较小，植被含水量的差异性相对较大。形态多样性特征中，叶面积指数的差异性较大，高度特征差异性相对较小，这表明研究区内植被叶片结构类型较为丰富，重建植被高度分布较规则。

表 4-14　归一化后形态多样性特征值

	HP95	FHD	LAI
E	0.001 6	0.017 4	0.022 6
StdDev	0.044 6	0.066 9	0.110 0

表 4-15　归一化后生理多样性特征值

	CHI_{red_edge}	PRI	RVSI
E	0.032 7	0.623 6	0.877 4
StdDev	0.019 1	0.022 1	0.262 8

图 4-42 和图 4-43 所示为形态多样性特征和生理多样性特征的空间分布。在形态特征空间中，蓝色区域的特点是冠层密度高、高度低、层次简单，此区域植被群丛类型为紫穗槐及部分油松。黄色区域则相反，其特点为冠层高度高、密度低、层次丰富，在本研究区中该区域为杨树群丛。冠层高度、密度及层次均具有明显优势的则表现为粉色区域，为沙棘(乔木)所在区域。密度较高的灌木所在区域叶高多样性表现较为突出，显示为绿色。草地及裸地区域各特征均不明显，在形态功能特征空间中呈现黑色。

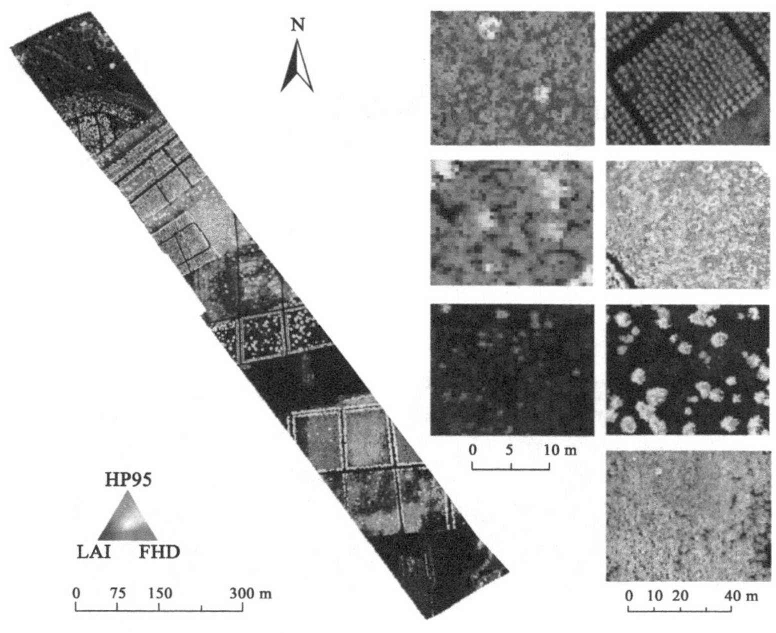

图 4-42　形态多样性特征

在生理特征空间中，橙色和黄色区域的特点是叶绿素含量及植被含水量相对较高，结合植被群丛类型反演结果来看，该区域为油松、沙棘及刺槐区域。刺槐区域叶绿素含量明显比油松及沙棘相对更高，可能产生此现象的原因是人工种植的刺槐受到了沙棘等其他植被的入侵干扰，因此比未受干扰的油松、沙棘区域叶绿素含量更高；类胡萝卜素含量及含水量较高的区域，则表现为青色，本研究区内主要为杨树群丛及部分油松。具有密集和封闭的冠层及含量较高的类胡萝卜素及叶绿素的区域，表现为紫色，为紫穗槐区域；裸地在 530 nm～570 nm 波段内，反射率处于快速上升趋势，在 PRI 指数上呈现较明显特征，因此在特征空间中显示为蓝色区域。

以标准化后的特征参数构成功能特征空间，按照 9×9 的窗口对功能多样性参数进行反

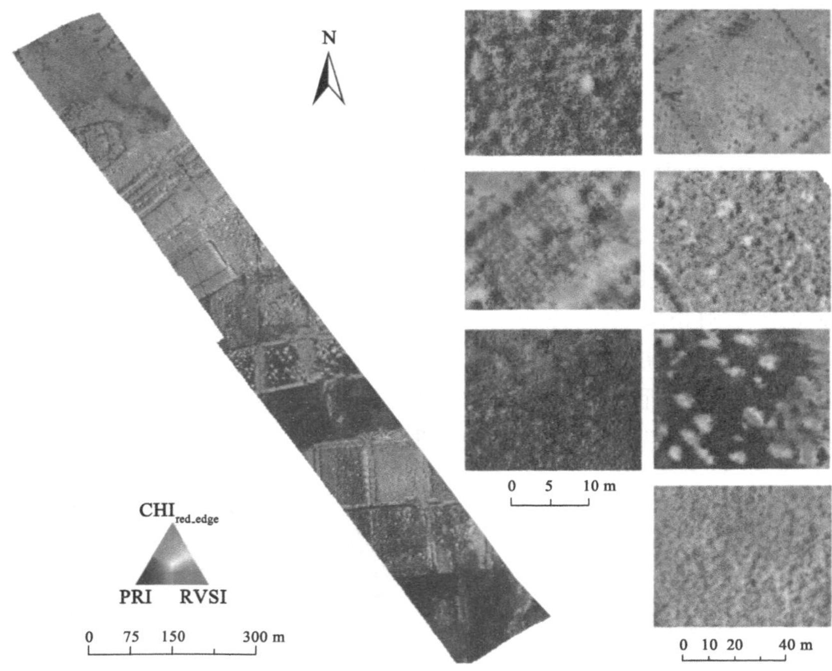

图 4-43　生理多样性特征

演，植被功能丰富度、功能差异性及功能均匀度反演结果分别如图 4-44、图 4-45、图 4-46 所示。

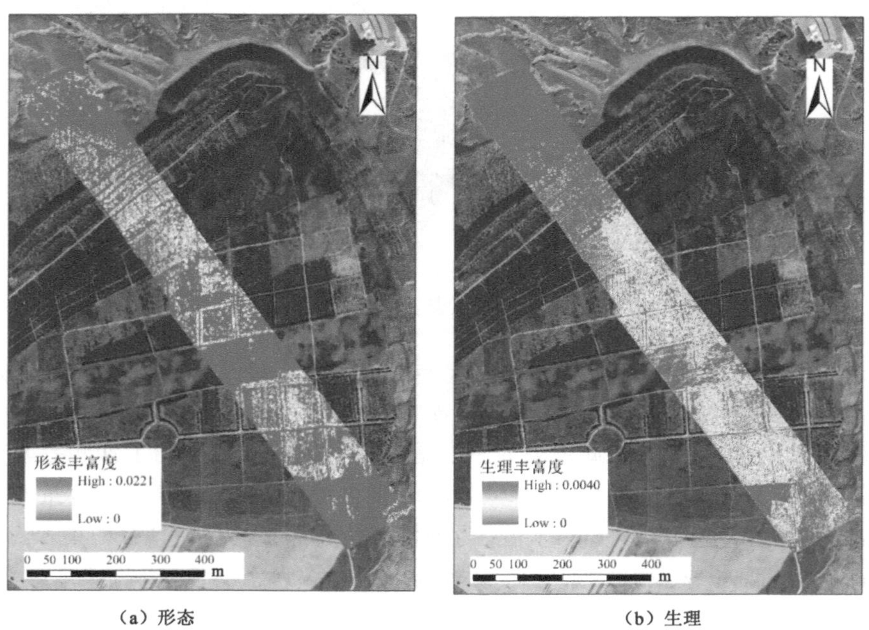

(a) 形态　　(b) 生理

图 4-44　植被功能丰富度反演结果

（a）形态

（b）生理

图 4-45　植被功能差异性反演结果

（a）形态

（b）生理

图 4-46　植被功能均匀度反演结果

功能丰富度代表了植被生态位的总范围，从形态丰富度中可以看出乔木中杨树、沙棘以及部分油松及刺槐的丰富度较高，表明资源可利用的范围较大。但是杨树的生理丰富度反而较低，产生此现象的原因可能为杨树植被群丛自身生理特性及其所在区域植被物种较为单一，导致杨树虽然所在区域空间较大，资源竞争压力小，但是资源的利用效率相对较低。而研究区中北部，沙棘（乔木）、柠条＋沙棘（灌木）、草本三者组成的植物群落所在区域、刺槐区域以及研究区南部紫穗槐区域，植被密集，资源得到了充分利用，因此生理丰富度相对较高。此现象一定程度上表明冠层密集区域，资源得到相对充分的利用，生理丰富度较高。

除了功能丰富度外，植被形态和生理在差异性和均匀度方面也存在明显差异。本研究区内植被生理差异主要是由植被群丛类型之间的差异驱动的，不同的植被群丛具有不同的叶片结构以及不同的色素、组成成分，因此生化特性表现明显不同。如紫穗槐和油松，二者冠层均较密集，紫穗槐属于双子叶植物，而油松属于针叶植物，紫穗槐的类胡萝卜素及叶绿素含量要略高于油松，因此在生理功能多样性中，紫穗槐功能丰富度及差异性要略高于油松，而生理功能均匀度则略低于油松。草本、裸地区域在形态上具有相似性，因此形态功能差异性较低。沙棘及植被群丛类型数多的区域生理差异性较高；其他乔木中，受人工管理影响，杨树区域较为均匀稀疏，生理差异性最低；油松刺槐较为密集，后经自然演替，其他物种入侵，生理差异性相对较高。

在功能均匀度上，形态性状与生理性状呈现了近似相反的值域分布。人工林中，形态均匀，说明形态规则分布，该区域的生态位则未被均匀填充，资源不能得到充分利用，在生理均匀度上则表现为低值。从研究区内植被配置来看，植被群丛类型单一的区域形态均匀度相对较高，以杨树群丛最为典型，但是单一的植被群丛可能会产生由于资源的不充分利用致使该区域生产力较低的情况。在多种植被群丛混合的区域，如本研究区中部区域，沙棘（乔木）、紫穗槐、柠条＋沙棘以及草本混合配置，形态均匀度表现较低，但是生理均匀度则较高，说明乔灌木的混合分布，使资源在不同的植被群丛之间分配，资源竞争压力小，而生理的均匀度则表明该区域生态位得到了均匀的填充，可用的资源能够得到充分的开发利用。

本研究区内原始植被为人工林，具有一定的规则和方向，后经历自然演替后，各个植被群丛互相更新，入侵，部分区域形成新的植被分布特征。研究区内植被旁侧与道路交界处，植被分布相对稀疏，竞争小，在形态性状上，丰富度、差异性及均匀度均较高，在生理性状上表现无明显规则性。表 4-16 展示了研究区功能多样性反演结果的值域范围、均值及标准差。

表 4-16　植被功能多样性反演结果

植被结构参数	*M*	*X*	*E*	StdDev
形态丰富度	0	0.022 1	0.000 1	0.000 5
形态差异性	0	1.000 0	0.097 7	0.259 0
形态均匀度	0	1.000 0	0.107 4	0.224 0
生理丰富度	0	0.004 0	0.000 1	0.000 2
生理差异性	0	0.960 5	0.144 1	0.284 4
生理均匀度	0	1.000 0	0.153 0	0.302 3

因人工林的规则特征，研究区内植被丰富度较低，具体表现为形态及生理丰富度均值均为 0.000 1，同时标准差也较小，说明整体丰富度差异较小；形态差异性、均匀度的均值及标准差均低于生理差异性及均匀度，表明植被形态上差异小、较均匀，此结果与人工林的特征也较为一致。由于研究区内人工植被区域较为密集，资源利用率相对较高，所以生理均匀度均值最高，为 0.153 0。生理差异性均值略低于生理均匀度，为 0.144 1。总体来看，功能多样性各个参数值均不高，说明研究区有必要采取一定措施进行植被优化。

单一的植被群丛区域，如杨树，尽管形态上的均匀度和差异性较高，但是丰富度及生理性状的差异性及均匀度均较低，说明光捕获效率较低，可能导致生产率较低；油松及部分紫穗槐等植被群丛区域则因人工种植得较为密集，所以生理均匀度较高，说明资源得到了较为充分的利用，但是生理丰富度及差异性较弱，此植被群丛未产生明显的新物种的演替，自更新能力较差，可能存在生态系统不稳定、抗干扰能力差的问题。而多种植被群丛混合区域，如刺槐与沙棘混合区域，因二者均为阔叶乔木，生理特征有部分相似性，生理功能差异性相对较低，但是其他功能多样性参数表现均良好，说明植被混合配置优于单一植被群丛模式。在研究区中下部，刺槐、沙棘、紫穗槐及草本混合区域，功能多样性整体较好，植被配置较合理。因此植被较好的配置状态应为乔木、灌木、草本多种植被混合，能达到空间上合理分布、资源充分有效利用的效果，才能形成功能多样性高、生产力高且抗干扰能力强的生态系统。

比较研究区内不同植被群丛的组分结构参数(图 4-47)发现，植被组分结构参数整体分布较为聚集，仅柠条＋沙棘(灌木)、草本及裸地在某些参数上分布离散，此结果表明矿区重建植被组分结构规则性较强，差异性相对较小。草本的植被群丛种类及形态差异性参数较

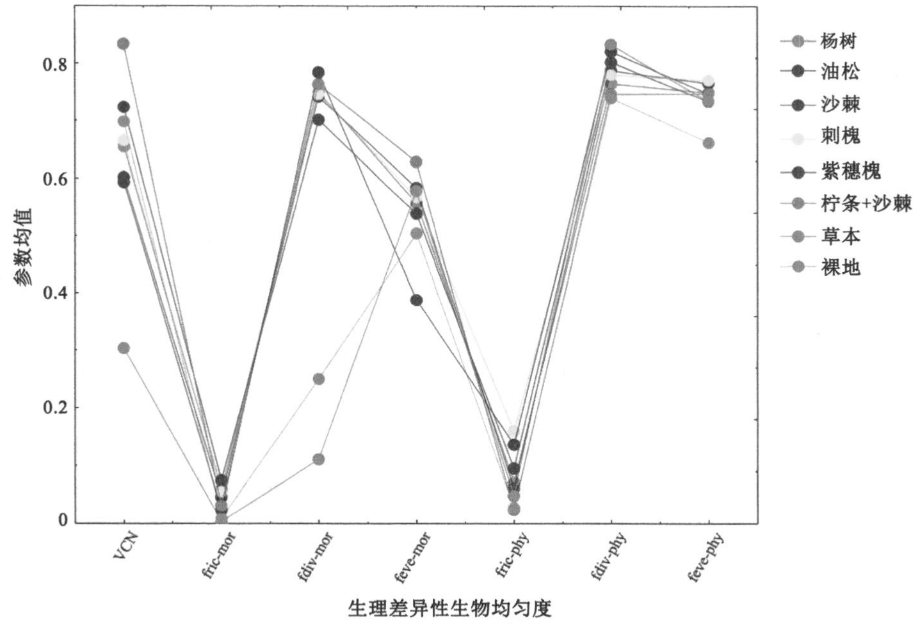

VCN—植被群丛类型数；fric-mor—形态丰富度；fdiv-mor—形态差异性；feve-mor—形态均匀度；fric-phy—生理丰富度；fdiv-phy—生理差异性；feve-phy—生理均匀度。

图 4-47　不同植被群丛的组分结构

低，裸地的形态差异性及生理均匀度参数较低，柠条＋沙棘（灌木）所在斑块整体上植被群丛类型数较多。紫穗槐的形态均匀度较低。

4.3 本章小结

本章基于无人机和遥感数据，从中观尺度识别植被物种类型、植被空间结构和组分结构，并对其进行评价，为生态脆弱矿区植被的生态修复提供基础。

（1）在最大似然法、人工神经网络和支持向量机三种分类器下得到的植被物种分类结果，支持向量机的分类结果和分类精度相对最高，其总体分类精度和 Kappa 系数分别为 89.38％和 0.87，可以较为准确地获取满来梁煤矿无遮盖植被物种的分布信息。无人机多光谱有效估计了 α 多样性指数，10 m×10 m 尺度下的物种多样性指数精度高。利用无人机多光谱遥感影像数据，可以高效准确地获取矿区重建植被的物种分布及植物群落多样性信息。物种多样性可以作为监测矿区生态系统的有效指标，为物种多样性数据收集、监测方法标准化和监测信息提供指导。

（2）建立了植被结构的参数反演特征提取及优化指标筛选机制。结合相关性分析及随机森林重要性排序方法能够优选出植被结构的参数反演及优化的特征及指标。结果表明，对植被群丛类型识别贡献率最高的特征是植被指数，其次为高度特征，而单纯的光谱特征对植被群丛识别贡献率较小。植被结构参数相关性分析结果表明，功能均匀度与其他结构参数间的相关性最不显著，其次为生理丰富度参数；植被间隙率与其他结构参数之间表现为负相关；冠盖度与间隙率呈现强负相关；生理差异性与生理均匀度、3 m 与 2 m 垂直间隔的叶高多样性之间表现为强正相关；叶面积指数、3 m 垂直间隔的叶高多样性、植被群丛类型数、形态均匀度、生理丰富度以及生理均匀度 6 个结构参数可以有效表示植被结构信息。

（3）融合 LiDAR 和高光谱数据能够准确可靠地进行植被结构参数的反演。形态结构参数反演模型中，主要利用了点云回波及高度特征。冠层高度、冠盖度、间隙率和叶面积指数精度验证结果表明，间隙率反演精度最高，R^2＝0.986，RMSE＝0.023，其次为冠盖度，R^2＝0.982，RMSE＝0.024，冠层高度参数反演精度优于叶面积指数，R^2＝0.922，RMSE＝0.098，叶面积指数精度相对较低，R^2＝0.898，RMSE＝0.480，这说明植被形态结构参数反演结果精度高，反演模型可靠。对比单木分割结果与实地调查情况，结果基本一致。进行植被群丛类型数提取过程中，利用分层分类方法，结合决策树与随机森林算法，实现了植被群丛的精细化分类，此方法优于其他分类方法，总体分类精度达到了 87.45％，比非监督分类法精度提高了近 43％，比其他监督分类方法精度提高了 10.7％～22.7％。植被功能多样性反演结果显示植被混合配置的功能多样性整体优于单一植被群丛配置的功能多样性。乔木形态丰富度较高，资源可利用的范围较大。冠层密集区域，资源得到了充分利用，生理丰富度相对较高。草本、裸地区域形态差异性较低。类型单一的重建植被，形态均匀度高，但是生态位未得到均匀填充，资源不能得到充分利用，生理均匀度表现为低值。对比不同植被群丛的结构参数反演结果发现，矿区重建植被组分结构规则性较强，差异性相对较小，形态结构差异性要大于组分结构差异性。

第 5 章　西部生态脆弱矿区土壤侵蚀识别与评价

土壤侵蚀是矿区复垦土壤面临的主要生态环境问题之一，给矿区生态环境治理带来巨大阻碍，严重影响生态修复效果。定期的监测和评价是了解土壤侵蚀状况的有效手段，能够及时发现土壤侵蚀问题，进而采取防治措施，防止生态环境持续恶化，然而，传统的遥感监测方法无法实现小尺度的土壤侵蚀定期监测。对此，本章以锡林浩特希日塔拉嘎查生态修复区为研究对象，通过无人机技术获取研究区的正射影像，通过数学建模、理论分析，提出土壤侵蚀沟识别、侵蚀沟深度和侵蚀量测算的方法，构建坡面沟蚀发育程度评价模型，利用 RUSLE 模型评价研究区土壤侵蚀强度，并分析沟蚀与面蚀的关系及土壤侵蚀的发育特征。

5.1　研究区概况及数据获取

5.1.1　研究区概况

（1）地理位置

研究区处于锡林浩特的希日塔拉嘎查，位于 G207 国道 9 km 西侧 4.4 km 处，距离锡林浩特市区约 9.2 km。该区域为经过生态修复后的复垦区，总面积约 190.6 ha，研究区位于该区域的东南部，面积 9.5 ha。

（2）地形地貌

研究区位于内蒙古高原中北部，属低山丘陵区，区内海拔高程在 1 060～1 102 m 之间，区内地形起伏较大，地表岩性主要由细砂、粗砂及少量砾石组成。

（3）气候条件

研究区气候属于中温带干旱半干旱内陆高原季风气候，空气干燥。四季分明，春季风多风大，雨量少；夏季凉爽多雨；秋季气温稳定；冬季漫长严寒。冰冻期自 9 月至次年 4 月，最大冻土深为 2.97 m。年降雨量平均约 370 mm，多集中于每年的 6～8 月份，占全年降雨量的 70%左右，且常发生短暂性暴雨，年度间降水差距大。锡林浩特市 2020 年各月降雨量如图 5-1 所示，锡林浩特市年蒸发量 1 746.5 mm 左右，约是降雨量的 6 倍。

（4）土壤与植被

研究区内主要的土壤类型为栗钙土和风沙土。栗钙土是半干旱气候条件下发育形成的最典型的一种草原土壤，有机质含量为 1.5%～4.5%，结构为细粒状、团块状和粉末状。风沙土主要分布在山坡地带，沙土具有颗粒粗、松散性和流动性较大等特性，长期处于不稳定阶段。

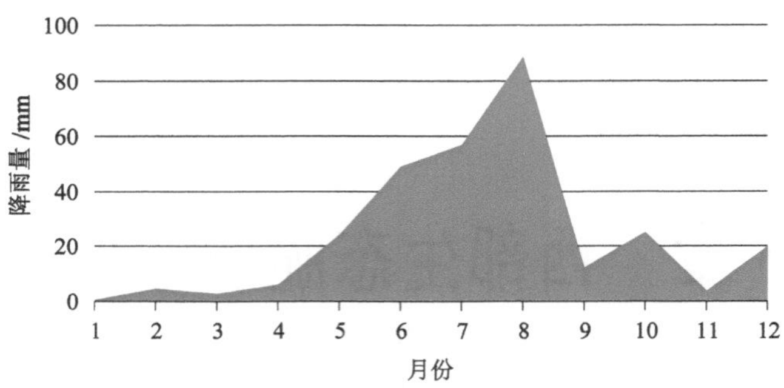

图 5-1　锡林浩特市 2020 年各月降雨量分布图

研究区内植被以草本植物为主，主要包括针茅草、蒿、蓬草、白莲草以及羊草。经过调查发现研究区内植被主要分布在西部边坡上，其他区域植被分布较少。

(5) 土地复垦状况

研究区目前属于内蒙古锡林郭勒草原国家级自然保护区，之前由于大量开山取石，形成了多个采石场，严重破坏了生态环境。矿业活动遗留下大量高大直立裸露岩面和采坑，各采场间基本连成一片，采矿活动对治理区的地貌景观造成极大的破坏，植被破坏殆尽，水土流失和崩塌地质灾害严重。按照国家环境保护部的要求，2016 年开始实施该区域的地质环境恢复治理设计，并于 2018 年完成生态治理工作，治理区主要工程为表土剥离、土方拉运、残山石渣清运、垫坡、场地平整、削坡、覆土、种草等，其中边坡角度不大于 30°、覆土厚度为 0.2 m。项目完成后，锡林郭勒国家级自然保护区内由于开采而被严重破坏的生态环境得到修复，最大限度地恢复地形地貌，研究区治理前后生态环境状况如图 5-2 所示。然而，由于缺乏后期管控，目前研究区生态环境质量较差，植被退化、土壤侵蚀问题严重，区内存在大量土壤侵蚀沟。

(a) 治理前

(b) 治理后

图 5-2　研究区治理前后对比图

5.1.2　数据获取与预处理

5.1.2.1　无人机数据获取

(1) 无人机平台介绍

目前无人机主要分为固定翼无人机和旋翼无人机两种，其中固定翼无人机具有飞行速度快、飞行高度高、飞行距离远等优点，但是其操作相对复杂，对操控手的技术要求高，适用于面积较大的飞行项目。而旋翼无人机具有体积小、操作简单、航线规划便捷以及稳定性高的特点，但其飞行高度受到的限制大，因此适用于小范围的影像数据获取项目。

研究区范围较小，且地形不平坦，不具备固定翼无人机的起降条件，所以采用大疆精灵 4 多光谱版(DJI，Phantom 4 Multispectral)四旋翼无人机作为数据采集平台。图 5-3 为无人机示意图。

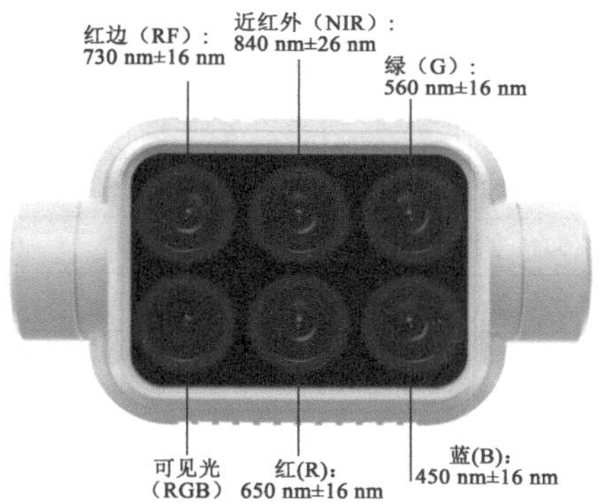

图 5-3　大疆精灵 4 多光谱版无人机示意图

大疆精灵 4(多光谱版)无人机集成了 RTK 与多通道相机。RTK 能够实现厘米级精度定位，并将信息实时补偿至相机 CMOS 中心，无人机基本参数见表 5-1。

表 5-1　无人机基本参数

	参数类型	参数值
飞行器	无人机质量/g	1 487
	最大飞行海拔高度/m	6 000
	最大水平飞行速度/(m/s)	13.8
	续航时间/min	27
	最大作业面积/km^2	0.63
	工作环境温度/℃	0～40
	悬停精度/m	±0.1
负载	相机	1 个 RGB 相机+5 个多光谱相机
	CMOS	1/2.9 英寸 CMOS
	云台	三轴机械云台

(2) 无人机影像获取

为获取真实的光谱信息，在数据采集时选择选择晴朗少云的天气，采集时间一般在上午 10 点至下午 2 点之间，以保证充足且稳定的太阳辐照。在执行航测任务时要求风力不超过 4 级。同时，还需要考虑到禁飞区域、周边电磁干扰以及电池电量等因素，以保证飞行器安全和云台的稳定。由于研究区距离机场较近，受限飞区域影响本次最大飞行高度为 120 m。根据研究内容对研究区共进行三次飞行，无人机飞行参数设置及数据采集情况见表 5-2。

表 5-2　无人机飞行记录

相机参数	第一次飞行	第二次飞行	第三次飞行
飞行时间	2021.7.7	2021.7.8	2021.7.9
飞行高度/m	60	90	120
作业区面积/ha	17.1	28.3	29.1
飞行架次	4	3	2
飞行速度/(m/s)	8	10	10
航向重叠度/%	75	75	75
旁向重叠度/%	75	75	75
云台俯仰角度/(°)	−90	−90	−90
照片数量	1 437	929	537

5.1.2.2　样点调查

调研地点为锡林浩特土地复垦生态修复区，主要包含侵蚀沟宽度调查、侵蚀沟深度调查、植被覆盖度调查、坡度坡长调查及土壤样本采集，根据研究需要共设置调查点 87 个，其中侵蚀沟宽度调查点 20 个，侵蚀沟深度调查点 25 个，土壤样本采集点 12 个，植被覆盖度调查点 30 个。

(1) 土壤侵蚀沟调查

土壤侵蚀沟是调查的重点，结合调研方案与实地情况确定样点。选择典型的土壤侵蚀沟，用卷尺测量其宽度和深度，并做好记录，实地调查时尽量确保调查点分布均匀，如图 5-4 所示。为保证后续研究的需要，在调查侵蚀沟宽度和深度时尽量避免数据过于集中。经数据整理发现调查的侵蚀沟宽度范围为 9～334 cm，主要集中于 20～40 cm 之间，调查的侵蚀沟深度分布在 5～110 cm 之间，可以满足本章研究需要。

(a)

(b)

图 5-4　土壤侵蚀沟调查现场图

(2) 土壤样本采集

根据研究区的整体情况，在研究区内均匀布置采样点采集土壤样本，为保证数据的科学性与合理性采用“五点取样法”，即在每个采样点区域内按照规范采集五个点的土壤样本，充分混合后作为该样点的样本，并按照方案写好编号，如图 5-5 所示。

(3) 植被覆盖度调查

(a)

(b)

图 5-5　土壤样本采集现场图

研究区内植被类型均为草本植物，采用样方法调查植被覆盖度，在研究区内设置 30 个样方，样方选择的原则是能最大程度地反映研究区内植被覆盖的整体状况，利用样方尺设置 50 cm×50 cm 的样方，距离地面 1 m 手持相机垂直拍摄照片，同时记录各个样方的坐标信息。

5.1.2.3　数据预处理

(1) 无人机数据预处理

无人机数据与处理主要包括影像拼接生成正射影像、建立数字高程模型以及建立三维地理模型。正射影像是遥感监测的基础数据，数字高程模型可以提供研究所需的高程信息，三维地理模型可以提供更加直观的三维影像信息。Pix4D、Agisoft PhotoScan、大疆智图(DJI Terra)是常用的影像拼接软件，而 ArcGIS 是无人机影像数据处理、分析与应用的主要平台。

在获取目标区域的无人机影像照片后，利用大疆智图软件对数据进行预处理，实现影像拼接，生成数字表面模型(DSM)和数字正射影像图(DOM)。本次采用的无人机相机为 6 通道的多光谱相机，集成一个可见光相机和 5 个多光谱相机(蓝光、绿光、红光、红边和近红外)，可生成一个 RGB 影像及 5 个单波段影像数据。

大疆智图实现了无人机数据预处理的自动化，导入数据并选择好相关参数之后，点击开始重建即可实现数据的自动化处理。此外，该软件还可以自动计算 NDVI、GNDVI、LCI、NDRE、OSAVI 等植被指数，并生成植被指数图。经过预处理后得到的研究区正射影像和数字表面模型如图 5-6 所示。

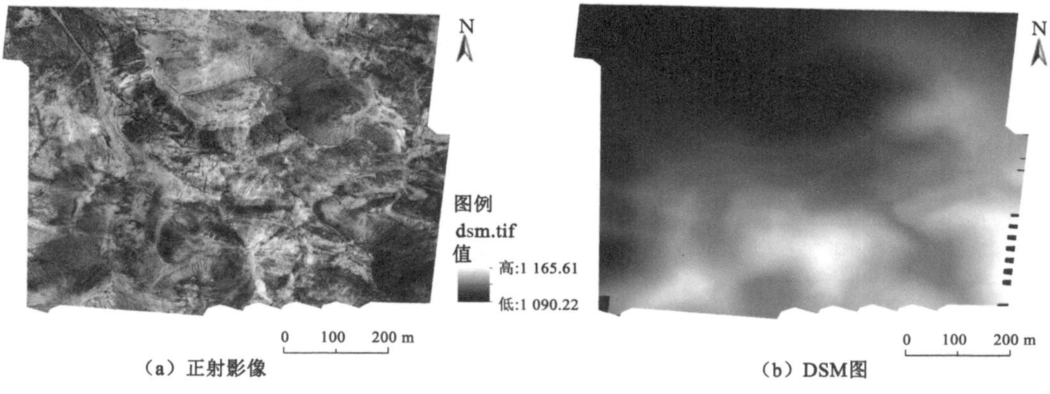

图 5-6　无人机正射影像和 DSM 图

(2) 植被覆盖度估算

植被覆盖度是研究土壤侵蚀的重要指标之一。植被覆盖度是指植被的地上部分在地面的垂直投影面积占总统计面积的比例。目前常用的植被覆盖度调研方法有数码相片法与目测法。由于目测法受调查者经验等主观因素影响较大,目测结果与实际结果偏差较大,所以本节采用数码相片法。

利用 Python 处理数码相片,首先导入原始图片,利用 split 函数提取图像的 R、G、B 三个通道,根据计算的植被指数进行阈值分割,然后进行图片二值化,将阴影像素点变为 0,植被像素点变为 1,使用 5×5 高斯内核过滤图像以消除噪声,最后统计区域内植被像素个数和区域总像素个数,据此计算植被覆盖度。

5.2 土壤侵蚀沟识别及测算方法

5.2.1 土壤侵蚀沟识别方法

识别土壤侵蚀沟是基于无人机遥感进行土壤侵蚀调查的基础,目前对于土壤侵蚀沟识别的研究主要针对规模较大的侵蚀沟,而本节研究对象为土壤侵蚀细沟。由于土壤侵蚀细沟宽度一般较窄,识别难度大,本节通过研究发现一种土壤侵蚀细沟精确识别的方法,弥补了土壤侵蚀细沟识别研究的不足。

5.2.1.1 提取方法

遥感影像最初通过目视解译实现分类,随着遥感技术的发展,分类方法也不断丰富,根据不同的分类原理可分为监督分类和非监督分类,根据分类单元可分为基于像元和面向对象分类。传统的遥感影像数据其空间分辨率较低,光谱信息是影像分类的主要依据,并且主要基于像元分类。基于像元的分类忽略了影像的纹理特征,对于土壤侵蚀沟而言,纹理信息可以更好地将其与其他地物区分开来。面向对象的分类方法则通过算法将影像分割为一个个的同质影像对象,在分割对象时可以根据需要改变光谱信息、几何信息和纹理信息的权重,面向对象分类方法的最小单元为分割后的影像对象,因此,面向对象分类的关键是影像分割,需要确定最优的分割参数,保证更精确的分类效果。据此本节采用面向对象的分类方法识别土壤侵蚀沟,面向对象分类的技术路线如图 5-7 所示。

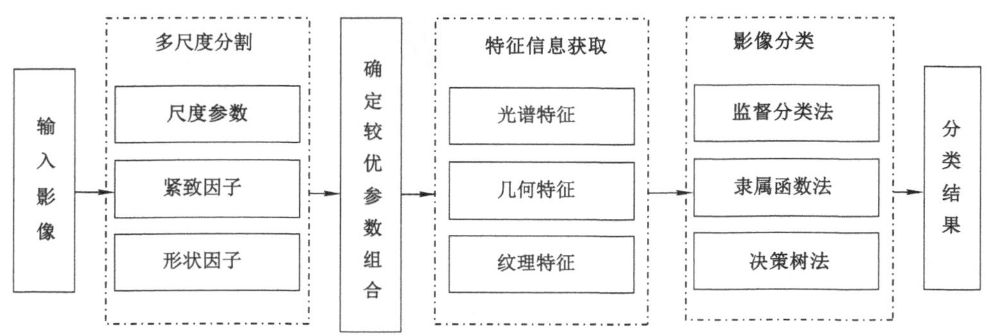

图 5-7 面向对象分类技术路线图

5.2.1.2 识别与提取

(1) 影像分割

采用 eCognition 软件实现影像数据的面向对象分类，面向对象的分类精度取决于影像分割效果和分类方法的选择。就影像分割而言，有多种不同的分割算法。分割一般是指把诸如对象这样的实体细分为较小的部分，在 eCognition Developer 中则不然，对影像对象的形态、大小改变的所有操作均归类为分割操作，这表明分割并不仅仅是将影像对象由大变小的操作，还包含了对同质影像的合并，通过对影像不断地分割得到最优的影像对象。影像分割的原则归纳起来有两个，一是自上而下的分割原则，是将影像对象不断裁小的过程，二是自下而上的分割原则，是将影像不断合并的过程。

针对不同的分类地物，其大小、光谱、形状差异也较大，如土壤侵蚀沟一般呈条带状，长度较长、宽度较窄、面积较小且在影像中呈深色，而灌木和草地一般呈簇状或面状，面积和形状不一，影像中呈现绿色。因此，影像分割参数的选取尤为重要，直接影响到地物边界分割的准确性。在多尺度分割中，主要参数涉及影像波段权重、分割尺度参数、形状因子权重、颜色因子权重、平滑度因子权重和紧致度因子权重。就分类方法来说，包括阈值分类、隶属度分类、基于样本的监督分类以及分类器分类。本节选用多尺度分割算法和基于样本的监督分类方法实现土壤侵蚀沟的识别。

最优分割参数有两个层面，一个是全局最优参数，另一个是局部最优参数。全局最优参数即从整体来看对各类地物的分割效果整体都处于不错的水平，但针对特定地物并没有达到最佳效果，局部最优参数就是对某一类地物的分割效果达到最佳，而对其他地物的分割效果较差。本节的研究目的是识别土壤侵蚀沟这一特定地物，为实现更高的识别精度，因此在最优分割参数确定时选择侵蚀沟分割效果最好的局部最优参数。最优分割参数主要通过设置不同的参数组合选取最佳分割效果来确定，先设定紧致度因子为 0.5，再设置不同的尺度参数与形状因子组合，参数设置见表 5-3。不同分割参数下的影像分割结果如图 5-8 所示。

表 5-3　影像分割参数表

形状因子	尺度参数		
	60	90	120
0.1	(60,0.1)	(90,0.1)	(120,0.1)
0.3	(60,0.3)	(90,0.3)	(120,0.3)
0.5	(60,0.5)	(90,0.5)	(120,0.5)

通过横向对比可以看出，分割尺度参数越小分割的影像对象越细碎，过小的尺度参数使得同一地物被分割成多个部分，不利于影像的分类，而过大的尺度参数则导致无法将目标地物有效地分割开。分割尺度参数的设置尤为重要，而影像的分辨率对影像分割效果也有很大影响，在不同分辨率下影像的最优分割参数也有所不同，经过多次试验最终确定 60 m 高度下影像的较优尺度参数为 90。

当尺度参数和紧致度因子确定时，通过纵向对比可以看出，形状因子参数影响分割出的对象形状，当形状因子为 1 时，则所有对象的形状都是一致的。形状因子越小分割出的对象形状差异越大，越能够表示出地物的边界，从这个角度来说形状因子设置得越小越好。当固

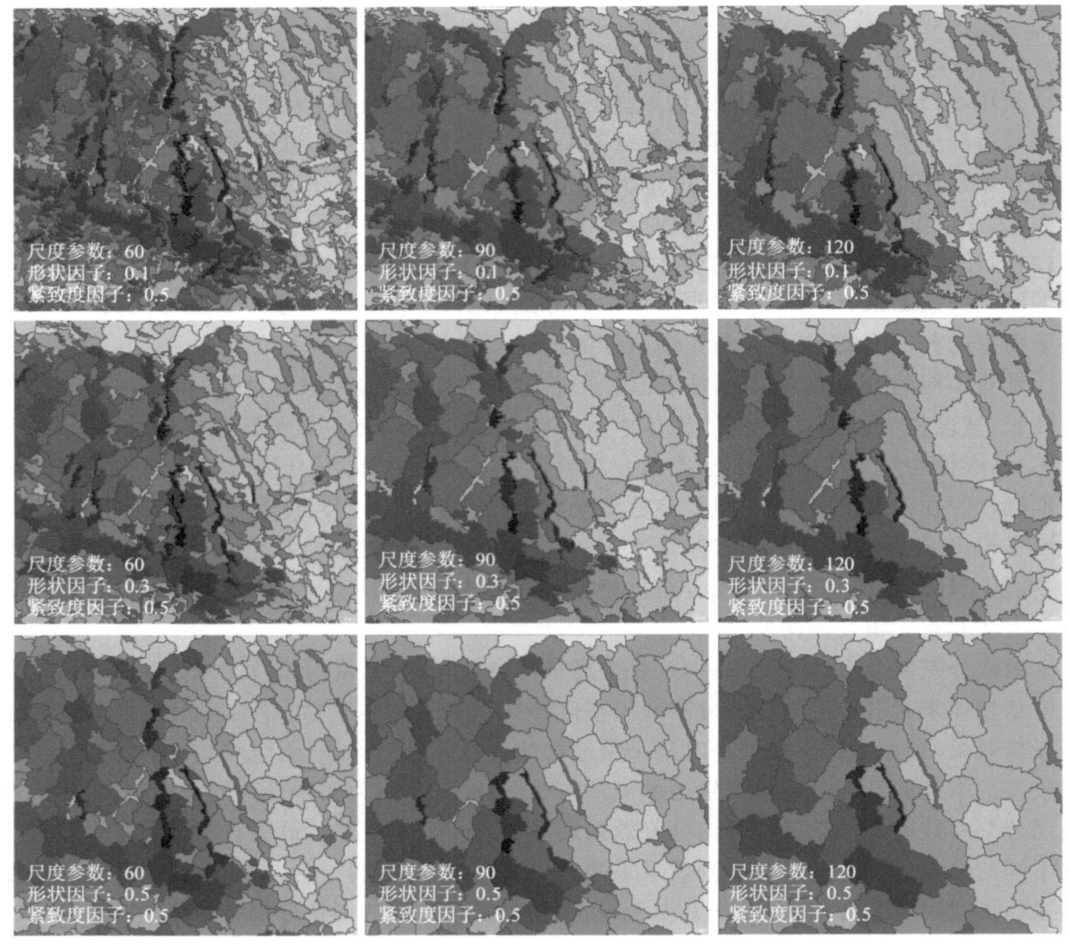

图 5-8　影像分割结果对比图

定尺度参数和形状因子参数时，发现改变紧致度因子的大小对整体分割效果的影响不大，因此紧致度因子设置为 0.5。

（2）影像分类

按照最优分割参数对影像分割后，进行基于最邻近(KNN)算法的监督分类，最邻近(KNN)算法的核心是计算相似性和核定 K 值。最邻近(KNN)算法中相似性用距离 d 表示，计算公式如下：

$$d=\sqrt{\sum_{f}\left(\frac{v_f(\mathrm{s})-v_f(\mathrm{o})}{\sigma_f}\right)^2} \tag{5-1}$$

式中，d 为样本对象 s 与影像对象 o 之间的距离；$v_f(\mathrm{s})$ 为样本对象的特征 f 的值；$v_f(\mathrm{o})$ 为影像对象的特征 f 的值；σ_f 为特征 f 的特征值之间的标准差；f 为对象特征。

特征空间中的样本对象与待分类的影像对象之间的距离被所有特征的标准差进行了标准化。在计算时进行标准化处理，所以当距离为 1 时说明该对象特征与样本所有特征的标准差一致，即该对象与样本对象一致，距离越接近 1 影像对象与样本越相似。

因此，最邻近(KNN)算法需要选取合适的特征指标进行相似性的计算，在 eCognition

中提供的对象特征指标包括 Type、Layer Valves、Geometry、Position 等。在前文的研究中发现在光谱特征中土壤侵蚀沟红、绿、蓝波段的光谱范围与植被较为接近，而与裸露土地有较大差异，可以作为区分裸露土地的特征之一，因此，选择红波段、蓝波段和绿波段的均值作为三个特征指标；在形状方面，土壤侵蚀沟对象的形状多为长条形，其长宽比一般较大，通过与植被对象的对比最终选取 symmetry、density 和 shape index 三个形状特征指标。Shape index 是区分植被与土壤侵蚀沟的重要特征之一，当形状因子设置过小时会导致植被对象与土壤侵蚀沟对象的 Shape index 特征比较接近，影响分类效果，因此形状因子最终设置为 0.3。

监督分类在选取样本时，应尽量包括每种地物各种类型的样本，选择样本时要关注样本特征的分布情况，实时调整样本的选择，通过优化样本的选择尽量减少对象的漏分和错分。样本选择完成后，eCognition 会根据样本特征计算形成各地类的特征，进而计算各对象和各地类特征的相似性，并将对象分类到相似性最大的地类之中。研究区土壤侵蚀沟识别结果如图 5-9 所示。

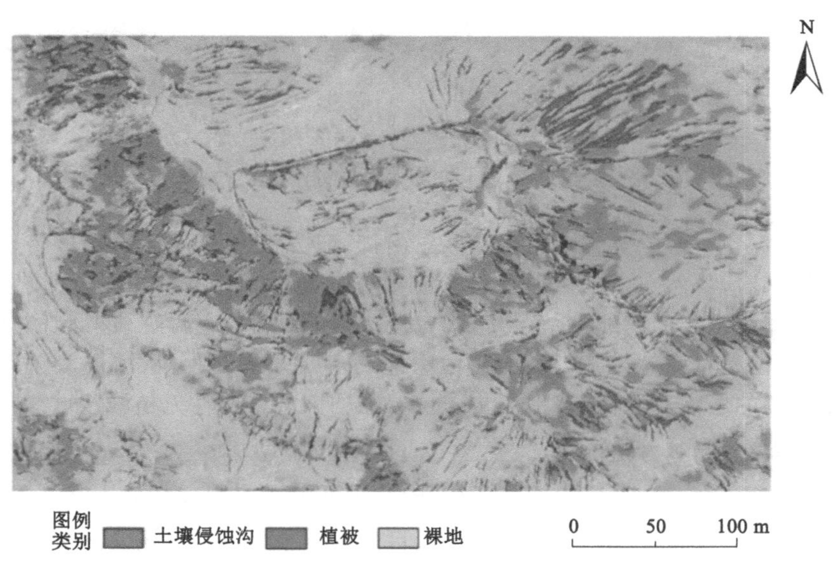

图 5-9　面向对象分类结果图

通过观察分类结果并结合目视解译，可以发现，整体分类效果较佳，土壤侵蚀沟识别效果高于植被和裸露土地，植被和裸露土地未完全区分开，裸露土地错分较多，原因可能在于影像分割时选取的分割参数为局部最优参数，仅对土壤侵蚀沟的分割效果最佳，同时在分类特征选择时也只是以区分土壤侵蚀沟为主要目标。就本节研究目的而言，植被与裸露土地的识别效果对本研究并没有影响，此外也可以在剔除土壤侵蚀沟后利用 NDVI 等植被指数对植被和裸露土地区域进行重新分类，进而提高整体分类效果。

5.2.1.3　侵蚀沟空间分布

土壤侵蚀沟的空间分布是监测调查的重要内容之一，有助于了解研究区内土壤侵蚀的整体状况，为实施土壤侵蚀防治措施提供指导。以 60 m 高度下无人机影像为例，研究区内共识别提取到土壤侵蚀沟 477 条，总面积 4 659 m^2，土壤侵蚀沟的空间分布如图 5-10 所示。

总体来看，研究区内土壤侵蚀沟分布分散，侵蚀沟多为条带状，在空间上呈现沿坡面排列分布的状态。

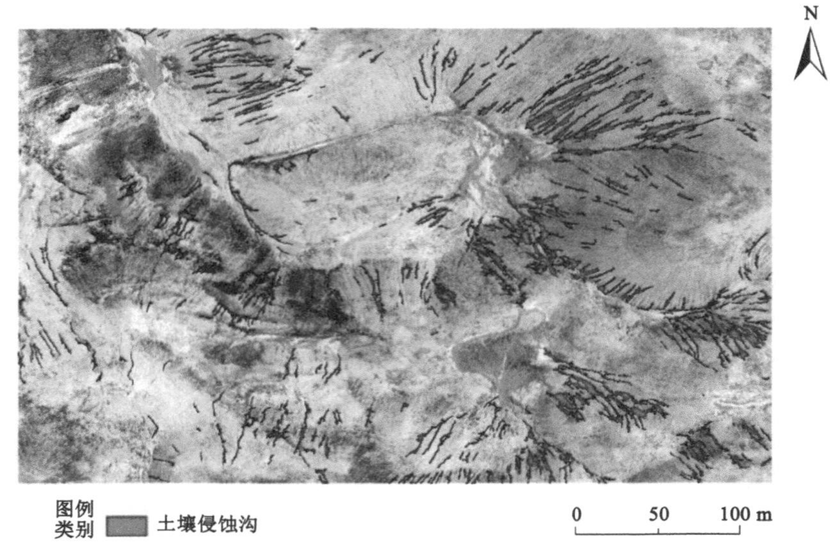

图 5-10　土壤侵蚀沟空间分布图

从侵蚀沟数量上看，主要集中在研究区东南部，研究区东部侵蚀沟数量明显多于西部；从侵蚀沟长度来看，虽然东南部侵蚀沟分布数量较多，但其多数侵蚀沟长度较短，长度较长的侵蚀沟集中在研究区的东北部；从侵蚀沟宽度来看，根据实地调研结果，研究区西部虽然植被覆盖度高，但是宽度超过 50 cm 的侵蚀沟绝大多数分布于此；从植被覆盖程度来看，在植被覆盖度较高的区域侵蚀沟数量较少，土壤侵蚀沟大多分布在无植被区域。

5.2.2　侵蚀沟深度测算方法

在遥感监测中，由于正射影像属于二维数据，因此对空间属性的研究是一个难点。土壤侵蚀沟深度是反映侵蚀状况的重要指标之一，目前调查中多采用现场实地测量的方式，实地测量不仅工作量巨大、效率低，需要消耗大量人力物力，而且无法做到全面调查。若能利用无人机遥感技术实现对侵蚀沟深度的测算对于土壤侵蚀分析具有重要意义，因此研究一种土壤侵蚀沟深度的测算方法是基于无人机遥感监测土壤侵蚀的重要技术之一。本节关于侵蚀沟深度测算方法的研究突破了目前侵蚀沟深度调查监测的技术瓶颈，可以实现侵蚀沟深度的高效测算。

5.2.2.1　侵蚀沟深度测算模型构建

无人机影像一般为正射影像，直接反演侵蚀沟深度比较困难，所以可以借助太阳光照实现侵蚀沟深度测算。当阳光照射某一物体时，由于物体的遮挡则会产生影子，太阳光线角度不同时则影子投射的方向也不同，太阳高度不同时对同一物体照射产生的影子长度也会有差异，基于这个原理只要确定太阳方位角和高度角就可以根据影子的长度反推出目标物体的高度。

地球的自转和公转时刻改变着地平面与太阳的相对位置，因此，地面受到的太阳光照也一直处于变化之中。在赤道坐标系中，太阳相对地球的位置由时角(ω)和赤纬角(δ)来决定，太阳光线的入射角度由太阳方位角(γ)和太阳高度角(α)决定，如图 5-11 所示。

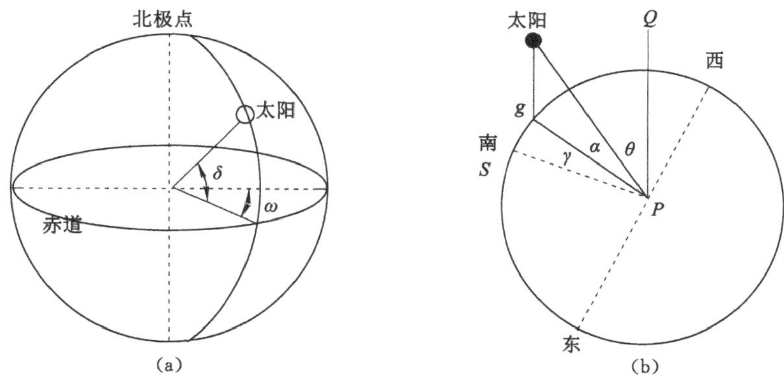

图 5-11　太阳角度示意图

太阳时角表示地球的自转引起的太阳光线照射角度的改变，随着时间的推移太阳时角逐渐变大，当太阳处于正南方向时，太阳时角为 0°，并且每小时增加 15°，因此太阳时角的计算公式如下：

$$\omega = 15° \times (\mathrm{ST} - 12) \tag{5-2}$$

式中，ω 为太阳时角，ST 为真太阳时，以 24 h 计。

地球公转引起的太阳光线照射地平面角度的变化由赤纬角表示，太阳中心点和地球中心点的连线与地球赤道面之间的夹角就是赤纬角，赤纬角呈周期性变化，周期为一年，变化范围为±23°26′，受地球公转规律的影响，赤纬角的日变化幅度较小，赤纬角的计算公式如下：

$$\delta = 23.45\sin\left(\frac{2\pi(284 + n)}{365}\right) \tag{5-3}$$

式中，δ 为太阳赤纬角，n 为一年内日期序号。

太阳光线对侵蚀沟的照射角度受太阳与地面相对位置的影响，如图 5-12 所示，太阳方位角与太阳高度角是决定投影方向与长度的关键因素。

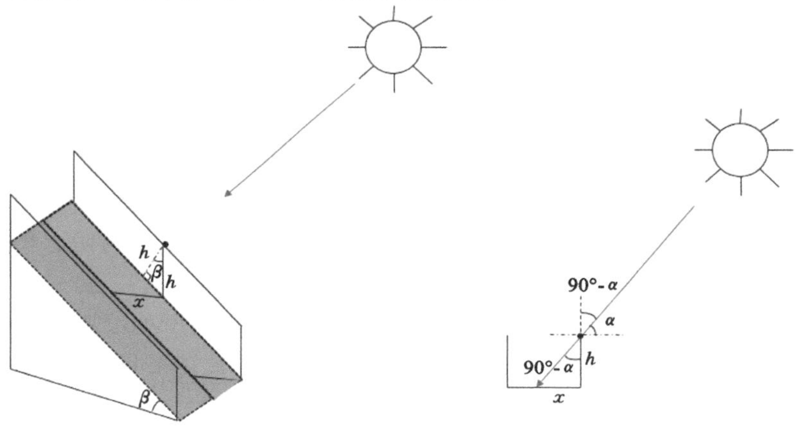

图 5-12　侵蚀沟深度测算示意图

太阳高度角受太阳时角、太阳赤纬角以及目标地所处的地理纬度影响，太阳高度角计算公式如下：

$$\sin \alpha = \sin \Phi \sin \delta + \cos \Phi \cos \delta \cos \omega \tag{5-4}$$

式中，Φ 为地理纬度；δ 为太阳赤纬角；ω 为太阳时角；α 为太阳高度角。

太阳时角、太阳赤纬角以及目标地所处的地理纬度共同影响着太阳方位角，太阳方位角计算公式如下：

$$\cos \gamma = \frac{\sin \alpha \sin \Phi - \sin \delta}{\cos \alpha \cos \Phi} \tag{5-5}$$

式中，Φ 为地理纬度；δ 为太阳赤纬角；α 为太阳高度角；γ 为太阳方位角。

此外，土壤侵蚀沟多发生在坡面之上，坡度的存在影响了侵蚀沟侧壁的影子，且坡度越大影响越大。在正射影像中，影子为垂直地面侧壁的投影，而非垂直侵蚀沟底面侧壁的投影，如图 5-12 所示。因此，应该将坡度因子也考虑进来。侵蚀沟深度的计算公式如下：

$$h' = \frac{x}{\tan(90^\circ - \alpha)} \tag{5-6}$$

$$h = h' \cos \beta \tag{5-7}$$

式中，α 为太阳高度角；β 为坡度；x 为投影的实际长度；h' 为测算点距投射阴影起点的相对高度；h 为测算点土壤侵蚀沟深度。

5.2.2.2　*侵蚀沟深度测算过程*

基于无人机影像测算侵蚀沟深度，共分为六个步骤，如图 5-13 所示。

① 获取监测区无人机影像并进行预处理。监测区无人机影像是测算土壤侵蚀沟深度的基础数据。无人机具有便携性、稳定性的特点，可以快速获取目标区域高精度的遥感影像。利用无人机采集数据前需要设置相关飞行参数，数据采集后需要进行数据预处理。

② 对无人机影像进行面向对象分类，识别土壤侵蚀沟边界与侵蚀沟内阴影区域。对预处理后的影像采用面向对象的分类方法进行分割和合并，影像分割采用多尺度分割算法，通过改变形状因子和紧致度因子参数进行多次试验，选择最优的分割参数，进而精准识别出土壤侵蚀沟的边界。在土壤侵蚀沟边界识别结果范围内进行二次分类识别出侵蚀沟内阴影区域。

③ 根据研究区所在位置及无人机影像采集时间，利用公式计算太阳高度角和太阳方位角，确定目标点阴影投射方向。

④ 根据阴影方向测算侵蚀沟边缘投射的阴影图像长度，进而计算实际长度。确定目标点阴影投射方向后，测量目标点与投影点的图上距离，其距离以像素个数的形式表示，进而计算目标点与投影点之间的实际距离，实际距离等于图上距离与图像分辨率之积。

⑤ 计算目标点距投射阴影起点的相对高度。当测算太阳高度角与阴影长度后，即可以得到目标点距离沟底的垂直距离。

⑥ 测算目标点所处坡度，计算土壤侵蚀沟深度。当侵蚀沟所处坡度为 0 时，上步的测算结果即为侵蚀沟深度。坡度会影响侵蚀沟的空间形态，因此需要剔除坡度对测算结果的影响。

为提高侵蚀沟深度测算的精度采用 60 m 飞行高度的无人机影像，影像采集时间为 2021 年 7 月 7 日上午 10:00～10:30。在数据预处理的基础上利用 eCognition 软件进行影

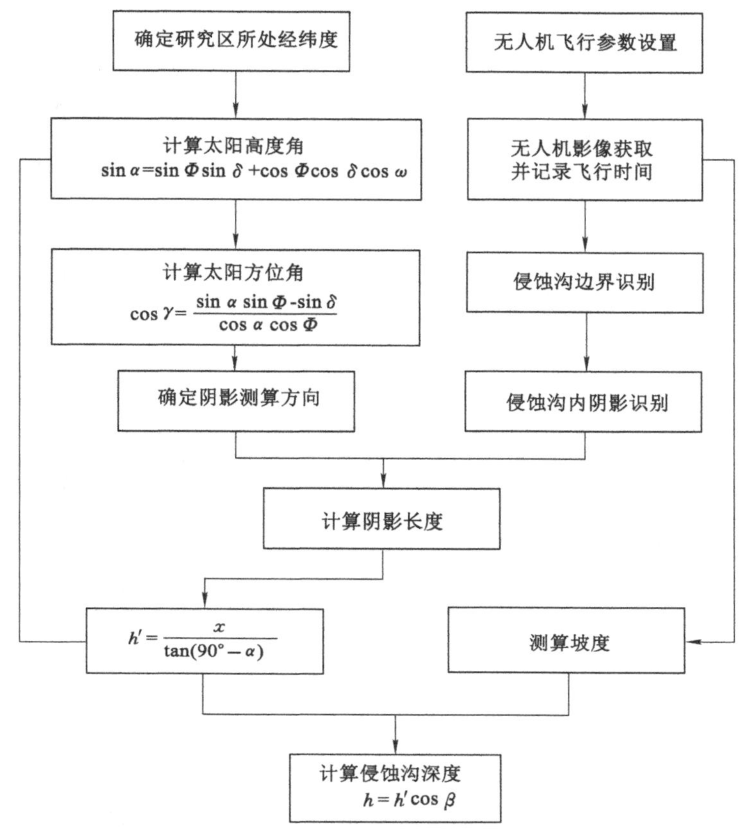

图 5-13　基于无人机影像测算侵蚀沟深度流程图

像分割，分割参数分别为尺度因子 30、形状因子 0.6、紧致度因子 0.4，可以发现侵蚀沟边缘及内部阴影分割效果较好，可以满足研究要求。研究区内地形起伏较大导致影像的分辨率也有较大差异，根据大疆无人机技术手册可知影像分辨率与无人机飞行高度有关。因此，可以通过计算无人机相对各点地面的高度推算各点的实际影像分辨率，计算公式见式(5-8)。此外，侵蚀沟所处坡面的坡度对测算结果也有一定影响，采用利用两点高程差及水平距离的方法即可得到沿侵蚀沟方向的平均坡度。图 5-14 为土壤侵蚀沟深度测算过程。

$$a = \frac{H + H_{起飞点} - H_{目标点}}{18.9} \tag{5-8}$$

式中，a 为分辨率，cm/pixel；H 为飞行器飞行高度，m；$H_{起飞点}$ 为起飞点高程，m；$H_{目标点}$ 为目标点高程，m；18.9 为无人机厂商提供的影像分辨率与无人机飞行高度的相关性数据。

基于无人机影像测算土壤侵蚀沟深度的方法对光照要素有一定的要求，在数据采集时应该注意天空应晴朗无云，同时采集时间应该选在上午十点或下午两点左右，其原因一方面是过早或过晚时太阳高度角过小导致投射的影子过长，本节研究的土壤侵蚀沟一般宽度较窄，无法准确测量影子的真实长度；另一方面，当光照不充足时阴影面与地面区分不明显，致使侵蚀沟内阴影的识别精确性下降。而中午太阳的高度角过高，无法测算深度较浅的土壤侵蚀沟。

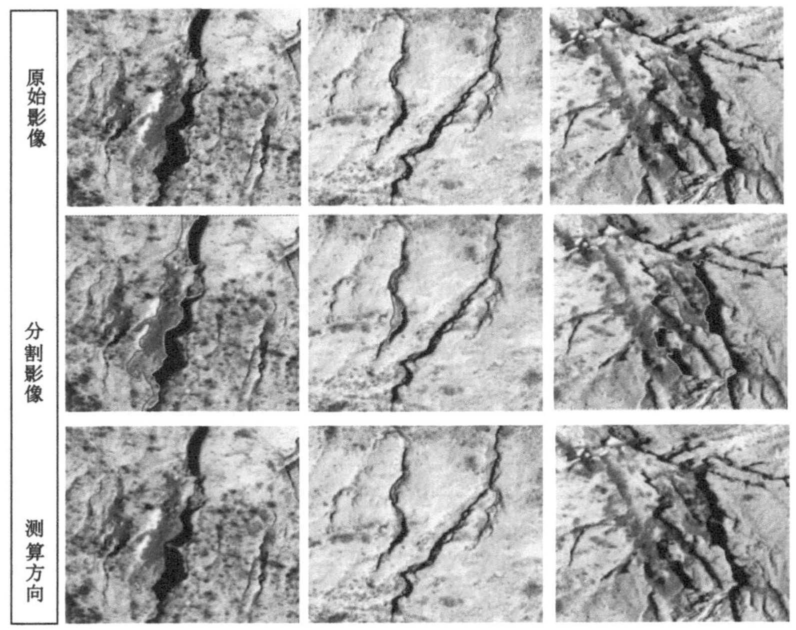

图 5-14　土壤侵蚀沟深度测算过程图

5.2.2.3　深度测算误差分析

利用调研测量的 15 个样点土壤侵蚀沟深度，对本节的深度测算方法的误差进行分析。选取绝对误差、相对误差、均方根误差以及绝对误差的标准差 4 个指标，其中绝对误差和相对误差用于判断单个样点的测算误差，均方根误差和绝对误差的标准差用于分析该方法测算结果误差的变化情况。通过误差分析可以表明该方法测算土壤侵蚀沟深度的精确度。

绝对误差为测算值与实测值的差值，相对误差为测算值与实测值之差与实测值的比值，各个样点深度的测算误差如表 5-4 所示，由于光照、地形以及坡向的影响，10 个样点深度未能测算。从表 5-4 中可以看出，15 个样点测算结果绝对误差最大为 1.8 cm，最小为 0.5 cm，相对误差均小于 9%，同时可以发现绝对误差与样点深度无关，而相对误差随着样点深度的增加整体呈现变小的趋势。

表 5-4　土壤侵蚀沟深度测算误差表

样点	测算值/cm	实测值/cm	绝对误差/cm	相对误差/%
1	38.6	40	−1.4	−3.50
2	38.9	40	−1.1	−2.75
3	33.8	35	−1.2	−3.43
4	27.0	28	−1	−3.57
5	24.2	26	−1.8	−6.92
6	15.5	17	−1.5	−8.82
7	22.0	23	−1	−4.35

表 5-4(续)

样点	测算值/cm	实测值/cm	绝对误差/cm	相对误差/%
8	36.5	36	0.5	1.39
9	109.0	110	−1	−0.91
10	84.3	86	−1.7	−1.98
11	52.0	53	−1	−1.89
12	102.9	104	−1.1	−1.06
13	52.5	54	−1.5	−2.78
14	62.7	64	−1.3	−2.03
15	70.6	72	−1.4	−1.94

注：表中相对误差与绝对误差的负号表示方向，即测算值小于实测值。

标准差可以反映数据的离散程度，计算绝对误差的标准差可以用来反映绝对误差的分布状况。均方根误差是实测值与测算值偏差的平方和与样点个数 n 比值的算数平方根，均方根误差对测算结果中特大或特小误差的反映特别敏感，均方根误差计算公式如下：

$$\mathrm{RMSE}=\sqrt{\frac{\sum_{i=1}^{n}(X_{\mathrm{obs},i}-X_{\mathrm{model},i})^2}{n}} \tag{5-9}$$

式中，$X_{\mathrm{obs},i}$ 表示第 i 个样点的侵蚀沟深度的实测值；$X_{\mathrm{model},i}$ 表示第 i 个样点的侵蚀沟深度的测算值；n 表示样点个数。

经过计算均方根误差为 1.27 cm，平均绝对误差(绝对值)为 1.23 cm，绝对误差的标准差为 0.4，说明采用该方法测算结果的绝对误差相对稳定、变化幅度不大。

从绝对误差可以看出，15 个样点的测算结果中只有一个样点的测算值大于实测值，绝大多数样点的测算值偏小，同时绝对误差的分布较为聚集。因此，为提高整体的测算精度，在基础的测算结果中加入修正量。

在侵蚀沟的内阴影的识别中，由于影像中阴影边缘部分颜色变化模糊，对其的识别面积偏小，进而导致侵蚀沟深度测算值偏小。由于研究区地形起伏较大，样点分布广泛，通过分析样点绝对误差与该点所处高程的关系发现，随着样点所处高程的增加其绝对误差逐渐减小，同时可以发现绝对误差值约为该样点影像分辨率的二分之一，据此确定各测算点的修正量。无人机的飞行高度是相对于起飞点高程而言的，在同一无人机飞行高度下高程越大的区域其影像分辨率越高，因此，影像分辨率是影响土壤侵蚀沟深度测算绝对误差的主要因素之一。

5.2.3　侵蚀沟土壤侵蚀量测算方法

在生态修复区，其地形边坡是人工堆积而成的，土体松散，植被均为人工种植，植被根系在短期内难以有效增强土壤的抗蚀性，极易发生土壤侵蚀。研究一种土壤侵蚀量的快速估算方法对生态修复具有重要意义。本节通过构建原始 DEM 的方式测算土壤侵蚀沟的侵蚀量，该方式是对土壤侵蚀沟侵蚀量测算方法的补充，实现基于高分辨率无人机遥感的土壤侵蚀量快速估算。

5.2.3.1　土壤侵蚀量测算方法

土壤侵蚀量是表征土壤侵蚀程度的重要指标之一。传统的测量土壤侵蚀量的方法须依靠大量的实地测量工作，效率低，不能满足土壤侵蚀高效、自动测量，也不能实现土壤侵蚀量的实时监测。随着技术的不断发展，目前利用遥感、GIS 进行土壤侵蚀量测量的技术逐渐发展，同时也有学者利用三维激光扫描实现土壤侵蚀量的测量。虽然技术的发展大大加快了土壤侵蚀量的测量效率，但由于传统方法测量数据具有较高的准确性，所以传统方法常作为现代方法的补充。

土壤侵蚀的发生使侵蚀点的地面高程发生变化，土壤侵蚀量就是某一区域内土壤流失的体积量，而无人机只能获取侵蚀后的地面高程信息，因此本节通过构建研究区内侵蚀前的数字高程模型来测算土壤侵蚀沟的侵蚀量。

5.2.3.2　侵蚀沟土壤侵蚀量测算模型构建

与土壤侵蚀量密切相关的因素主要是侵蚀沟面积和侵蚀沟深度。在上节土壤侵蚀沟的识别中已经得到了各条土壤侵蚀沟的面积，因此本节主要研究如何通过构建土壤侵蚀前的原始数字高程模型来获取侵蚀沟的侵蚀深度。

通过无人机影像可以获取发生土壤侵蚀后的数字高程模型（DEM），土壤侵蚀沟所在区域较原始地形发生凹陷，因此土壤侵蚀沟的深度可以通过求取原始 DEM 获得。土壤侵蚀沟深度数据求取模型如下：

$$|D| = \mathrm{DEM}' - \mathrm{DEM} \tag{5-10}$$

式中，DEM′为侵蚀发生前的数字高程模型，DEM 为实际数字高程模型，$|D|$为土壤侵蚀沟的深度。

如何获取土壤侵蚀沟区域原始 DEM 是关键问题。本节对所需的 DEM 数据精度要求较高，且需要构建的是土壤侵蚀发生前的 DEM 数据，常规的遥感测量和外业测量高程点插值方法不能满足需要。因此，基于空间插值提出一种利用无人机获取的高程信息构建侵蚀沟区域原始 DEM 的方法。

为提高侵蚀沟土壤侵蚀量的测算精度，利用 60 m 高度下的影像数据作为测算基础数据。土壤侵蚀沟多分布在无植被覆盖的裸露地表，所以在无人机获取的 DEM 中可以直接提取到土壤侵蚀沟附近的地面高程，侵蚀沟边界可以看作是未受到侵蚀的，其高程数据是构建原始 DEM 的关键。根据上文 60 m 高度下土壤侵蚀沟宽度识别的分析可知，其土壤侵蚀沟的识别宽度较真实偏小，为准确获取土壤侵蚀沟边界的高程数据，将识别的土壤侵蚀沟边界做 3 cm 缓冲区后再提取边界折点的高程数据，进而进行插值得到原始的土壤侵蚀沟 DEM，DEM′与 DEM 之差即为土壤侵蚀沟内各点的侵蚀深度。

本节所用的 DEM 构建方法与传统的现场测量高程的方法相似，只是该方法的高程测量在无人机获取的 DEM 上实现，不需要大量的外业工作，可以大大提高工作效率和成本。此外，侵蚀沟边界的折点具有数量多、分布密集、针对性强的特点，因此可以获取大量土壤侵蚀沟边缘的高程数据，已知高程点的数量越多其构建的原始 DEM 数据越精确。

根据前期的数据处理，可以构建单条侵蚀沟的土壤侵蚀量测算模型，公式如下：

$$V = \sum_{i=1}^{n} s_i \cdot (H'_i - H_i) \tag{5-11}$$

式中，V 表示一条侵蚀沟的土壤侵蚀体积；s_i表示第 i 个像元的面积；n 表示侵蚀沟的像元个数；H'_i表示第 i 个像元侵蚀前高程；H_i表示第 i 个像元侵蚀后高程。

5.2.3.3　侵蚀沟土壤侵蚀量测算与统计分析

选取识别效果较好的 344 条侵蚀细沟，计算每条侵蚀沟的土壤侵蚀量，如图 5-15 所示，并按照侵蚀沟的平均深度对研究区内侵蚀沟进行统计分析，如表 5-5 所示。

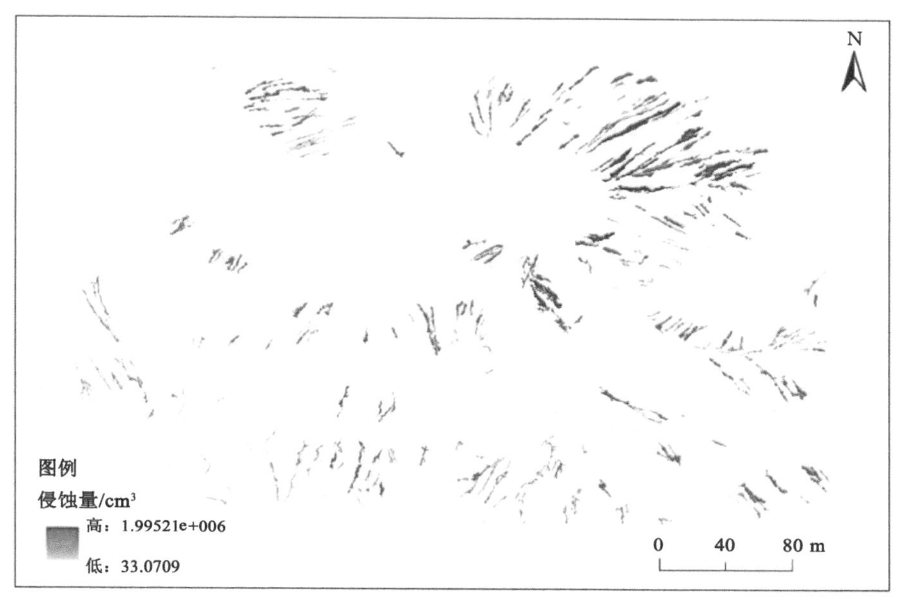

图 5-15　土壤侵蚀沟侵蚀量分布图

表 5-5　土壤侵蚀量统计表

平均深度/cm	<10	10～20	20～30	>30
侵蚀沟数量	159	132	42	11
侵蚀沟面积/(10^3 cm^2)	3 941.59	13 452.90	5 408.73	2 091.37
侵蚀体积/(10^3 cm^3)	15 411.63	194 394.47	140 302.52	87 565.72
侵蚀总体积/(10^3 cm^3)	437 674.35			

基于土壤侵蚀沟的识别和原始 DEM 的构建，测算了侵蚀沟的土壤侵蚀量。侵蚀量测算误差取决于侵蚀沟面积和深度的精确度。一方面，采用目视解译的方法识别侵蚀沟边界，并于前文识别结果对比，发现差异不大，侵蚀沟范围识别满足要求。另一方面，通过外业样点深度调查数据对本节中测算的土壤侵蚀沟深度进行验证，平均误差 1.6 cm。本节研究范围内侵蚀沟平均深度达 17.58 cm，该误差满足要求。因此，测算结果能够反映各个侵蚀沟侵蚀量的总体程度，采用该方法测算土壤侵蚀量是可行的。

5.3 坡面土壤侵蚀评价方法

5.3.1 坡面土壤侵蚀评价思路

5.3.1.1 理论基础

土壤侵蚀评价是一项多学科交叉、多种理论与方法相结合的系统性的研究工作,它融合自然地理、生态、地质、环境等学科。各个学科的理论对土壤侵蚀评价有重要作用。

① 土壤侵蚀学原理。土壤侵蚀学的研究对象主要包括两方面,一是引发侵蚀的外力,二是侵蚀的对象。引发土壤侵蚀的外力有风力、水力、重力等,在本章的坡面土壤侵蚀中,侵蚀外力为降雨滴溅与径流冲刷。土壤侵蚀的量化是土壤侵蚀学研究的主要内容之一,包含了侵蚀量、流失量以及产沙量的概念。

② 水土保持学原理。水土保持与土壤侵蚀是相互对立的,其核心是通过各种措施保持水土,防止土壤侵蚀,提升土壤质量和改善生态环境。进行土壤侵蚀评价的最终目的也是发现土壤侵蚀问题,进而采取相应的措施防治土壤侵蚀。从水土保持的原理出发可以厘清自然环境中对土壤侵蚀具有阻碍作用的因素,比如,种植植被是一种常见的水土保持措施,显而易见植被覆盖是减弱土壤侵蚀的因素之一。

③ 自然地理学原理。自然地理学研究的主要对象是自然地理环境,土壤侵蚀也在自然地理学的研究领域内,自然地理学研究的相关理论和方法可为本文提供依据。在自然地理学研究中,地理单元是其研究基础,根据研究尺度的不同确定合适的地理单元,在本节中监测评价单元的划分以自然地理学的原理为基础。

④ 生态学理论。生态学是生态环境监测和评价的基础,在土壤侵蚀监测评价中也不例外,植被覆盖度、土地利用方式和景观格局等都是影响土壤侵蚀的重要因素。土壤侵蚀一般以流域为监测单元,一个小流域也是一个动态的开放生态系统,也符合生态学原理。

⑤ 径流水动力学原理。持续降雨时,土壤达到饱和含水率或降雨强度大于土壤入渗率后则会形成地面径流,地面径流是水力侵蚀的主要动力。随着径流的汇集,在坡面上径流对土壤的冲刷作用越来越强烈,平均流速、雷诺系数、舍伍德数以及阻力系数是常见的水动力参数,它们影响着径流的侵蚀能力。此外,坡长因子的计算也是基于累积径流的。

5.3.1.2 评价程序

坡面土壤侵蚀的监测评价可以从两个方面进行,一个是从侵蚀沟角度出发,即分析各个评价单元内土壤侵蚀沟的发育现状,对每个单元进行一一评价;第二个是从像元角度,分析影响坡面土壤侵蚀的各个因素,包括气候因素、地形因素、植被覆盖因素以及土壤因素等,据此评价坡面土壤侵蚀的强度。

坡面侵蚀沟发育程度评价就是监测评价某一坡面土壤侵蚀沟的发育状况,从坡面角度来说包括侵蚀沟的数量和每条侵蚀沟的发育状况,而侵蚀沟的长度、深度、侵蚀量和面积可以反映每条侵蚀沟的发育状况。因此,评价具体思路为:首先划分评价单元,以同一坡面为一个评价单元;然后,根据前文获取的土壤侵蚀沟的关键指标构建评价指标体系,并计算各个指标的权重;最后,对每个评价单元进行评价,得到各单元的土壤侵蚀沟的发育程度,确定坡面的土壤侵蚀沟发育程度等级。

坡面土壤侵蚀强度评价就是评价坡面发生侵蚀的剧烈程度,是从像元的尺度进行评价的。其评价具体思路为：分析影响土壤侵蚀的主要因素及其影响机理，根据调研资料获取各个影响因子数据，利用模型得到评价结果，最后对结果进行分析。

5.3.2　坡面沟蚀发育程度评价方法

5.3.2.1　划分监测评价单元

评价单元的划分方法有很多，根据划分的依据可以分为按形状划分、单因素划分和多因素划分的方法。按形状划分的方法包括规则网格法、多边形法以及行政单元法，其中行政单元法适用于区域较大的研究，而基于无人机遥感的监测范围一般较小；规则网格法和多边形法可以根据研究的需要确定其大小。单因素划分方法即依据单一指标（如土壤、植被类型等）划分评价单元，多因素划分就是根据目的选取多个要素叠加，进而综合划分评价单元。本节采用斜坡单元与综合地块相结合的划分方法，在斜坡单元划分的基础上，根据区域的土壤状况和植被覆盖状况进行进一步的划分与整合，形成最终的评价单元。

斜坡单元划分方法在 DEM 数据上进行水文分析，斜坡单元是由分水线和集水线包围而成的，利用 DEM 数据的地表水文分析能够提取得到分水线，集水线则由反转的 DEM 获取，反转后 DEM 的分水线就是原地形的集水线。反转 DEM 可以通过区域最大高程减去格栅实际高程的方法得到。将分水线与集水线融合后，检查其拓扑关系，并根据实际调整不合理的区域，即得到斜坡单元。利用 ArcGIS 模型构建器构建斜坡单元划分模型，具体划分步骤如下：利用 GIS 填洼功能，填补洼地，生成无洼地 DEM，减少洼地对水流方向的影响；利用各栅格周边高程数据，根据水向最大高程落差方向流动的原理，提取水流方向；根据水流方向计算流量；在流量较高的水流汇集区生成河网，即集水线；将河网链接，其包围的区域生成集水流域；反转 DEM，利用相同的方法获取分水线与反集水流域面；叠加正反集水流域面，生成斜坡单元。

经过分析，最终分为 31 个评价单元，如图 5-16 所示，评价单元的大小和形状主要取决于分水线、集水线和地形走势，每个评价单元内具有相似的土壤结构、坡度以及植被覆盖状

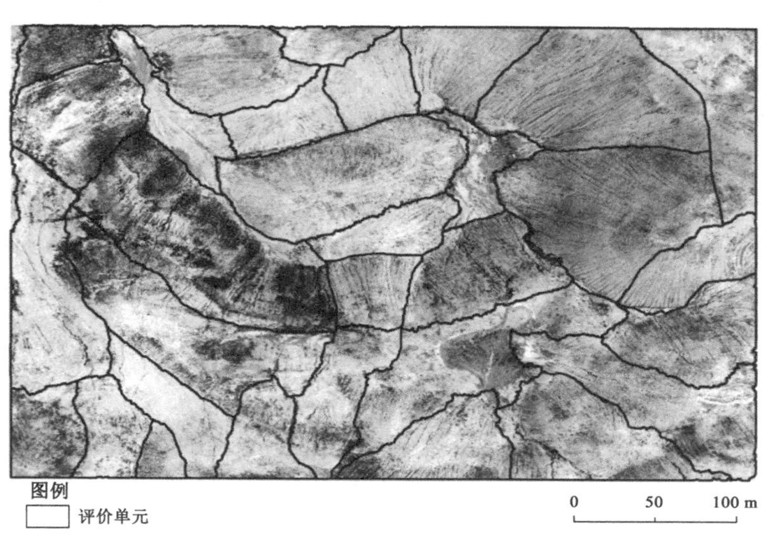

图 5-16　评价单元划分结果图

况，有着不同数量和规模的土壤侵蚀沟。

5.3.2.2 评价指标体系构建

在生态环境评价中，评价指标种类繁多，评价指标的选择会直接影响评价结果。在本节的土壤侵蚀监测评价中，应选取具有针对性的指标，因此，在选取评价指标时，应遵循科学性、代表性、全面性、可操作性、独立性的原则。

根据指标体系的构建原则，结合评价目的最终选取土壤单位面积内侵蚀沟条数、长度、面积和单位面积内的侵蚀量四个指标。指标体系如表 5-6 所示。

表 5-6 指标体系表

评价内容	指标	指标含义
坡面土壤侵蚀沟发育程度	侵蚀沟分布密度(X_1)	单位面积内侵蚀沟条数
	侵蚀沟密度(X_2)	单位面积内侵蚀沟长度
	侵蚀沟裂度(X_3)	单位面积内侵蚀沟面积
	沟壑强度(X_4)	单位面积内侵蚀量

在指标体系构建完成后，需要依据监测评价单元获取各项指标数据，本节各指标数据的获取均以前文识别得到的土壤侵蚀沟及监测数据为基础数据。侵蚀沟分布密度可以利用 ArcGIS 的统计功能按照监测评价单元统计各单元内的土壤侵蚀沟数量，为各单元内土壤侵蚀沟数量与监测评价单元的面积之比。侵蚀沟密度是指各单元内土壤侵蚀沟长度之和与监测评价单元的面积之比。在本研究区内土壤侵蚀沟基本都呈条带状且分支较少，因此通过构建每条土壤侵蚀沟的最小边界矩形来获取土壤侵蚀沟长度，最小边界矩形的长即近似为该条土壤侵蚀沟的长度。侵蚀沟裂度是指各单元内土壤侵蚀沟面积之和与监测评价单元的面积之比，是反映侵蚀沟分布面积的指标，在土壤侵蚀沟识别结果的基础上根据监测评价单元进行分区统计即可得到各监测评价单元内土壤侵蚀沟的面积。沟壑强度表征土壤侵蚀沟侵蚀体积，根据土壤侵蚀量的测算结果进行统计即可。

由于每个指标对土壤侵蚀沟发育评价的影响程度不同，因此，评价体系确定后需要确定各个指标的权重。确定指标权重的方法有很多，通过对比分析不同方法的适用性，结合实际情况和研究需要，本节采用层次分析法确定各个指标的权重。

通过邀请专家打分的方法构造判断矩阵 $P[P=(p_{ij})_{n\times n}]$。两两因素进行比较，采用重要性指标表示指标的重要性，任意两个指标 A 与 B 之间的重要性等级分为五级，用 1 至 9 表示，数值越大则说明 A 相比于 B 越重要，反之，B 相比于 A 更重要时则用其倒数表示。

得到判断矩阵后，利用和法对矩阵每一列进行归一化，进而求取特征值。

$$\overline{W}_{ij} = \frac{p_{ij}}{\sum_{i=1}^{n} p_{ij}} \tag{5-12}$$

$$w_i = \sum_{j=1}^{n} \overline{W}_{ij} \tag{5-13}$$

$$W_i = \frac{w_i}{\sum_{i=1}^{n} w_i} \tag{5-14}$$

式中，p_{ij} 表示指标 i 相对于指标 j 的重要性；$\overline{W}_{ij}$ 为归一化值；w_i 为归一化值的和；W_i 为各指标特征值。

此外，要对判断矩阵进行一致性检验，以避免专家在打分时出现相互矛盾的状况。采用一致性比率指标(CR)，公式如下：

$$\mathrm{CR} = \frac{(\lambda_{\max} - n)/(n-1)}{\mathrm{RI}} \tag{5-15}$$

式中，$\lambda_{\max}$ 是矩阵的最大特征值；n 是指标数量；RI 是随机系数，由表 5-7 查询。当 CR 小于 0.1 时，认为是可行的。

表 5-7　随机系数 RI

n	1	2	3	4	5	6	7	8
RI	0	0	0.58	0.9	1.12	1.24	1.32	1.41

通过查阅土壤侵蚀、水土保持相关文献，了解学者研究的主要方向，邀请熟悉该领域的专家对 4 项指标的权重进行打分，据此计算特征值并进行一致性检验，最终确定各项指标权重，如表 5-8 所示。

表 5-8　指标权重判断矩阵

	X_1	X_2	X_3	X_4	特征值
X_1	1	1/2	1/3	1/2	0.122 2
X_2	2	1	1/2	1	0.227 3
X_3	3	2	1	2	0.423 3
X_4	2	1	1/2	1	0.227 3

注：$\lambda_{\max}$=4.118 5；RI=0.9；CR=0.043 8，小于 0.1。

5.3.2.3　评价结果与分析

在计算坡面土壤侵蚀沟发育程度指数时，为消除指标差异的影响，要对各项指标进行无量纲化处理，本节采用线性函数归一化的方法，公式如下：

$$X'_i = \frac{X_i - X_{i,\min}}{X_{i,\max} - X_{i,\min}} \tag{5-16}$$

式中，X'_i 为第 i 个指标无量纲化值；X_i 为第 i 个指标原始值；$X_{i,\min}$ 为第 i 个指标的最小值；$X_{i,\max}$ 为第 i 个指标的最大值。

根据获取的各项评价指标数据及其权重计算各个单元的土壤侵蚀沟发育程度指数，坡面土壤侵蚀沟发育程度指数计算公式为：

$$\eta = \sum_{i=1}^{n} a_i X'_i \tag{5-17}$$

式中，η 为土壤侵蚀沟发育程度系数；X'_i 为第 i 个指标值；a_i 为第 i 个指标的权重。

各个评价单元的土壤侵蚀沟发育程度测算结果如表 5-9 所示，31 个评价区域中，有两个评价单元土壤侵蚀沟发育程度指数为 0，完全未形成土壤侵蚀沟，最大土壤侵蚀沟发育程度指数为 0.712 2，整体来说研究区内各评价单元之间土壤侵蚀沟发育程度差异较大。

表 5-9　土壤侵蚀沟发育程度测算结果表

序号	测算结果	序号	测算结果	序号	测算结果	序号	测算结果
1	0.276 4	9	0.306 5	17	0.255 5	25	0.813 9
2	0.652 2	10	0.069 4	18	0.459 4	26	0.241 0
3	0.000 0	11	0.675 3	19	0.328 0	27	0.470 5
4	0.043 7	12	0.431 7	20	0.138 5	28	0.000 0
5	0.488 7	13	0.318 5	21	0.112 5	29	0.134 7
6	0.476 8	14	0.711 2	22	0.321 4	30	0.156 3
7	0.371 0	15	0.1279	23	0.034 5	31	0.774 2
8	0.221 6	16	0.296 9	24	0.066 4		

在《土壤侵蚀分类分级标准》(SL190—2007)中，将土壤侵蚀的沟蚀强度分为轻度、中度、强烈、极强烈和剧烈五级，其分级标准仅考虑了侵蚀沟占坡面面积比和沟壑密度，而其分类对象为规模较大的侵蚀沟，与本文研究的细沟侵蚀不同，因此在原标准基础上，根据本文研究对象的特点，确定合适的标准，分级标准如表 5-10。

表 5-10　沟蚀分级标准表

分级指标	分级				
侵蚀沟占坡面面积比/%	<10	10～25	25～35	35～50	>50
沟壑密度/(km/km²)	1～2	2～3	3～5	5～7	>7
强度分级	轻度	中度	强烈	极强烈	剧烈

在判别坡面侵蚀沟侵蚀程度时，根据风险性最小的原则，应将单元判别为较高级别的侵蚀程度。因此，参考土壤侵蚀强度沟蚀分级标准的划分结果，把沟蚀分级标准的相应参数代入坡面土壤侵蚀沟的发育程度模型进行计算，得到坡面侵蚀沟发育程度指数(η)，并以 $\eta=0.1131$ 和 $\eta=0.4528$ 作为临界点，将土壤侵蚀沟分为三个等级：坡面土壤侵蚀沟发育程度低、坡面土壤侵蚀沟发育程度中、坡面土壤侵蚀沟发育程度高。η 在 0～0.113 1 时表示该坡面土壤侵蚀沟发育程度较低，此时坡面无土壤侵蚀沟存在或其数量较少、面积较小以及侵蚀量较小，该状态下坡面的抗侵蚀性较强。η 在 0.113 1～0.452 8 时表示该坡面土壤侵蚀沟发育程度处于中等水平，此时坡面土壤侵蚀沟已经发育形成一定的规模，其数量较多、面积较大，该状态下土壤侵蚀沟继续发育的可能性较高，容易向高程度方向发展。η 在 0.452 8～1 时表示该坡面土壤侵蚀沟发育程度较高，此时区域内已存在大量土壤侵蚀沟，并且其规模较大，对原有坡面的破坏严重。31 个评价单元的土壤侵蚀沟发育程度指数分布如图 5-17 所示。

根据划分标准将评价单元分级，如图 5-18 所示，在 31 个评价单元中，9 个单元侵蚀沟发育程度较高，15 个单元侵蚀沟发育程度中等，仅有 7 个单元处于侵蚀沟发育程度较低水平，且侵蚀沟发育程度较低的 7 个评价单元的面积较小。整体而言，研究区内沟蚀情况严重，亟需进行治理。土壤侵蚀沟具有较强的汇集地表径流能力，以致其发育速度非常迅速，规模进一步扩大，因此在治理侵蚀沟发育程度高区域时，也应该加强其他区域的防范措施。

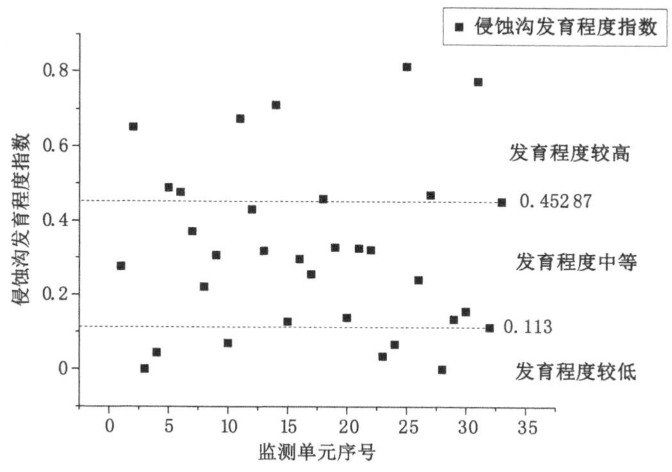

图 5-17　评价单元土壤侵蚀沟发育程度指数分布图

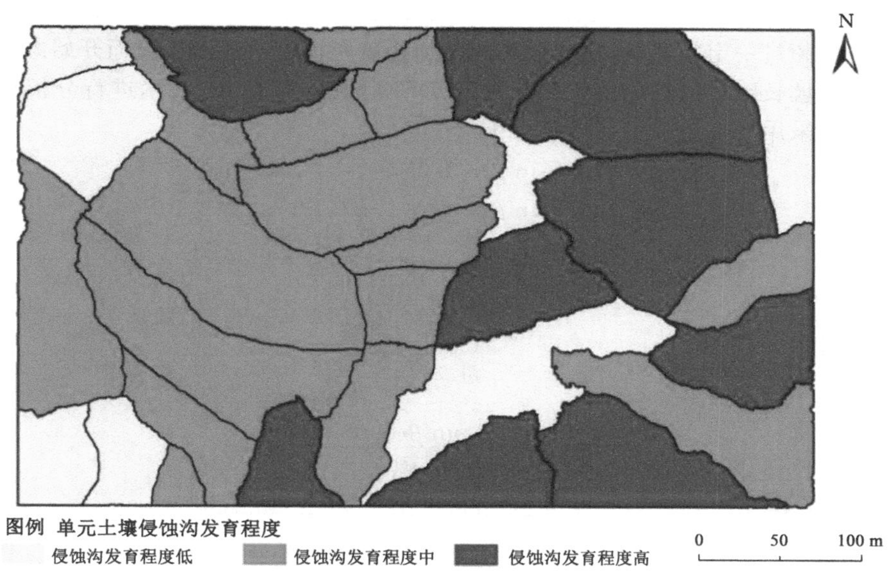

图 5-18　评价单元土壤侵蚀沟发育程度分级图

5.3.3　坡面面蚀强度评价方法

5.3.3.1　土壤侵蚀影响因素分析与因子提取

(1) 降雨侵蚀力因子(R)分析与获取

在水力侵蚀中，降雨是土壤侵蚀的动力来源。降雨对于土壤侵蚀的产生主要有两个作用，一个是雨滴落下时具有一定的动能而产生的溅蚀，该作用主要集中于降雨的初期，还未形成地面径流之前；另一个是地表径流对土壤产生的冲刷作用，这也是土壤侵蚀的主要作用力。

目前，对于降雨侵蚀力因子的计算方法有很多，考虑到内蒙古地区年降雨分布不均，月降雨差距较大，本节采用基于多年平均月半降雨的计算方法[113]，公式如下：

$$\overline{R}_{半月k} = \frac{1}{n}\sum_{i=0}^{n}\sum_{j=0}^{m}(a \cdot p_{i,j,k}^{1.726\,5}) \tag{5-18}$$

式中，$\overline{R}_{半月k}$是多年平均半月降雨侵蚀力；i 为所用降雨资料年份序号的编号；k 为划分的半月数；j 为第 i 年第 k 个半月内侵蚀性降雨的编号；$p_{i,j,k}^{1.726\,5}$为第 i 年第 k 个半月第 j 个侵蚀性降雨量；a 为系数。

由于不同地区土壤下垫面不同，其侵蚀性降雨量的标准也不同，因此本节基于天然降雨统计数据来确定研究区的侵蚀性降雨量标准，将日降雨量大小处于统计期内日降雨量前80%的归为侵蚀性降雨[114]。通过统计 2020—2022 来锡林浩特市累计日降雨量数据，确定侵蚀性降雨标准，计算该区的年降雨侵蚀力。由于研究区面积较小，因此区域内降雨侵蚀力因子一致，计算得出该区降雨侵蚀力因子为 391.874 1 MJ·mm/(ha·h·a)。

(2) 地形因子(LS)分析与提取

地形因子包括坡度因子与坡长因子。坡度与坡长是影响土壤侵蚀的重要因素。径流是土壤侵蚀发生的主要条件，而坡面是形成径流的主要场所，坡面的长度和坡度对径流流速有巨大影响。一般情况下随着坡度的增大和长度的增长，径流对土壤的侵蚀力越大，然而实验发现当坡度超过一定阈值时，随着坡度的增加径流所携带的泥沙量反而开始减少。

坡度和坡长因子的提取基于坡面模型、DEM 数据利用 GIS 技术进行分析提取。坡长、坡度因子值采用如下公式计算[115]：

$$S = \begin{cases} 10.8\sin\beta + 0.03 & \beta < 5^\circ \\ 16.8\sin\beta & -0.55^\circ \leqslant \beta < 10^\circ \\ 21.9\sin\beta & -0.96\beta \geqslant 10^\circ \end{cases} \tag{5-19}$$

$$L = \left(\frac{\lambda}{22.13}\right)^m \tag{5-20}$$

$$m = \frac{F}{1+F} \tag{5-21}$$

$$F = \frac{\sin\beta/0.089\,6}{3\,(\sin\beta)^{0.8} + 0.56} \tag{5-22}$$

$$L_{(i,j)} = \frac{[A_{(i,j)} + D^2]^{m+1} - A_{(i,j)}{}^{m+1}}{x^m D^{m+2}\,(22.13)^m} \tag{5-23}$$

式中，L 为坡长因子；λ 为坡长；m 为坡长指数，随坡度而变；β 为像素级别的斜率，即坡度值(以弧度制表示)；$A_{(i,j)}$为像素级流量累积；D 为像元大小；x 为形状系数(在像素系统中 x 为 1)；S 为坡度因子。

如图 5-19 所示，坡度因子随着坡度的增大而增大，在地势较平坦区域坡度因子较小。而就坡长因子而言，坡长因子与径流的流向和累积量息息相关。从图 5-20 可以看出，研究区内坡长因子值在 0.17～10.5 之间，坡长因子较高区呈条带状，主要分布于各个坡面之上。通过与原始影像对比发现，坡长因子较高区条带分布多数与土壤侵蚀沟的分布相吻合，这就表明土壤侵蚀沟汇集了大量地表径流。

(3) 土壤可蚀性因子(K)分析与获取

在影响土壤侵蚀的因子中，土壤可蚀性因子受土壤的多种属性综合影响。同时，土壤也是土壤侵蚀的发生对象，土壤的理化性质对土壤侵蚀有较大的影响。在土壤侵蚀过程中，土

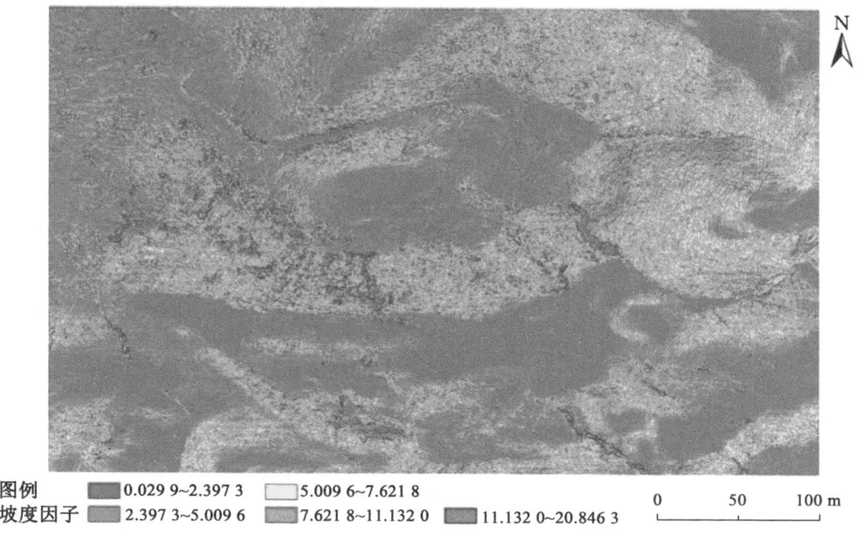

图 5-19　研究区坡度因子分布图

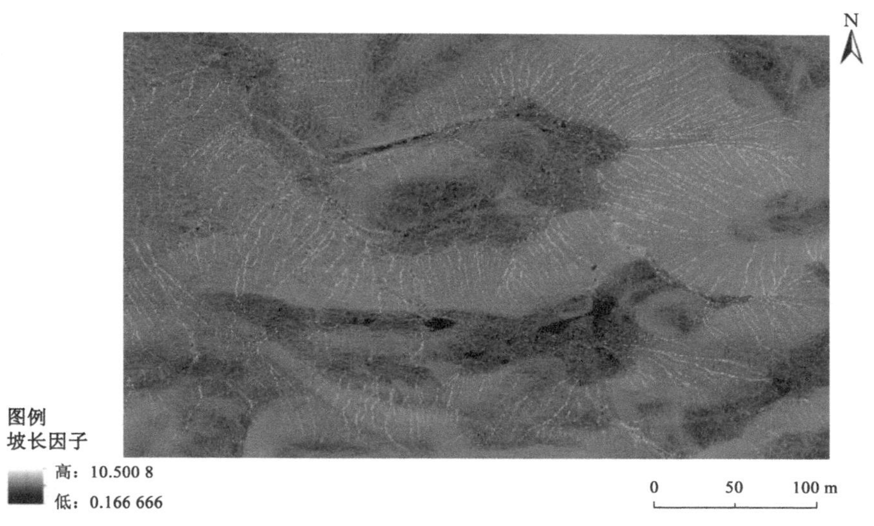

图 5-20　研究区坡长因子分布图

壤受到雨滴冲击和径流冲刷两方面的作用力。土壤侵蚀发生的风险性还取决于土壤的抗蚀性与抗冲击能力，土壤的抗蚀性与抗冲击能力越强，发生土壤侵蚀的风险性越小。

目前，计算土壤可蚀性因子的方法主要有 Wischmeier 模型和 Williams 模型，两种模型都将土壤粒径作为重要的影响因素，相比之下，Wischmeier 模型考虑的因素更加全面，将土壤有机质含量、土壤的结构系数以及土壤的渗透性等级都纳入模型体系之中，因此，本节选用 Wischmeier 模型计算土壤可蚀性。Wischmeier 模型计算公式为[115]：

$$K = \frac{[2.1 \times 10^{-4} M^{1.14}(12 - \mathrm{OM}) + 3.25(S - 2) + 2.5(P - 3)]}{100} \tag{5-24}$$

$$M=N_1(100-N_2)$$

式中，N_1、N_2 分别为粒径 0.002～0.1 mm 和粒径小于 0.002 mm 的土壤砂粒含量百分比；OM 为土壤有机质含量，%；S 为土壤结构等级，如表 5-11 所示；P 为土壤渗透性等级，如表 5-12 所示。

表 5-11　土壤结构等级表

土壤结构		土壤结构等级
团粒结构	＜1 mm 特细团粒	1
	1～2 mm 细团粒	2
	2～10 mm 中粗团粒	3
	＞10 mm 片状、块状或大块状	4

表 5-12　土壤渗透性等级表

土质类型	砂粒含量/%	粉粒含量/%	黏粒含量/%	土壤渗透性等级
砂土	85～100	0～15	0～10	1
壤砂土	70～90	0～25	0～15	2
粉砂土	0～20	80～100	0～15	2
砂壤土	45～85	0～50	0～20	2
壤土	25～55	30～50	10～25	3
粉壤土	0～50	50～85	0～25	3
砂黏壤土	45～80	0～30	20～35	4
黏壤土	20～45	15～50	25～40	4
粉砂黏壤土	0～20	40～75	25～40	5
砂黏土	45～65	0～20	35～50	5
粉砂黏土	0～20	40～60	40～60	6
黏土	0～45	0～40	40～100	5

利用外业采集的土壤样本，分析样本土壤砂粒含量、粉粒含量、黏粒含量、有机质含量以及土壤的团粒结构。采用空间插值的方法得到整个研究区的土壤可蚀性因子，图 5-21 所示为研究区土壤可蚀性因子分布图。K 值越大说明土壤越容易发生侵蚀，其抗蚀性越小。根据图 5-21 可以看出，研究区内土壤可蚀性因子在 0.2～0.42 $t\cdot ha\cdot h\cdot ha^{-1}\cdot MJ^{-1}\cdot mm^{-1}$ 之间，总体来说有较好的抗蚀性。根据 12 个样点数据的空间插值结果来看，研究区内的土壤可蚀性因子呈阶梯状分布：东北、东南以及东部土壤可蚀性因子较高，中部和西南部土壤可蚀性因子处于中等水平，西北部较低。

（4）植被覆盖因子（C）的分析与提取

植被覆盖对土壤侵蚀起到抑制作用，区域植被覆盖度越高，其土壤侵蚀度越小。植被覆盖能够从两个方面减少土壤侵蚀的发生，一方面是覆盖植被的地面可以有效减少降雨溅蚀，上层植被削弱了雨滴的动能，减缓了雨滴的降落速度，对土壤起到了保护作用；另一方面是

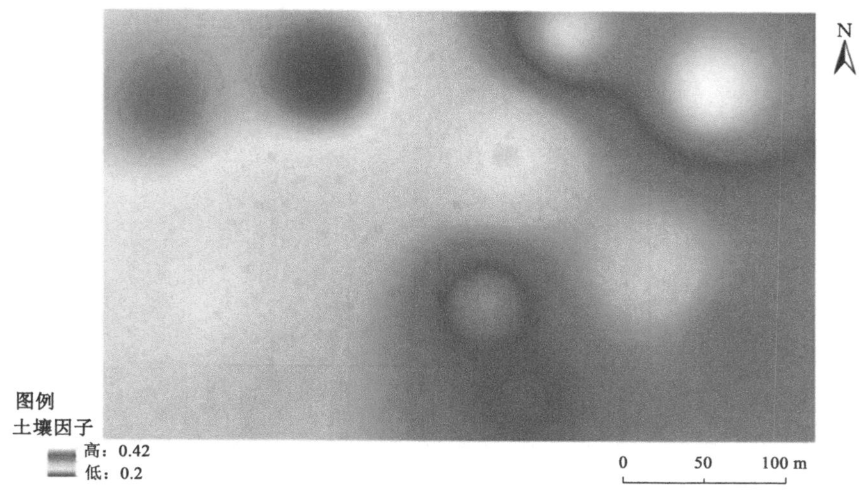

图 5-21　研究区土壤可蚀性因子分布图

植被的根茎可以对地表径流形成阻碍，减缓径流流速，减轻其对土壤的冲刷作用。

在计算植被覆盖因子时，常用的方法是基于 NDVI 构建的植被覆盖度算法，公式如下。

$$\mathrm{FVC}=\frac{\mathrm{NDVI}-\mathrm{NDVI}_{\mathrm{soil}}}{\mathrm{NDVI}_{\mathrm{veg}}-\mathrm{NDVI}_{\mathrm{soil}}} \tag{5-25}$$

式中，FVC 为植被覆盖度；$\mathrm{NDVI}_{\mathrm{soil}}$ 为裸土的 NDVI 值；$\mathrm{NDVI}_{\mathrm{veg}}$ 为植被完全覆盖时 NDVI 值。

该方法基于像元二分法，其计算较为简单，然而裸地由于受多种因素的影响，其 NDVI 值有较大的差异，因此对于裸土 NDVI 值的确定是本方法的难点，也是影响测算精度的主要因素。有研究将区域内 NDVI 的最小值作为 $\mathrm{NDVI}_{\mathrm{soil}}$，将 NDVI 最大值近似作为$\mathrm{NDVI}_{\mathrm{veg}}$。

大量研究表明植被指数与植被覆盖度之间存在明显的相关关系，为利用无人机遥感数据实现植被覆盖度的快速计算，本节基于现场调研数据与植被指数研究其相关关系，建立基于植被指数的植被覆盖度测算模型。本研究所用无人机为多光谱相机，在数据的预处理过程中计算了 NDVI、GNDVI、LCI、NDRE、OSAVI 5 个植被指数。

研究区内植被类型均为草本植物，采用样方法调查植被覆盖度，在研究区内设置 30 个样方，样方选择的原则是能最大程度地反映研究区内植被覆盖的整体状况。利用样方尺设置 50 cm×50 cm 的样方，距离地面 1 m 手持相机垂直拍摄照片，同时记录各个样方的坐标信息。利用 Python 对样方图片进行二值化处理，将植被与非植被像素分割开来，进而统计植被和非植被像素数量，计算各个样方植被覆盖度，30 个样方植被覆盖度如图 5-22 所示。

通过 5 个植被指数与实测植被覆盖度之间的相关性分析，发现 LCI、NDRE 与植被覆盖度相关性不高，因此不考虑应用这两个指数，其余三个植被指数（NDVI、GNDVI、OSAVI）与植被覆盖度均具有较高的相关性。

将 21 个样方数据作为训练数据集，建立植被指数与植被覆盖度的关系模型，将 9 个样方数据作为验证数据集。如表 5-13 所示，经过数据验证发现，OSAVI 的回归效果最佳，其

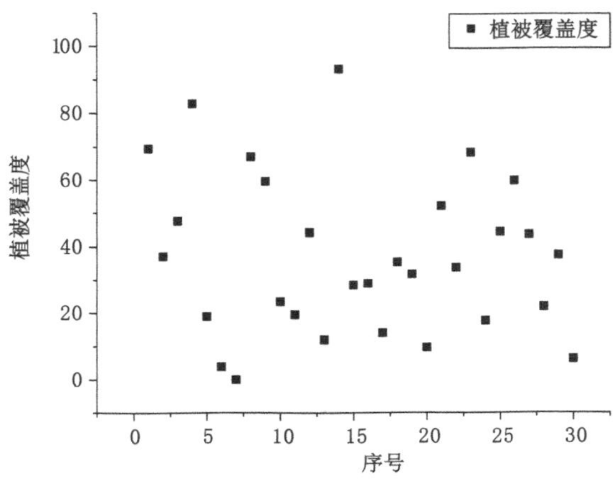

图 5-22 样方植被覆盖度分布图

可决系数最高($R^2=0.904$),同时其估算结果的均方根误差最低(RMSE=0.056 4)。

表 5-13 植被覆盖度测算值与实测值对比

植被指数	模型值与实测值关系	可决系数(R^2)	均方根误差(RMSE)
NDVI	$y=1.127x-0.091$	0.862	0.076 5
GNDVI	$y=1.489x-0.200$	0.825	0.098 1
OSAVI	$y=2.393x-0.038$	0.904	0.056 4

注:可决系数是用来反映回归模式,说明因变量变化可靠程度的一个统计指标。

计算出植被覆盖度之后,需要将其转换为植被覆盖因子,转换公式如下:

$$C=\begin{cases}1 & c=0\\ 0.650\,8-0.343\,6\lg c & 0<c<78.3\%\\ 0 & c\geqslant 78.3\%\end{cases} \tag{5-26}$$

式中,C 为植被覆盖因子值,c 为植被覆盖度。

根据图 5-23 可以看出,植被覆盖因子在 0~1 之间,植被的存在可以有效减弱降雨的侵蚀能力,因此植被覆盖度与植被覆盖因子呈负相关,植被覆盖因子为 1 时即表明该像元内没有植被覆盖,当植被覆盖度大于等于 78.3%时,此时植被覆盖因子为 0。研究区内植被主要集中于西北部的坡面上,因此该区域内植被覆盖因子较小,其他区域内绿色植被零星分布。

5.3.3.2 坡面土壤侵蚀强度评价模型

通用水土流失方程式是常用的模型,该方程是基于径流小区实验数据得来的经验模型,利用该方程可计算土壤侵蚀模数。土壤侵蚀的状况可以通过土壤侵蚀模数反映出来,土壤侵蚀模数越大,发生土壤侵蚀的强度也就越高。因此,本节借助通用水土流失方程,并结合无人机遥感的优势,构建坡面土壤侵蚀现状评价模型,公式如下:

$$A=R\cdot K\cdot L\cdot S\cdot C \tag{5-27}$$

式中,A 为土壤侵蚀模数;R 为降雨侵蚀力因子;K 为土壤可蚀性因子;L 为坡长因子;S 为坡度因子;C 为植被覆盖因子。

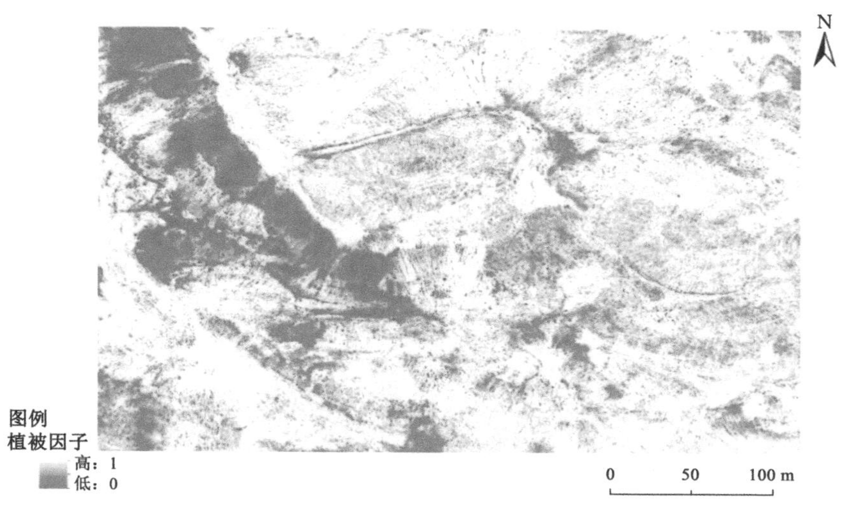

图 5-23　研究区植被覆盖因子分布图

5.3.3.3　坡面土壤侵蚀强度评价结果与分析

利用 ArcGIS 的栅格计算功能，将影响土壤侵蚀的 5 个因子图层进行地图代数运算，为便于侵蚀强度的分级，计算时将侵蚀强度的单位进行了换算，与《土壤侵蚀分类分级标准》一致，得到研究区的土壤侵蚀模数分布图，如图 5-24 所示。从图中可以看出，蓝色区域的侵蚀模数较低，红色区域的侵蚀模数较高，仅有少数像元的土壤侵蚀模数较高。研究区内侵蚀强度差异较大，且整体侵蚀强度不大，经计算研究区平均侵蚀模数为 243.459 t/(km^2 · a)。此外，研究区域内土壤侵蚀强度分布极不均匀，土壤侵蚀严重的区域主要集中在研究区的东北部和南部，而西部区域土壤侵蚀强度较小。通过对各个影响因子的分析结果可以发现，发生上述现象的主要原因在于西部植被覆盖度较高，土壤抗侵蚀性较强，而东北部和南部区域坡度较大、植被覆盖度较低以及土壤抗侵蚀性差。

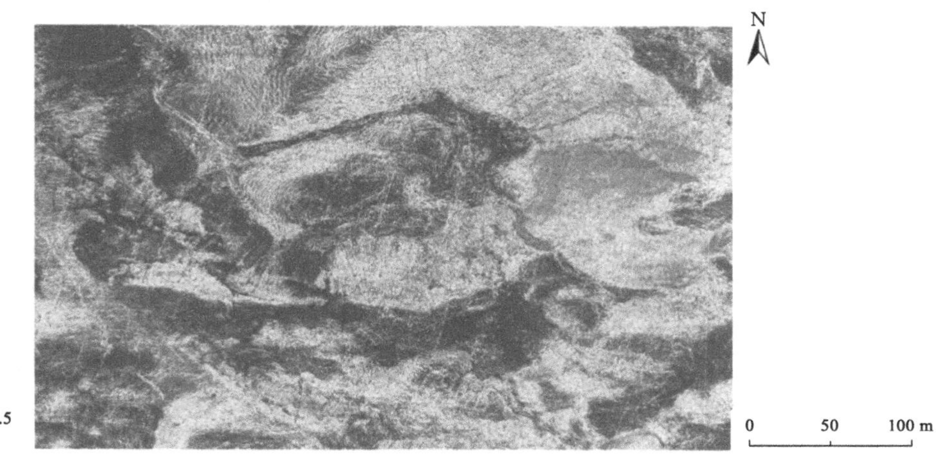

图 5-24　坡面土壤侵蚀强度评价结果图

根据《土壤侵蚀分类分级标准》，将评价结果依据土壤侵蚀模数分为 6 个土壤侵蚀强度等级，并统计研究区内不同土壤侵蚀强度的面积，如表 5-14 所示。

表 5-14 研究区内土壤侵蚀强度统计表

分级标准/[t/(km^2 · a)]	土壤侵蚀强度	面积/m^2	比例/%
＜200	轻微侵蚀	55 897.58	58.864 3
200～2 500	轻度侵蚀	39 014.75	41.085 4
2 500～5 000	中度侵蚀	39.79	0.041 9
5 000～8 000	强烈侵蚀	5.39	0.005 7
8 000～15 000	极强烈侵蚀	1.79	0.002 0
＞150 00	剧烈侵蚀	0.70	0.000 7
合计		94 960	100

根据研究区土壤侵蚀强度统计表可以看出，研究区内以轻微侵蚀和轻度侵蚀为主，轻微侵蚀面积 55 897.58 m^2，占研究区面积的 58.864 3%，轻度侵蚀面积 39 014.75 m^2，占研究区面积的 41.085 4%，而中度侵蚀、强烈侵蚀、极强烈侵蚀和剧烈侵蚀面积之和占研究区面积的不足 1%，其中达到剧烈侵蚀强度的面积不足 1 m^2。从各级土壤侵蚀强度分布上看，中度及以上侵蚀区域零星分布于研究区域内，由于其面积极小，因此不是监测和治理的重点。而轻微侵蚀和轻度侵蚀区域相互交叉遍布整个研究区内，其中轻度侵蚀区域主要集中于研究区东北部和南部等植被覆盖度低的坡面区域，轻微侵蚀区域主要分布在植被覆盖程度高或者坡度较小的平坦区域。总体来说，研究区内土壤侵蚀强度较低，99%区域处于轻微和轻度侵蚀，从平均侵蚀模数 243.459 t/(km^2 · a)来看处于轻度侵蚀。究其原因可能为以下两点：一方面是在水力侵蚀中降雨是主要的侵蚀力来源，而研究区位于内蒙古锡林浩特市，平均降雨仅为 295 mm，属于半干旱区，因此研究区降雨侵蚀力因子较小。另一方面是研究区是经过人工生态修复的区域，有一定的植被覆盖，同时按梯田状布置坡面，坡长也较小。

为便于监测不同植被覆盖、不同土壤结构和不同坡面下土壤侵蚀强度情况，借助本章第 2 节划分的评价单元对土壤侵蚀模数进行统计，统计各单元内的平均土壤侵蚀模数，并将其分级。分级的主要目的是为土壤侵蚀的治理提供依据，依据风险性最小原则并结合实际情况，依据各评价单元土壤侵蚀的相对强度，采用自然断点法将 31 个单元分为三个坡面土壤侵蚀强度等级，如图 5-25 所示，其中平均侵蚀模数小于 150 t/(km^2 · a)的低侵蚀单元有 10 个，平均侵蚀模数位于 150～300 t/(km^2 · a)的中侵蚀单元有 13 个，平均侵蚀模数大于 300 t/(km^2 · a)的高侵蚀单元有 8 个。此外，低侵蚀单元和高侵蚀单元呈现一定程度的聚集性，中侵蚀单元分布散乱。在土壤侵蚀治理中，高侵蚀单元是重点治理对象；对于中侵蚀单元应做到预防和治理兼备，防治其侵蚀强度进一步加剧；对于低侵蚀单元也不能忽视，应做好预防。

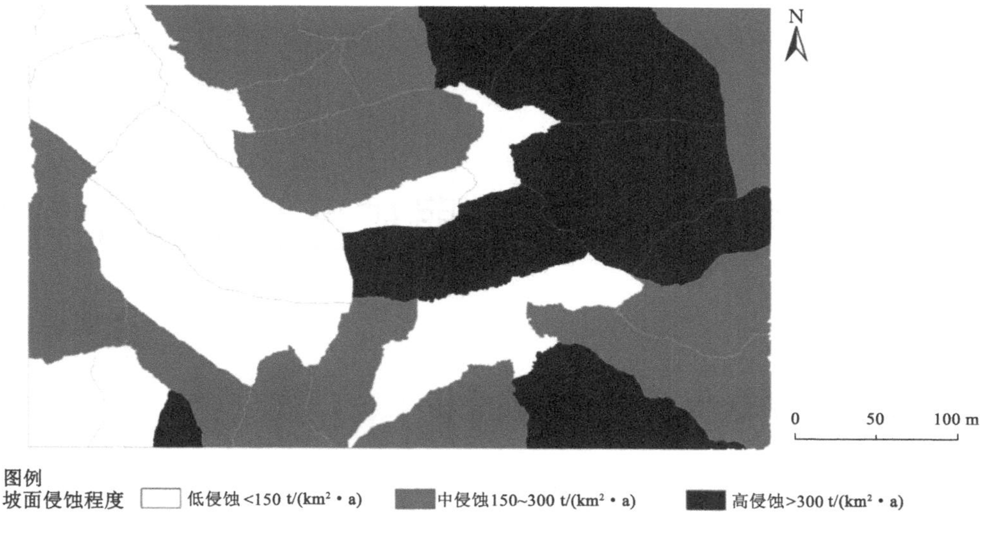

图 5-25　坡面土壤侵蚀强度分级图

5.4　本章小结

本章基于无人机遥感技术，在外业数据调查的基础上，首先对单条土壤侵蚀沟进行了调查监测，包括侵蚀沟识别、深度与侵蚀量测算，然后评价了坡面土壤侵蚀现状，包括坡面单元的土壤侵蚀沟发育程度和坡面的土壤侵蚀强度两个方面，进而研究了沟蚀与面蚀的相关关系，分析了侵蚀沟对坡面面蚀的影响以及土壤侵蚀的发育特征。主要结论如下：

(1) 无人机技术是复垦土壤侵蚀调查的有效手段。提出了基于无人机遥感的土壤侵蚀调查监测方法，该法能够实现土壤侵蚀细沟的识别提取、侵蚀沟深度的测算以及侵蚀量的测算。研究发现：基于无人机影像能够很好地实现侵蚀细沟的识别，在采用面向对象进行侵蚀沟的识别时，影像分割参数的选取尤为重要，直接影响着识别精度；基于太阳高度角与太阳方位角构建了侵蚀沟深度测算模型，其测算精度主要受影像分辨率的影响；对样点数据的验证表明，该模型对侵蚀沟深度测算的精度较高；基于无人机数据可以建立侵蚀前的原始DEM，进而构建土壤侵蚀量的测算模型。该模型是一种能够快速测算土壤侵蚀沟侵蚀量的方法。

(2) 侵蚀沟发育程度和面蚀强度是评价区域侵蚀现状的重要方式，通过构建坡面沟蚀发育程度评价模型，测算影响土壤侵蚀的主要因子，评价了坡面沟蚀发育程度与面蚀强度。结果发现：31 个评价单元中，9 个单元侵蚀沟发育程度较高，15 个单元侵蚀沟发育中等程度，仅有 7 个单元侵蚀沟发育程度较低，且侵蚀沟发育程度较低的 7 个评价单元的面积较小。整体而言研究区内沟蚀情况严重，亟需进行治理。根据土壤侵蚀强度评价结果可以得出，研究区内以轻微侵蚀和轻度侵蚀为主，轻微侵蚀面积 55 897.58 m²，占研究区面积的 58.86%，轻度侵蚀面积占研究区面积的 41.09%，而中度侵蚀、强烈侵蚀、极强烈侵蚀和剧烈侵蚀面积之和占研究区面积的不足 1%。研究区面蚀问题不严重。

第6章 内蒙古生态脆弱矿区生态安全评估

6.1 生态脆弱矿区生态安全特征分析

6.1.1 生态脆弱矿区生态安全需求分析

生态安全直接或间接影响、制约自然环境和社会经济的健康发展。我国生态安全研究起步较晚,相关探讨侧重于区域层面,涉及的评价领域有城市、流域、湿地、森林、草原、土地及特定类型生态系统等[117-120]。在生态安全评价理论和方法研究上,众多国内学者在生态安全内涵[121-123]、评价指标体系的构建[124-125]、评价模型和方法[126-127]等方面做了大量探索,使相关理论与实证研究案例不断丰富。

矿区生态安全是指一个矿区及其周围生态系统生存和发展所需的生态环境处于不受或少受破坏与威胁的状态,即使矿区及其周围居民的生活、健康、安居环境以及适应环境的能力不受或少受破坏及威胁[128]。与其他生态安全相比,矿区生态安全是一个多层次、复杂的综合系统,其研究更侧重因矿业生产活动引起的区域生态系统向不利方向发展的可能性,其指标体系构建旨在明确生态保护红线,描述矿区在空间范围的特殊生态功能退化或受到制约的相关指标。矿区生态安全研究对于反映由于煤矿开采及相关活动带来的生态环境问题、提出相应的保护措施具有重要的指导作用,是实现绿色矿山建设和可持续发展的关键[125]。为促进生态脆弱矿区生态环境的改善,需要有针对性地对矿区生态脆弱特征开展生态安全评估。

内蒙古地区矿产资源丰富,草原面积辽阔,既是我国重要的生态安全保障区,又是重要的矿产、能源供应基地,承担着“生态安全”与“能源安全”的双重角色[129]。因煤炭市场需求刺激,内蒙古煤炭开采行业发展兴旺,越来越多的地下煤炭资源被开采利用和销售,在推动经济繁荣发展的同时,对当地生态环境造成剧烈破坏。近年来,由于长期的煤炭开采,大量土地被矿区开采占用,导致矿区污染、水土流失、土地侵蚀沙化、地表塌陷日趋严重,景观多样性严重降低,最终导致该地区生态脆弱,环境敏感,而自我恢复力极弱[130]。这些从不同程度上威胁着该区域的土地生态安全,制约着社会经济的进步,解决生态安全问题迫在眉睫。因此,加强该区域的生态安全研究,对于科学管理土地、协调土地生态建设与保护、优化土地生态空间布局具有重要的现实意义。

6.1.2 生态脆弱矿区生态安全特征分析

矿产资源的开发促进了我国经济发展,但同时也给周边生态环境带来了生态安全问题。

如何监测与评价矿区生态环境的安全性，为生态管理提供现实的理论科学依据，对于矿区的生态修复有着重要意义[131]。矿产资源的开采，会导致景观类型发生不同幅度的变化，这种变化引起生态系统波动，生态景观和生态结构发生明显破坏，造成区域生态格局失稳[132]。已有研究表明，不合理的经济开发活动会对景观格局产生一定影响，而景观格局直接影响生态系统，甚至会加速生态环境的恶化[133]。由于矿区具有独特的景观结构、生态功能等，矿区生态安全研究特征较为典型。参考已有文献[134-135]，矿区生态安全研究具有以下特征：

（1）矿区生态安全研究对象特征

矿区生态安全研究对象可以分为单项研究、多项研究以及总体性研究 3 类。其中单项研究为主要针对水、土、气、植被以及生物等关键生态要素的研究：① 土地资源问题，如矿区土地利用与退化治理[136]、矿区土壤重金属污染特征分析与治理等[137]；② 矿区植被问题，如植物类别与特征、动态演替、植被恢复重建及其影响效果等[138]；③ 水资源问题，如矿区水污染与净化处理、矿区地下水系统演化[139]、水资源有效利用与评价[140]等；④ 生物问题，如矿区菌落与生物多样性[141]、土壤复垦微生物特性及其作用[142]等。

矿区中的水、土、气等关键生态要素是相互联系、相互影响的有机联合体，因此，除单项研究外，以多个生态要素为研究主体，探索各生态要素之间的相互作用及影响机制等成为重要研究内容。例如：探究矿区土壤重金属污染特征、污染程度等对植被修复的影响[143]，复垦土壤特性与复垦区生物多样性的关系[144]以及矿区降水对复垦边坡的作用及影响规律[145]等。

除此之外，将矿区作为完整的生态系统，从整体角度对其进行管理、评价、治理等总体性研究也受到了学者们的关注[146-147]。

（2）矿区生态安全评价指标选取特征

除一般的水、土、植被、经济、社会等指标外，由于矿区生态较为脆弱，煤炭开采对水、植被等生态要素影响较为明显，因此断裂带高度与含(隔)水层空间关系、沙化面积、植被覆盖度、生物多样性等是重要的生态指标。此外，处于不同发展阶段的煤矿，矿区生态安全评价指标不尽相同。投产期煤炭开采环境预评估指标有迁移规模、预计产业情况、政府干预程度等；达产期煤矿环境评价选取指标则包括地形地貌、植被覆盖度、生物多样性等；闭矿后多数进行土地复垦适宜性评价，则从土壤理化性质、重金属含量、水质情况、闭矿年限等方面确定指标。

（3）矿区生态安全格局构建特征

生态安全格局构建是缓解生态保护与经济增长之间矛盾的重要空间途径[148]，是矿区开展生态安全管理的重要手段。矿区生态安全格局的构建已经形成基本范式，一般包括生态安全评价、污染防治工作与生态风险管理。生态安全评价最重要的是要识别区域内的生态源地和生态廊道，并加以针对性的保护和修复[149]。污染防治的主要任务，是针对采矿生产过程中产生的废水、废气、废渣等污染物以及噪声污染、放射性污染等污染源，以技术革新与经济投入为重要手段，采取预防与治理相结合的方式，根据矿区污染物排放特征，制定源解析及防控策略。生态风险管理主要包括风险源管理、安全监控和风险应对[150]。具体来讲，要开展矿区风险源识别以及危险鉴定工作，识别可能导致突发环境事件发生的风险因素，建立风险源数据库，实行“分类、分级、分区”管理。矿区生态安全评价指标及选取依据见表 6-1。

表 6-1　矿区生态安全评价指标及选取依据

依　　据	指　　标
垮区景观条件	冒落带、断裂带高度与含(隔)水层空间关系、生物多样性、沙化面积、植被覆盖度、土壤可蚀性等[151]
煤矿发展阶段	投产期(迁移规模、预计产业情况、水均衡破坏、政府干预程度等)
	达产期(植被覆盖度、居民地密度、地形地貌、矿业占地、生物多样性等)[152]
	闭矿后(土壤 pH、土壤养分、有害元素含量、地表水和地下水情况、矸石山位置、矸石山化学成分、采空区面积、埋藏深度、塌陷区稳定性、闭矿年限等)[153]

6.2　矿区生态系统构成及影响因子分析

矿区生态系统的组分、结构和功能对矿区生态安全具有重要影响[154]。同时,结合研究区实际的扰动因子,能够对生态安全指标的选取和研究实际意义有着更深的理解。本节采用文献研究法,结合实际的矿区情况,分析了矿区生态系统的组分、结构和功能,并对研究区(内蒙古锡林郭勒盟)所受的自然扰动和采矿扰动进行了归纳。

6.2.1　矿区生态系统构成

6.2.1.1　矿区生态系统组分

研究矿区生态系统的组分首先需要确定矿区生态系统的范围[155]。一般来说,矿区生态系统的范围在空间上与采矿的影响范围一致,在时间上为采矿的完整生产过程,包括采矿前的准备工作到采矿后的复垦修复。表 6-2 简单介绍了矿区生态系统基本组分。通过分析矿区生态系统的组分,能够更好地表述其特征。

表 6-2　矿区生态系统的基本组分

矿区组分	主要作用	表现指标
生物	影响土壤保持、水源涵养、多样性保持等	植物种群、多样性,动物种类、数量、多样性,微生物种类、数量、多样性等
水文	影响生物定居和人文活动	地下水埋深、水量、水质,地表水量、水质等
地形	影响区域水文循环、生物定居、能量固定等	形态、海拔、地势、坡度、坡向
气候	影响系统的水资源储量、生物生长	降雨量、温度、湿度、干湿季时长等
土壤	影响系统的生产能力	质地、肥力、含水量、水势、污染物含量等
人文	影响土地利用与管理的方式和效率	矿区企业、农村或城市社会经济组织、土地权属、文化等
岩石	影响采矿沉陷形态、尾矿和弃渣性状	岩层厚度、岩层产状、化学性质、质地、导水性、强度等

6.2.1.2　矿区生态系统结构

系统内部各要素相互关联、相互作用而形成一个有机整体。类似矿区生态系统这种复杂系统具有一定结构形式与功能特征[156]。图 6-1 描述了矿区生态系统多组分之间的关联和结构。对于矿区生态系统中的组分,有其他组分对其产生影响,而这一组分又会对其他组分产生影响,各组分之间通过各种反馈关系紧密相连[157]。通过对不同组分之间的排列组合,能够改变矿区生态系统的利用类型或景观类型。矿区生态系统结构主要由三个因素构成:地质构造条件(岩性)、地貌特征以及人类活动影响(开采方式、方法及强度)。其中地表环境因子决定着矿区生态系统中各种功能要素的分布状态。这些分布状态包括组分组合的空间结构、时间结构、等级结构[158]。

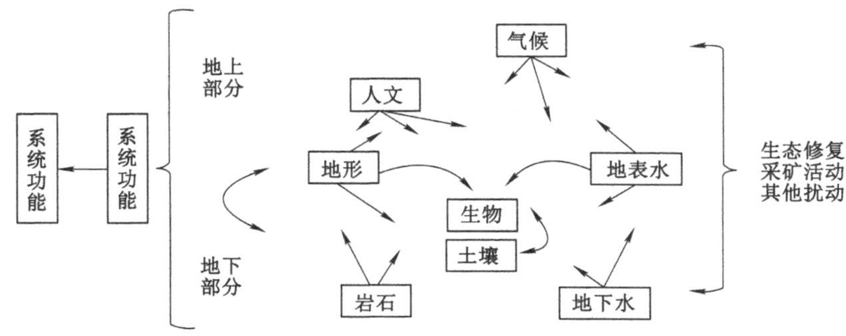

图 6-1　矿区生态系统多组分间关联和结构

6.2.1.3　矿区生态系统功能

能量流动、物质循环和信息传递是保持生态系统能够正常运行的基本功能[159]。其中能量流动包括生物能流和化学能流;物质循环包括土壤-植被系统中养分循环和微生物循环;信息传递则指信息流与物流之间的相互作用以及二者间的反馈机制。在能量流动、物质循环和信息传递的互相影响之下,生态系统能够正常实现其生产功能、调节功能等。由于不同土地类型通过其生产过程能够向人类提供产品或者服务,所以生态功能最直接的体现方式便是生态系统服务功能[160]。一般将生态系统服务功能分为供给、调节、支持和文化服务四种类型。在此基础上,按照生态系统服务的功能性质,又可将其分为生态安全、社会发展、经济价值三个一级类别。矿区生态系统的主要生态系统服务见表 6-3。

表 6-3　矿区生态系统的主要生态系统服务

表现指标	生态系统服务	服务表现
食物	供给服务	原地貌为农业用地或者矿区恢复为农业用地时提供的主要功能
淡水		沉陷或采坑积水区、地下采空区改造为水库时提供的主要功能
薪材		原地貌为林草地或者矿区恢复为林草地时提供的主要功能
其他资源		为人类活动提供场所、空间、物质资源,如建筑场地、矿产品等原材料
气候调节	调节服务	原地貌、沉陷未积水区、生态恢复后的场地一般都具备提供调节服务能力,但采掘场地、排土场、尾矿及其他因采矿完全退化的区域等提供能力极差,甚至提供负向调节能力,如释放温室气体、析出有害物质、增大水土流失量、损伤多样性
水文调节		
环境调节		
养分蓄积	支持服务	
土壤保育		
生物多样性维持		
消遣与旅游	文化服务	具有文化与科学价值的采矿遗迹、生态恢复研究与示范区,重建为风景旅游、休闲农业等类型的场地
文化遗产		

6.2.2 矿区生态系统的影响因子分析

生态系统是一种永远处在不断运动和变化的动态系统。正常的生态系统是生物群落与自然环境取得平衡的自我维持系统，各种组分按照一定规律发展变化并在某一平衡位置的一定范围波动，从而达到一种动态平衡状态[161]。但是生态系统的结构和功能也可以在一定时空背景下，在自然干扰和人为干扰或二者的共同作用下，连续地或间断地对生态因子发生超“正常”范围波动，具体表现在生态系统的基本结构和固有功能的破坏丧失、生物多样性下降、稳定性和抗逆能力减弱、系统生产能力下降，也就是系统提供生态系统服务的能力下降或丧失，生态系统的这种演变过程称为生态系统扰动[162]。

(1) 采矿扰动

矿区生态系统采矿扰动是指矿区在采矿过程中，由于采矿、加工、运输等活动导致地质岩层结构变动、地下水系破坏、空气污染等，使得矿区的生态系统的生态因子、生态系统的功能构成、生态系统的景观结构等发生变化，使整个生态系统从稳定状态向不稳定状态转变的动态过程[163-164]。

矿区的开采方式主要为露天开采和井工开采两种。露天开采，又称为露天采矿，是一个移走矿体上的覆盖物，得到所需矿物的过程，井工开采是利用井筒和地下巷道系统开采煤炭或其他矿产品的开采方法。井工煤矿开采必须从地面向地下开掘一系列井巷，其生产过程是地下作业，自然条件比较复杂，开采的主要特点是需要进行矿井通风，存在瓦斯、煤尘、顶板、火、水五大灾害。露天煤矿煤层的地表覆盖层较浅，挖开地表层即可进行采煤，危险系数较低。井工煤矿煤层埋藏很深，必须掘进到地层中进行采煤，地下作业，危险系数高。因此，对于井工开采，有高潜水位与低潜水位、平原与山地等不同井工开采的扰动形式[165]。

(2) 外部扰动

研究区(内蒙古锡林郭勒)位于我国的北方，以草原生态系统为主，属于温带大陆季风气候。其受到的外部扰动往往是由荒漠化、干旱、大风、冰雹、龙卷风等自然灾害造成的。

① 荒漠化

内蒙古草原属于温带大陆季风型气候，降水量少，大风日数多，土壤以沙性质地为主，草原生态环境脆弱。由于超载放牧和不合理利用，草场退化严重，沙化面积增大，生物多样性遭到严重破坏[166]。荒漠化多年来一直是内蒙古的一项重大灾害，每年都会给草原牧民们带来严重的经济损失。而且荒漠化除了直接造成损害，还间接地促进或强化了其他的生态灾害，比如大风灾害、沙尘暴、旱灾、雪灾、火灾、蝗灾等，严重破坏了草原生态系统的稳定性[167]。因此，防治荒漠化已成为我国一项长期而艰巨的任务。目前在全国范围内实施西部大开发战略和可持续发展战略，荒漠化问题更应该引起重视[168]。内蒙古草原作为中国北方的“生态长城”，是京津唐地区重要的生态屏障，由于全球气候变化与人类扰动的综合作用，这一屏障正在或已经出现了严重荒漠化灾害。

② 干旱

内蒙古是典型的温带大陆性季风气候，冬季气温低，降水少，夏季气温高，降水集中，春秋温差大，大风天气多发[169]。由于内蒙古总体位于大陆内部，受到西风带天气系统的严重影响，其降水偏少[170]。因此，干旱是内蒙古最大的气象灾害之一，每年干旱导致的损失约占内蒙古因灾损失的70%以上[171]。尽管干旱一年中发生次数较少，仅维持在20～35次，但因其为长期连续发生，将严重影响人民群众日常生活及经济作物自然生长，易造成重大经济损失。据不完全统计，春季降水量不足 50%，夏玉米就可能出现不同程度的死苗现象，从而影响产量和质量。春旱将直接导致耕地播种延迟和牧草返青延迟，春夏连旱将使耕地大面积减产。耕地至少减少 70%，牧草产量减少 80%以上，有些地区甚至绝收[172]。

③ 大风、冰雹、龙卷风

据中国气象局气象灾害管理系统资料显示，尽管内蒙古近几年气象灾害数量呈现波动态势，但总是出现大风、冰雹、龙卷风[173]。在面对大风、冰雹、龙卷风时，农业生产往往会受到很大的影响。低温冻害、雷击、沙尘暴等灾害发生频率低，受影响人口比较少。

对于不同矿区，这些扰动并不一定会发生，但都具备一定的发生风险。除了上述常见的扰动，还有其他不可预知的扰动风险。这些扰动的表现形式和程度与采矿略有差异，但和采矿、恢复工程一样，都有可能造成矿区生态系统形态的转变，从而引起矿区生态安全能力的改变。

6.3　矿区生态系统安全评估与实证研究

6.3.1　数据来源

(1) 数据来源

研究区 DEM 数据从地理空间数据云(http://www.gscloud.cn/)下载，研究区遥感影像图从 USGS(https://earthexplorer.usgs.gov/)下载。气象数据从东英吉利大学气象数据网(https://crudata.uea.ac.uk/cru/data/hrg/)下载。

研究中 NDVI 等相关指标数据，通过遥感影像测算进行获取。影像数据获取的时间选择 6～10 月之间，空间分辨率 30 m×3 m，详细情况见表 6-4。

表 6-4　遥感影像数据

矿区名称	年份	卫星	轨道号	时间
贺斯格乌拉露天煤矿	2011	Landsat-5	Path122，row28	2011/08/11
	2013	Landsat-8		2013/07/31
	2017	Landsat-8		2017/07/03
	2021	Landsat-8		2021/08/31
胜利东二号露天煤矿	2009	Landsat-5	Path124，row29	2009/08/12
	2011	Landsat-5		2011/08/02
	2017	Landsat-8		2017/07/17
	2020	Landsat-8		2020/08/26
白音华三号露天煤矿	2011	Landsat-5	Path123，row29	2011/08/11
	2013	Landsat-8		2013/07/31
	2017	Landsat-8		2017/07/01
	2021	Landsat-8		2021/09/07

(2) 数据处理

采用 ENVI 、ArcGIS 等软件进行分析，利用 ENVI 软件进行辐射校正、FLAASH 大气校正以及图像裁剪等预处理，采用 ENVI 软件获取 NDVI 指数，采用波段计算法计算植被覆盖度、地表比辐射率、黑体辐射亮度、地表温度等指标。利用 ArcGIS 完成 DEM 数据的处理，计算坡度、坡向、降水等基础数据并进行栅格化处理。

6.3.2 矿区生态安全评价指标分析

在对生态安全评价指标的研究中，根据不同研究对象，在选用不同评价模型的基础上，构建了不同生态系统类型的生态指标体系。我国在经历了从开发利用到开发利用与生态环保并重的过程后，以矿区为对象的生态安全研究越来越广泛，研究内容从单项到多项生态要素，从多项生态要素到整体矿区生态系统，学科上包括矿业工程、资源科学、环境科学与资源利用等。当前针对矿区生态安全评价指标进行研究时，其评价体系构建多立足于 PSR(压力-状态-响应)框架模型，从工矿建设、资源开发和农业生产引起的生态压力[174]，复合区土地生态系统本身的土壤、植被等结构当前所处的状态，以及人类针对复合生态系统的生态现状所做出的生态环境治理、社会经济投资等响应 3 方面筛选矿区生态安全评价指标，构建评价指标体系，进而分析矿区生态安全状况[175]。根据已有研究，可以发现，矿区生态安全评价指标除一般的自然、经济社会等指标外，还包含沙化面积、植被覆盖度、生物多样性等重要的生态指标。此外，矿区作为人为主导的生产活动区域，针对不同发展阶段的煤矿，其预计产业情况、政府干预程度、闭矿年限等对评价指标的选取具有重要影响。虽然相关研究逐渐丰富，但针对内蒙古生态脆弱矿区生态安全评价指标构建，受草原、气候、矿区的综合性及复杂性限制，尚未有统一的、全面的评价标准规范体系。

本节研究区位于锡林郭勒，主要生态系统为草原生态系统，从气候调节功能、生态价值功能、气候自然灾害、地形地貌等方面选取具有代表性的指标，最终选取植被覆盖度、地表温度、坡度、坡向、降水等 5 项指标。

6.3.2.1 植被覆盖度(FVC)

植被是陆地生态系统中最基础的部分，所有其他生物都依赖于植被而生。植被覆盖度(fractional vegetation cover，FVC)为植被(包括叶、茎、枝)在地面的垂直投影面积占统计区总面积的百分比，是表示地表植被覆盖的重要参数，也是指示生态环境变化的基本指标，在大气圈、土壤圈、水圈和生物圈中占据着重要的地位。

植被覆盖度采用的计算公式见前文 3.2.1.1 式(3-1)～式(3-4)。不同年份贺斯格乌拉露天煤矿植被覆盖度的时空分布见图 6-2。

从时间序列分析，2011 年、2013 年、2017 年、2021 年该区域的平均植被覆盖度分别为 0.79、0.81、0.47、0.80。从植被覆盖面积变化情况看(图 6-3)，2011 年、2013 年、2017 年、2021 年高植被覆盖度面积占比分别为 54.90%、67.96%、22.87%、58.28%。从空间分布看，2017 年研究区域的高植被覆盖度在采矿区的外围整体下降，分析是因为该区域在 2017 年发生了干旱、高温等自然灾害。将采矿区的土地利用类型(图 6-4)分为建设用地、草地和废弃地，建设用地的面积在 17.61～28.84 km^2，其中 2013 年和 2021 年其面积增加比较大。草地的面积在 127.35～136.55 km^2 之间，变化幅度不大。2017 年低植被覆盖度：中植被覆盖度：较高植被覆盖度：高植被覆盖度的比例为 9.1：26.6：30.2：22.9，表现为草地高植被覆盖度向中植被覆盖度和较高植被覆盖度变化。

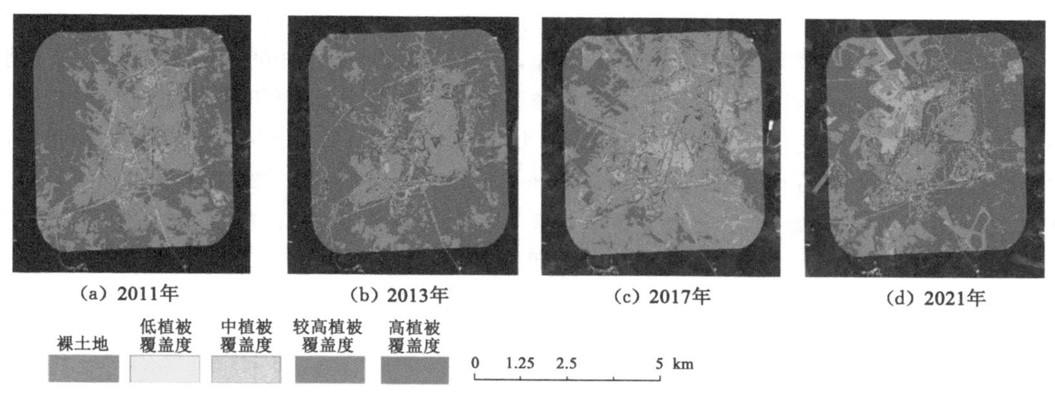

图 6-2　不同年份贺斯格乌拉露天煤矿植被覆盖度的时空分布

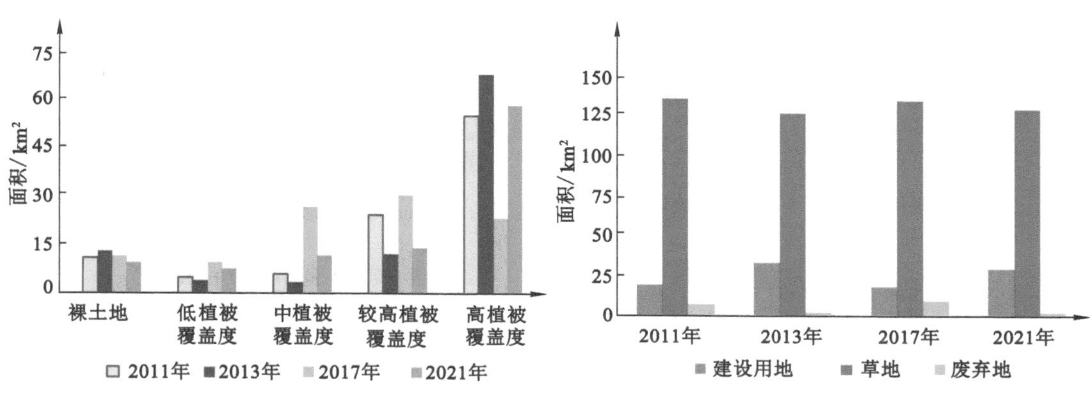

图 6-3　不同年份贺斯格乌拉露天煤矿不同植被覆盖面积

图 6-4　不同年份贺斯格乌拉露天煤矿不同植被土地利用类型面积

不同年份胜利东二号露天煤矿植被覆盖度的时空分布如图 6-5 所示。从时间角度分析，2009 年、2011 年、2017 年、2021 年胜利东二号露天煤矿平均植被覆盖度分别为 0.402、

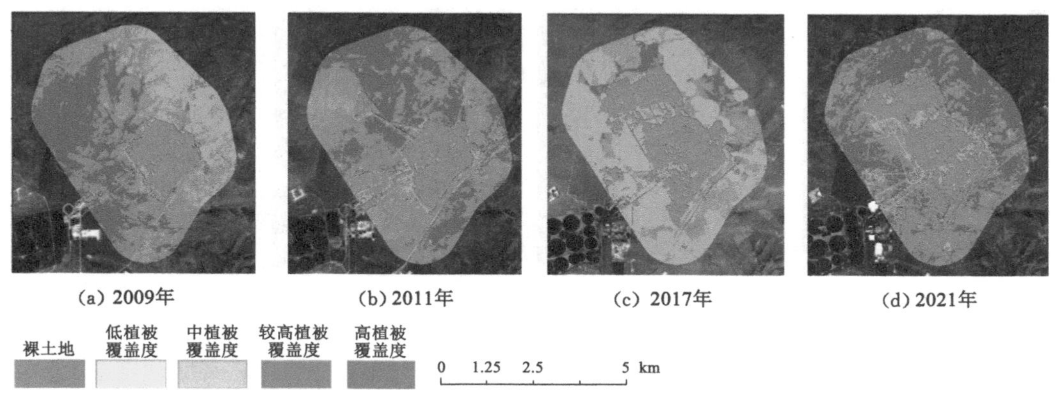

图 6-5　不同年份胜利东二号露天煤矿植被覆盖度的时空分布

0.485、0.189、0.481。从空间分布看，随着年份的增加，采矿活动影响了不同土地利用类型面积的变化（图 6-6），随着采矿活动范围增加，建设用地面积从 2009 年 8.89 km² 增加到 2021 年的 30.32 km²，可见开采对土地利用类型的变化和裸土地面积的增加具有重要的影响。从植被覆盖面积变化分析（图 6-7），2009 年、2011 年、2017 年、2021 年较高植被覆盖度和高植被覆盖度面积占比为 52.50%、67.54%、11.58%、64.81%。2009 年到 2011 年间胜利东二矿总体植被覆盖度比较高，但是 2017 年低植被覆盖度和裸土地的面积占比为 46.23%和 25.03%，2021 年高植被覆盖度面积占比最高，为 39.91。分析其变化原因，主要是 2017 年的低、中、较高植被覆盖度转变为高植被覆盖度。

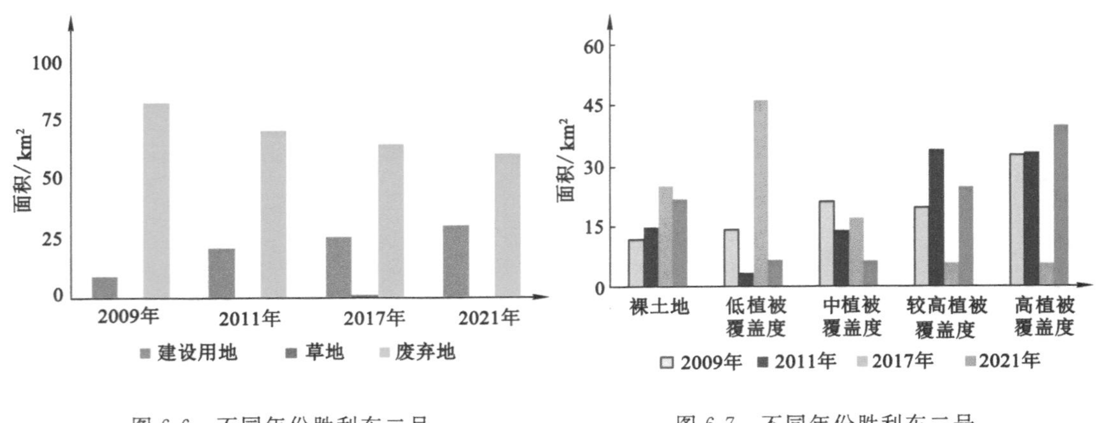

图 6-6　不同年份胜利东二号露天煤矿不同土地利用类型面积

图 6-7　不同年份胜利东二号露天煤矿不同植被覆盖面积

不同时间白音华三号露天煤矿植被覆盖度的时空分布如图 6-8 所示，2011 年、2013 年、2017 年、2021 年白音华三号露天煤矿的平均植被覆盖度分别为 0.791、0.811、0.470、0.800。从植被覆盖面积变化分析（图 6-9），2011 年、2013 年、2017 年、2021 年高植被覆盖度面积占比为 67.37%、72.09%、25.56%、3.89%，裸土地面积占比为 9.04%、8.87%、13.66%、10.36%。从植被覆盖面积变化可以得出，2017 年植被覆盖面积变化比较大，低植被覆盖度：中植被覆盖度：较高植被覆盖度：高植被覆盖度比例为 10.78：26.99：

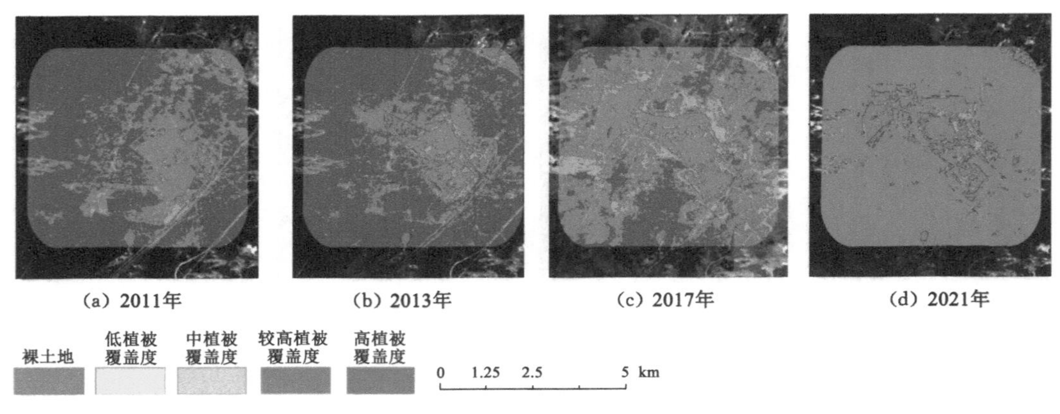

图 6-8　不同年份白音华三号露天煤矿植被覆盖度的时空分布

23.01∶25.56，与其他年份相比，2017 年的植被覆盖度整体降低，高植被覆盖度降低，低、中、较高植被覆盖度比例增加，裸土地面积也增加。从不同土地利用类型变化的面积占比可以看出(图 6-10)，建设用地面积在增加，说明采矿活动增加了建设用地，植被覆盖度的变化主要由草地生长状况变化引起的空间变化所致，建设用地在空间分布上呈不断扩散的趋势。

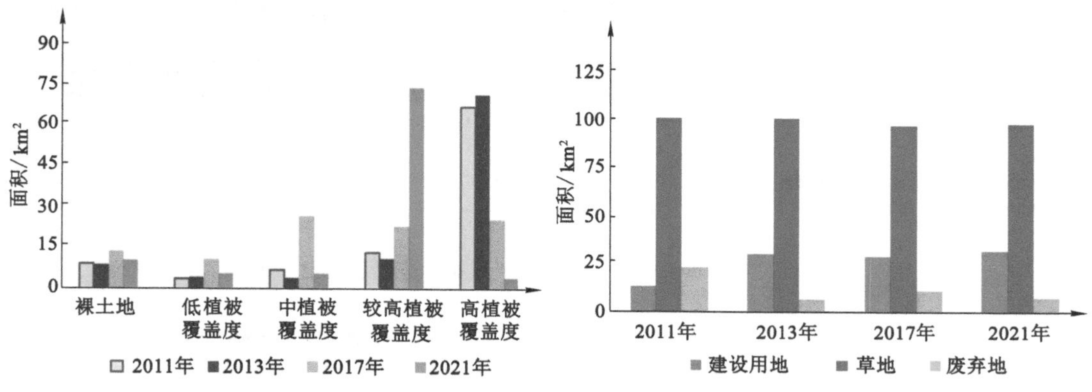

图 6-9　不同年份白音华三号露天煤矿不同植被覆盖面积

图 6-10　不同年份白音华三号露天煤矿不同土地利用类型面积

总之，通过对贺斯格乌拉露天煤矿、胜利东二号露天煤矿、白音华三号露天煤矿的植被覆盖度分析，从时间角度上看，2017 年平均植被覆盖度的变化比较大，主要是干旱原因导致植被生长状况的变化，从而导致整体植被覆盖度降低。从空间角度看，随着采矿活动的增加，建设用地面积有不断扩大的趋势。

6.3.2.2　地表温度反演计算

地表温度(land surface temperature，LST)是区域与全球尺度地表能量收支和水循环过程中的关键参数，能够提供地表能量平衡状态的时空变化信息，是区域与全球尺度地表过程分析和模拟的关键参数。本节采用大气校正法进行地表温度反演，其基本原理为：去除大气对地表热辐射产生的误差，把热辐射强度转换为相应的地表温度。热红外辐射亮度值 L_λ 由三部分组成：通过大气的地面的真实辐射的能量、大气向上辐射的能量和大气向下辐射到达地面后反射的能量。公式如下：

$$L_\lambda = [\varepsilon \cdot B(T_s) + (1-\varepsilon)L_1] \cdot \tau + L_\uparrow \tag{6-1}$$

$$B(T_s) = [L_\lambda - L_\uparrow - \tau \cdot (1-\varepsilon)L_\downarrow]/\tau \cdot \varepsilon \tag{6-2}$$

$$T_s = K_2/\ln[K_1/B(T_s)+1] \tag{6-3}$$

式中，L_λ 是热红外辐射亮度值；τ 是热红外波段中的大气透过率；ε 是地表比辐射率；T_s 是陆地表面真实温度，K；$B(T_s)$是黑体辐射亮度；$L_\uparrow$ 为大气向上辐射亮度；$L_\downarrow$ 为大气向下辐射亮度；K_1、K_2 为参数值。式(6-1)是计算温度为 T 的黑体的辐射亮度 $B(T_s)$，其中透过率 τ、大气向上辐射亮度 $L_\uparrow$ 和大气向下辐射亮度 $L_\downarrow$ 三个参数可以在 National Aeronautics and Space Administration(NASA)官方网站中获得。式(6-3)为计算 T_s 的普朗克公式，对于 TIRS 10，$K_1=774.89\ \mathrm{W/(m^2 \cdot sr \cdot \mu m)}$，$K_2=1\ 321.08\ \mathrm{K}$。

利用上述公式计算地表真实温度，三个矿区 2011 年、2013 年、2017 年、2021 年的详细地表温度反演结果见图 6-11～图 6-13。

图 6-11　不同年份贺斯格乌拉露天煤矿地表温度时空分布

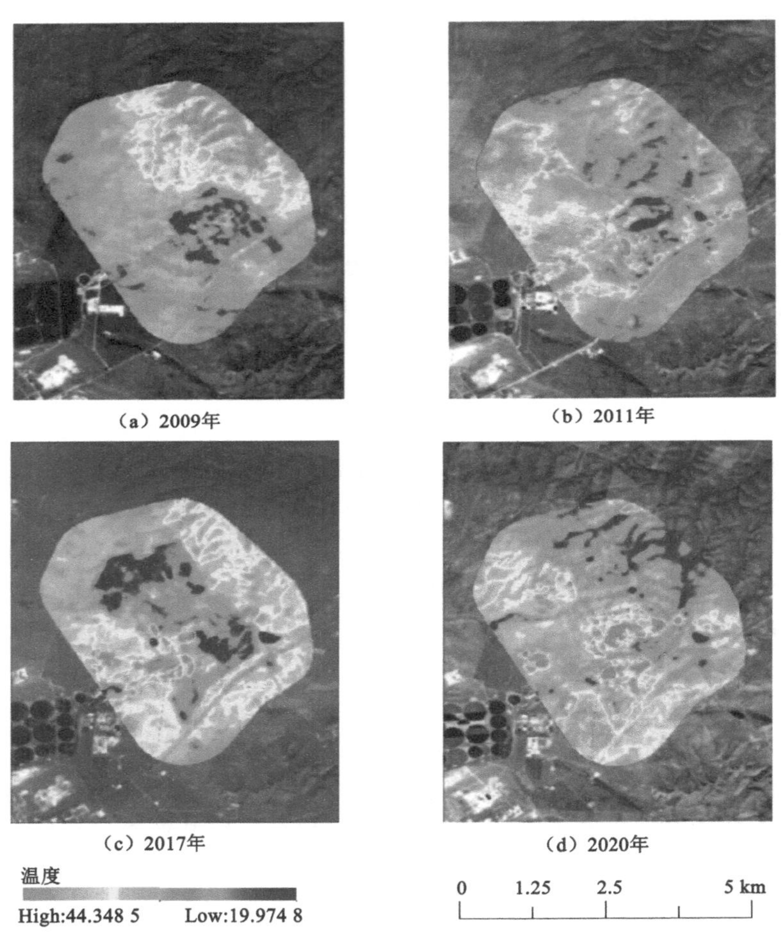

图 6-12　不同年份胜利东二号露天煤矿地表温度时空分布

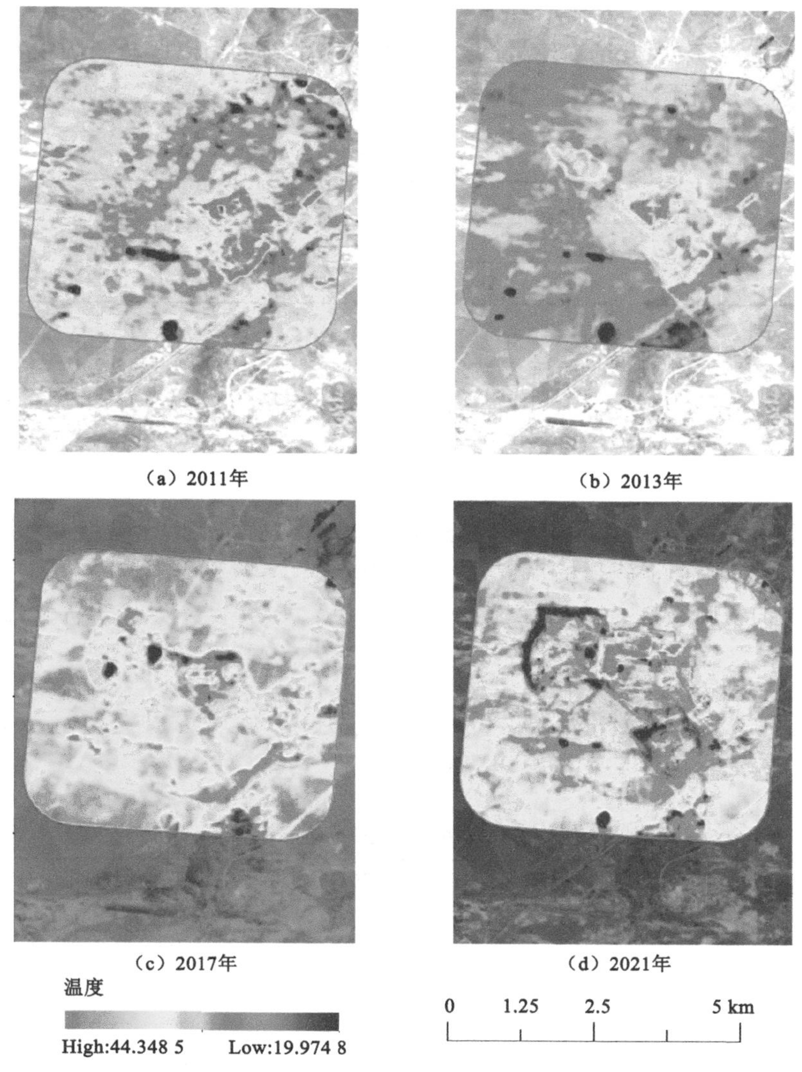

图 6-13　不同年份白音华三号煤矿地表温度时空分布

通过对比分析不同矿区地表温度时空分布图(图 6-11～图 6-13)，在不同年份之间，2017 年研究区域的地表温度出现异常高温，这与植被覆盖度分析中 2017 年植被覆盖度突然降低的结果是一致的。从空间分布可以看出，高温区发生在采矿活动的建设用地范围内，周边的草地等植被覆盖度高的区域地表温度相对比较低。

6.3.2.3　坡度、坡向

坡度是指过地表一点切平面与水平面的夹角，描述地表面在该点的倾斜程度。它能够影响地表物质流动与能量转换的规模与强度，制约生产力空间布局。坡向是指地表面上一点的切平面的法线在水平面的投影与该点的正北方向的夹角，描述该点高程值改变量的最大变化方向。它是决定地表面局部地面接收阳光和重新分配太阳辐射量的重要地形因子，直接造成局部地区气候特征差异，影响区域植被的生长状况。

利用地理空间数据云下载 DEM 数据(http://www.dsac.cn/),获取三个研究区的DEM数据,在ArcGIS中进行裁剪与投影栅格后,采用空间插值法,进行坡度和坡向空间分析,并进行统计。三个矿区坡度、坡向平均值见表6-5。

表6-5 三个矿区坡度、坡向平均值

指标	贺斯格乌拉露天煤矿	胜利东二号露天煤矿	白音华三号矿
坡度/(°)	6.39	4.96	4.25
坡向/(°)	170.51	185.03	167.89

其中贺斯格乌拉露天煤矿属于缓坡地,胜利东二号露天煤矿与白音华三号矿属于较平坡度地,三个矿区之间白音华三号矿的坡度最缓。三个矿区的坡向都在157.5°~202.5°之间,地理坡向属于阳坡,对植物生长有利。

6.3.2.4 平均降水量

降水量是指一定时间内,从天空降落到地面上的液态或固态(经融化后)水,未经蒸发、渗透、流失,而在水平面上积聚的深度,以mm为单位,气象观测中取一位小数。降水量是水资源最重要的基础资料之一,在工农业生产、江河防洪、生态安全和工程管理等方面具有很大作用。

通过东英吉利大学气象数据网下载了2000—2010年和2011—2020年的降水数据,选择研究区范围以及四个研究年份(2011年、2013年、2017年、2020年)进行数据处理,得到三个矿区不同年份的平均降水量,如表6-6所示。

表6-6 矿区降水量

单位:mm

年份	贺斯格乌拉露天煤矿	胜利东二号露天煤矿	白音华三号露天煤矿
2011	348.9	212.7	341.6
2013	420.5	309.1	393.1
2017	263.5	204.8	280.6
2020	385.5	232.9	437.9

根据表6-6的数据,贺斯格乌拉露天煤矿与白音华三号露天煤矿在正常年份的降水量远远超过胜利东二号露天煤矿,这也和两个矿区的植被覆盖程度大于胜利东二号露天煤矿的事实吻合。而在2017年三个矿区的降水都是骤降,推断在整个锡林郭勒盟发生了旱灾。

6.3.3 矿区生态安全评价

(1) 矿区生态安全评价方法

采用综合指数法对矿区生态安全进行评价。选取植被覆盖度、地表温度、坡度、坡向、降水量五个指标,采用变异系数确定指标权重。

变异系数法是根据所选指标的统计数据值,通过计算得到指标权重的方法。它是一种相对客观的赋权方法。变异系数法的基本原理是:在评价指标体系中,指标取值差异越大的指标,也就是越难以实现的指标,这样的指标更难反映被评价单位的差距,因为构建的评价指标体系中的各项指标的量纲往往是不同的,不能够直接比较其差异,因此需要提前消除各项评价指标的量纲不同所造成的影响，这里是用各项指标的变异系数来衡量各项指标取值的差异程度。各项指标的变异系数公式如下：

$$V_i = \frac{\sigma_i}{\overline{x}_i} \tag{6-4}$$

式中，σ_i 为第 i 项指标的标准差，$\overline{x_i}$是第 i 项指标的平均值，V_i 是第 i 项指标的变异系数。各项指标的权重为：

$$W_i = \frac{V_i}{\sum_{i=1}^{n} V_i} \tag{6-5}$$

（2）生态安全评价指数测算

首先将三个矿区四个年份的不同指标数据进行归一化处理，然后采用变异系数法测算各指标的权重，见表 6-7。

表 6-7　指标权重计算

指标	平均值	标准差	V_i	占比	权重
植被覆盖度	0.607 077	0.416 701	0.686 405	0.200 846	0.2
地表温度	0.571 917	0.149 459	0.261 33	0.076 466	0.09
坡度	0.159 81	0.056 967	0.356 466	0.104 304	0.09
坡向	0.482 844	0.287 972	0.596 408	0.174 512	0.18
降水量	0.226 655	0.343 828	1.516 967	0.443 872	0.44

生态安全评价指数的测算是根据确定的权重对各矿区的指标进行加权计算其生态安全指数。由于土地生态安全评价至今尚未形成一套国内外广泛认可的分级标准，因此本研究综合考虑研究区研究年份生态安全评价结果，选取自然断点法作为分类依据。生态安全评价结果见图 6-14 至图 6-18 及表 6-8 至表 6-10。

(a) 2011年

(b) 2013年

图 6-14　不同年份贺斯格乌拉露天煤矿生态安全指数的时空分布

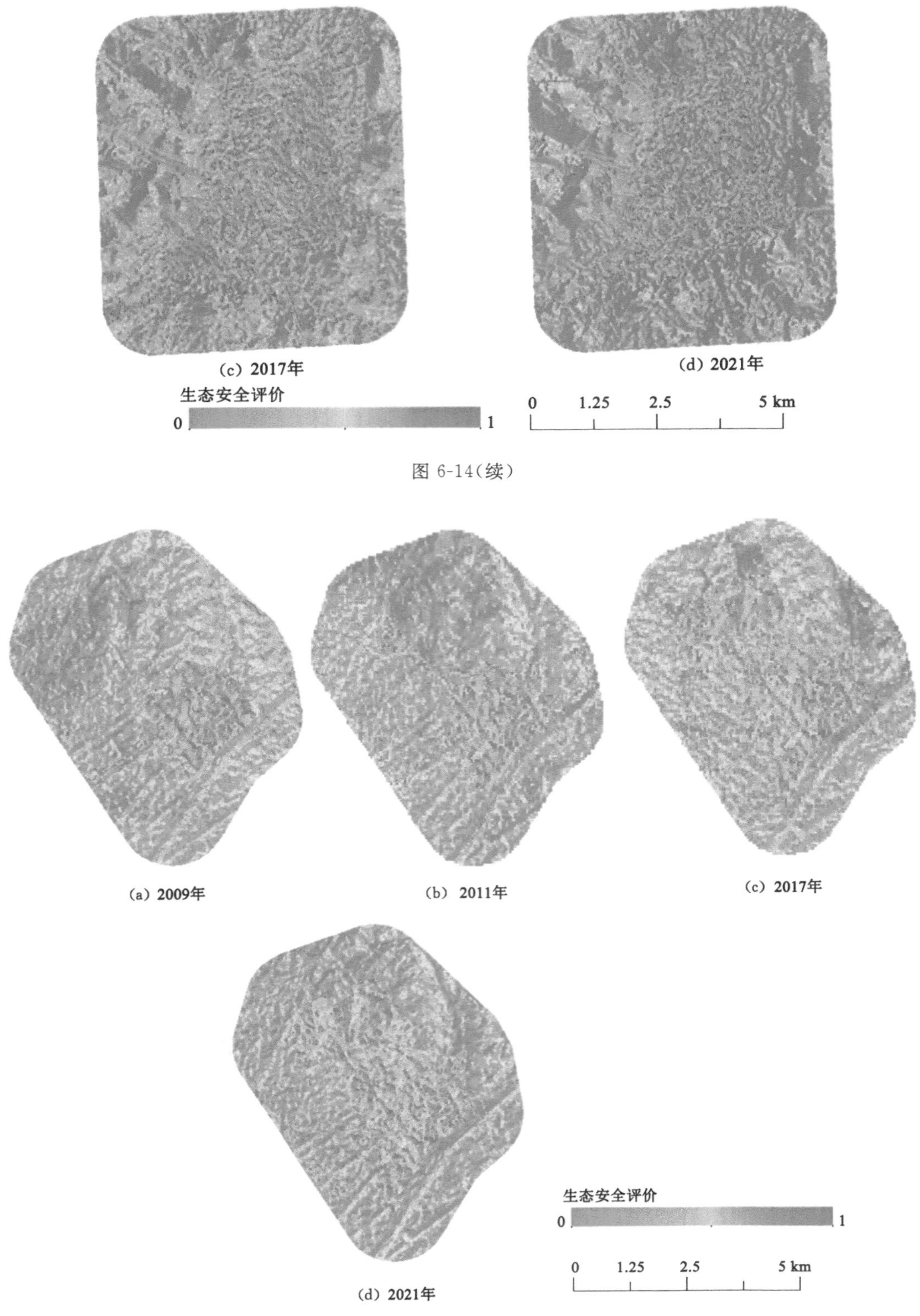

图 6-14(续)

图 6-15 不同年份胜利东二号露天煤矿生态安全指数的时空分布

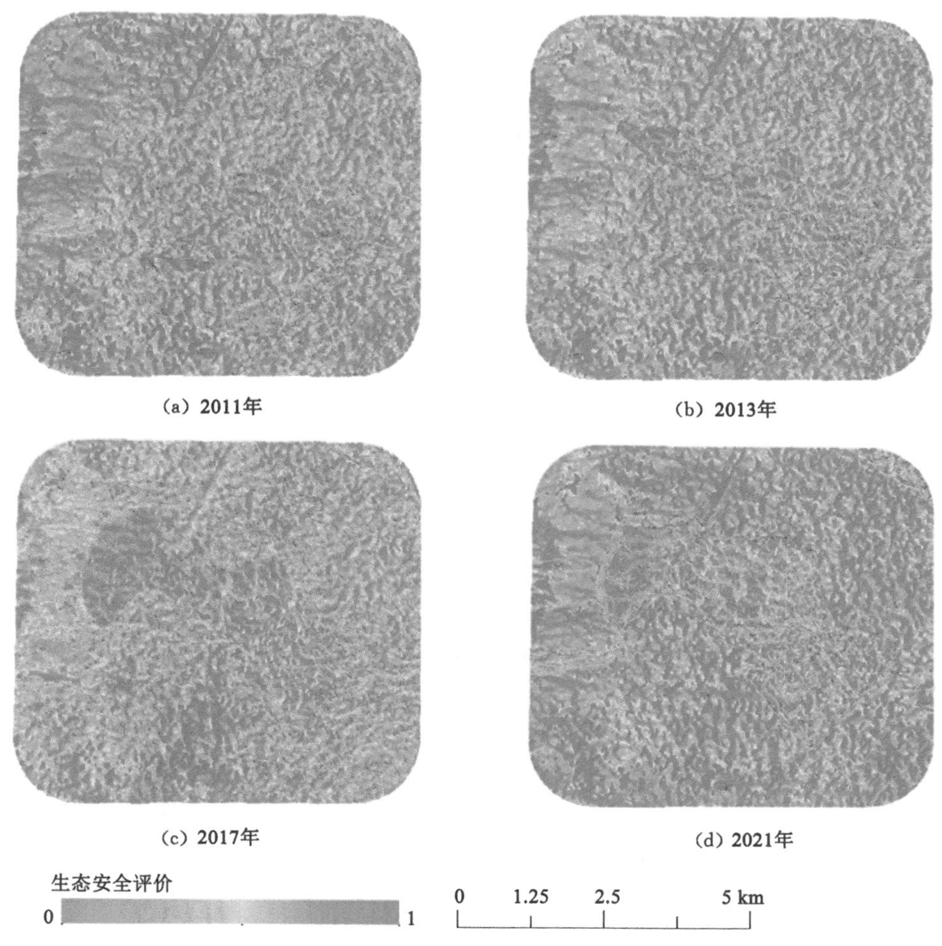

图 6-16　不同年份白音华三号矿生态安全的时空分布

根据图 6-14 和表 6-8 分析不同年份贺斯格乌拉露天煤矿生态安全指数，从时间序列分析，2011 年、2013 年、2017 年、2021 年该区域的平均生态安全指数为 0.54、0.56、0.49、0.62，除 2017 年外，整体呈上升趋势，反映了矿区生态环境治理工程是有成效的。从空间分布看，生态安全指数小的区域基本位于矿区及周围，且矿区开发方向从东到西。2017 年矿区范围外生态安全指数低，原因是该区域在 2017 年发生了干旱、高温等自然灾害，导致整体生态安全指数值低。为了方便分析，将不安全和较不安全合并为不安全，临界安全、较安全和安全合并为安全。2011 年、2015 年、2017 年、2021 年，生态安全区域面积占比分别为 71.28%、73.42%、66.30%、76.16%，可见，煤矿开采虽然对环境造成一定破坏，但是由于国家执行谁破坏谁复垦的政策，加快生态环境治理工程，同时在采煤过程中采用降低生态环境损毁的技术，使得在采煤过程中整体生态环境处于较好状态，但是个别区域，诸如采矿矿坑使生态环境恶化，并且修复前后，短时间内生态环境质量恢复是慢的。从采矿活动对生态环境影响程度进行定量分析，生态不安全面积 2011 年到 2013 年年均减少 1.97 km^2，2013 年到 2017 年年均增加 2.92 km^2，可见，在贺斯格乌拉露天煤矿的采矿活动对生态环境的影响大于干旱天气对生态环境的影响，但是矿区的生态修复措施对生态环境的改善大于采矿活动对生态环境的损伤。

表 6-8 不同年份贺斯格乌拉露天煤矿不同生态安全类型面积分布 单位：km^2

生态安全类型	面积			
	2011 年	2013 年	2017 年	2021 年
不安全	12.72	13.59	15.08	10.32
较不安全	33.86	29.05	39.24	28.35
临界安全	45.63	47.48	49.11	48.61
较安全	41.21	42.33	38.27	41.13
安全	28.77	28.74	19.49	33.78

根据图 6-15 和表 6-9 分析不同年份胜利东二号露天煤矿生态安全指数，从时间序列分析，2011 年、2013 年、2017 年、2021 该区域平均生态安全指数分别为 0.54、0.58、0.46、0.57。除 2017 年外，整体生态安全指数基本保持稳定。从空间分布分析，胜利东二号露天煤矿的生态安全指数较低的地区从南向北随着矿区的开发扩展，整个研究范围低生态安全指数区域主要分布在矿区及周围，说明采矿活动使得环境处于高生态风险状态，自然承载力较低，当发生自然灾害(比如 2017 年)，整个研究区的生态安全都易受到威胁。从面积分布看，2011 年、2013 年、2017 年、2021 年生态不安全区域面积占比为 27.92%、27.62%、41.09%、28.71%，除 2017 年由于天气干旱导致生态安全指数突然降低外，其他年份生态安全指数变化不大。从采矿活动对生态环境影响的角度看，生态不安全面积 2011 年到 2013 年年均减少 0.14 km^2，2013 年到 2017 年年均增加 3.06 km^2，可见，在胜利东二号露天煤矿采矿活动对生态环境的影响远大于干旱天气对生态环境的影响。

表 6-9 不同年份胜利东二号露天煤矿生态安全指数面积分布 单位：km^2

生态安全类型	面积			
	2009 年	2011 年	2017 年	2021 年
不安全	6.85	6.51	13.01	7.65
较不安全	18.51	18.58	24.31	18.42
临界安全	24.66	23.56	25.54	23.53
较安全	25.45	26.26	21.28	21.53
安全	15.35	15.91	6.68	19.69

根据图 6-16 和表 6-10 分析不同年份白音华三号矿生态安全指数，从时间序列看，2011 年、2013 年、2017 年、2021 年该区域平均生态安全指数分别为 0.57、0.56、0.50、0.61，除 2017 年外整体呈缓慢上升趋势。从空间角度分析，生态不安全区域位于矿坑区域，并且随着采矿活动，生态不安全的区域向西北方向移动。从面积分布看，2011 年、2013 年、2017 年、2021 年生态不安全区域面积占比分别为 24.46%、26.24%、35.48%、21.19%，除 2017 年由于天气干旱导致生态安全指数突然降低外，其他年份白音华三号矿的生态安全逐渐向

变好的方向移动。从采矿活动对生态环境影响的角度看，生态不安全的面积 2011 年到 2013 年年均增加 1.21 km^2，2013 年到 2017 年年均增加 3.17 km^2，可见，在白音华三号矿的采矿活动对生态环境的影响大于干旱天气对生态环境的影响。

表 6-10 不同年份白音华三号矿生态安全指数面积分布 单位：km^2

生态安全类型	面积			
	2011 年	2013 年	2017 年	2021 年
不安全	9.7	9.69	15.03	10.88
较不安全	23.81	26.25	33.57	18.12
临界安全	38.78	40.75	40.06	41.84
较安全	40.97	35.37	33.26	36.97
安全	23.69	24.89	15.03	29.14

6.4 本章小结

本章采用综合指数法对锡林郭勒盟三个矿区（分别是贺斯格乌拉露天煤矿、胜利东二号露天煤矿以及白音华三号露天煤矿）进行生态安全评价。其中指标包括植被覆盖度、地表温度、坡度、坡向以及降水量等。主要结论如下：

① 由于 2017 年 6～8 月锡林郭勒盟发生了干旱、高温等自然灾害，导致三个矿区在 2017 的各项指标都相对降低，特别是植被覆盖度和生态安全指数降低明显。

② 通过对锡林郭勒三个矿区植被覆盖度指标从时间和空间两个角度进行对比分析，发现贺斯格乌拉露天煤矿在植被覆盖保护方面做得最好，其次是白音华三号矿，最后是胜利东二号露天煤矿。三个矿区虽然植被覆盖程度不一样，但是整体上随着时间增加植被覆盖程度都在增加。

③ 通过对锡林郭勒三个矿区的生态安全进行评价，结果显示，白音华三号矿的生态安全指数最高，其次是贺斯格乌拉露天煤矿，胜利东二号露天煤矿生态安全指数最低。2017 年干旱灾害对生态安全影响最大的是胜利东二号露天煤矿，并且干旱灾害的影响远大于采矿活动对生态的影响。随着生态修复工程的实施，矿区的生态环境向好的方向发展。

参考文献

[1] 韩霁昌. 土地工程概论[M]. 2 版. 北京:科学出版社,2017.
[2] DE LUCIA LOBO F,SOUZA-FILHO P W M,DE MORAES NOVO E M L,et al. Mapping mining areas in the Brazilian Amazon using MSI/sentinel-2 imagery (2017)[J]. Remote Sensing,2018,10(8):1178.
[3] LI P B,HU Z Q,WU J,et al. Application study on landscape ecological planning in ecological rehabilitation of mine area: Asia Pacific Symposium on Safety[C]. [S. l. : s. n.],2005:726-729.
[4] 刘培,谷灿,李庆亭,等. 深度语义分割支撑下的尾矿库风险检测[J]. 遥感学报,2021,25(7):1460-1472.
[5] 李玮玮,胡明玉,李雁. 基于面向对象高分遥感影像矿区的提取研究[C]//河南省地质学会 2020 年学术年会论文集. 2020.
[6] 蔡祥,李琦,罗言,等. 面向对象结合深度学习方法的矿区地物提取[J]. 国土资源遥感,2021,33(1):63-71.
[7] 朱青,林建平,国佳欣,等. 基于影像特征 CART 决策树的稀土矿区信息提取与动态监测[J]. 金属矿山,2019(5):161-169.
[8] 霍光杰,胡乃勋,陈涛,等. 融合支持向量机和面向对象方法的矿区土地利用信息提取[J]. 河南理工大学学报(自然科学版),2021,40(2):70-75.
[9] 王莉娜,程露. 在露天矿区信息提取中的应用研究[C]//第十九届华东六省一市测绘学会学术交流会论文集. 2017:208-213.
[10] 皇甫润,李傲. 基于遥感影像的矿区地物信息提取方法对比分析[J]. 唐山学院学报,2020,33(3):42-46.
[11] 雷军. 多源时序影像的稀土矿区土地毁损与恢复遥感监测研究[D]. 赣州:江西理工大学,2018.
[12] JULZARIKA A. Mining land identification in Wetar Island using remote sensing data[J]. Journal of Degraded and Mining Lands Management,2018,6(1):1513-1518.
[13] 季伟峰,胡时友,宋军. 中国西南地区主要地质灾害及常用监测方法[J]. 中国地质灾害与防治学报,2007,18(增刊):38-41.
[14] 汪宝存,郭凌飞,王军见,等. 矿区地表形变 InSAR 监测:以永城市为例[J]. 测绘与空间地理信息,2016,39(6):24-27.
[15] 刘沂轩,耿智海,杨俊凯,等. 基于 SBAS 技术的概率积分法矿区沉降量提取模型[J].

煤炭科学技术,2017,45(2):156-161.

[16] 刘沂轩,杨俊凯,范洪冬,等.融合 D-InSAR 和 Offset-tracking 技术的矿区沉降信息提取[J].河南理工大学学报(自然科学版),2017,36(5):47-52.

[17] 姜楠,张雪红,汶建龙,等.基于高分六号宽幅影像的油菜种植分布区域提取方法[J].地球信息科学学报,2021,23(12):2275-2291.

[18] 洪亮,黄雅君,杨昆,等.复杂环境下高分二号遥感影像的城市地表水体提取[J].遥感学报,2019,23(5):871-882.

[19] 吴朝宁,李仁杰,郭风华.基于圈层结构的游客活动空间边界提取新方法[J].地理学报,2021,76(6):1537-1552.

[20] 付杰,王萍,张清,等.基于改进遥感生态指数的海南岛生态环境质量动态变化[J].农业资源与环境学报,2021,38(6):1102-1111.

[21] 范德芹,邱玥,孙文彬,等.基于遥感生态指数的神府矿区生态环境评价[J].测绘通报,2021(7):23-28.

[22] 杨羽佳,张怡,匡天琪,等.利用改进城市遥感生态指数的苏州市生态分析[J].测绘科学技术学报,2021,38(3):323-330.

[23] 程琳琳,王振威,田素锋,等.基于改进的遥感生态指数的北京市门头沟区生态环境质量评价[J].生态学杂志,2021,40(4):1177-1185.

[24] 黄锦,陈勇,周皓,等.基于改进 RSEI 模型的矿业城市生态环境质量变化研究[J].矿业研究与开发,2022,42(1):187-192.

[25] 王庆,李智广,高云飞,等.基于 DEM 及高分辨率遥感影像的西北黄土高原区侵蚀沟道普查[J].中国水土保持,2013(10):61-64.

[26] 李飞,张树文,李天奇.东北典型黑土区南部侵蚀沟与地形要素之间的空间分布关系[J].土壤与作物,2012,1(3):148-154.

[27] 王岩松,王念忠,钟云飞,等.东北黑土区侵蚀沟省际分布特征[J].中国水土保持,2013(10):67-69.

[28] 蒲罗曼,张树文,王让虎,等.多源遥感影像的侵蚀沟信息提取分析[J].地理与地理信息科学,2016,32(1):90-94.

[29] CASTILLO C,TAGUAS E V,ZARCO-TEJADA P,et al. The normalized topographic method:an automated procedure for gully mapping using GIS[J]. Earth Surface Processes and Landforms,2014,39(15):2002-2015.

[30] 闫业超,张树文,岳书平.克拜东部黑土区侵蚀沟遥感分类与空间格局分析[J].地理科学,2007,27(2):193-199.

[31] SHRUTHI R B V,KERLE N,JETTEN V. Object-based gully feature extraction using high spatial resolution imagery[J]. Geomorphology,2011,134(3/4):260-268.

[32] D'OLEIRE-OLTMANNS S,MARZOLFF I,TIEDE D,et al. Detection of gully-affected areas by applying object-based image analysis (OBIA) in the region of taroudannt,Morocco[J]. Remote Sensing,2014,6(9):8287-8309.

[33] 詹国旗.基于多源数据的吉林省中西部黑土区侵蚀沟自动提取研究[D].长春:吉林大学,2019.

[34] 王舒. 基于面向对象分析的无人机影像侵蚀沟提取研究[D]. 西安：西安科技大学，2019.

[35] 卢洁. 基于无人机遥感的排土场边坡植被与土壤侵蚀监测研究[D]. 徐州：中国矿业大学，2018.

[36] ÖZGENEL Ç F，SORGUÇ A G. Performance comparison of pretrained convolutional neural networks on crack detection in buildings[C]//Proceedings of the International Symposium on Automation and Robotics in Construction (IAARC)，Proceedings of the 35th International Symposium on Automation and Robotics in Construction (ISARC)，June 28-July 1，2017，Taipei，Taiwan，China. [S. l.]：International Association for Automation and Robotics in Construction (IAARC)，2018.

[37] EISENBACH M，STRICKER R，SEICHTER D，et al. How to get pavement distress detection ready for deep learning? a systematic approach[C]//2017 International Joint Conference on Neural Networks (IJCNN)，Anchorage，AK，USA. [S. l.]：IEEE，2017：2039-2047.

[38] WISCHMEIER W H，SMITH D. Predicting rainfall-erosion losses from cropland east of the Rocky Mountains[J]. Agricultural Handbook，1965：282.

[39] YODER D D，LOWN J. The future of rusle：inside new revised universal soil loess equation[J]. Journal of Soil & Water Conservation，1995，50(5)：484-489.

[40] 刘宝元，谢云，张科利. 土壤侵蚀预报模型[M]. 北京：中国科学技术出版社，2001.

[41] NEARING M A，LANE L J，ALBERTS E E，et al. Prediction technology for soil erosion by water：status and research needs[J]. Soil Science Society of America Journal，1990，54(6)：1702-1711.

[42] 陈红，江旭聪，任磊，等. 基于 RUSLE 模型的淮河流域土壤侵蚀定量评价[J]. 土壤通报，2021，52(1)：165-176.

[43] 陈起伟，熊康宁，兰安军. 基于 GIS 技术的贵州省土壤侵蚀危险性评价[J]. 长江科学院院报，2020，37(12)：47-52.

[44] 王晓峰，肖飞艳，尹礼唱，等. 黄河中游不同流域尺度土壤侵蚀评价[J]. 安徽农业大学学报，2017，44(6)：1070-1077.

[45] 朱浩楠. 基于 GIS 和 CSLE 模型的巴基斯坦土壤侵蚀评价[D]. 西安：西北大学，2021.

[46] 王萌，刘云，宋超，等. 基于 RUSLE 模型的 2000—2010 年长江三峡库区土壤侵蚀评价[J]. 水土保持通报，2018，38(1)：12-17.

[47] 黄硕文，李健，张欣佳，等. 河南省近十年来土壤侵蚀时空变化分析[J]. 农业资源与环境学报，2021，38(2)：232-240.

[48] 杜朝正，杨勤科，王春梅，等. 青藏高原典型样区 2 种土壤侵蚀评价与制图方法的对比[J]. 西北农林科技大学学报(自然科学版)，2021，49(7)：95-104.

[49] 顾治家，李鹜. DEM 精度对土壤侵蚀评价的影响[J]. 信阳师范学院学报(自然科学版)，2020，33(3)：398-404.

[50] 梁晓珍，符素华，丁琳. 地形因子计算方法对土壤侵蚀评价的影响[J]. 水土保持学报，2019，33(6)：21-26.

[51] 郭紫甜. FROM-GLC30 2017 土地利用数据精度评价及其对区域土壤侵蚀评价的影响[D]. 西安:西北大学,2021.

[52] 应凌霄,孔令桥,肖燚,等. 生态安全及其评价方法研究进展[J]. 生态学报,2022,42(5):1679-1692.

[53] YE H,MA Y,DONG L M. Land ecological security assessment for bai autonomous prefecture of Dali based using PSR model:with data in 2009 as case[J]. Energy Procedia,2011(5):2172-2177.

[54] 王韩民,郭玮,程漱兰,等. 国家生态安全:概念、评价及对策[J]. 管理世界,2001(2):149-156.

[55] 马智渊,李莉,何璇,等. 新疆特克斯县土地生态健康评价研究[J]. 农村经济与科技,2014(9):8-11.

[56] 崔馨月,方雷,王祥荣,等. 基于 DPSIR 模型的长三角城市群生态安全评价研究[J]. 生态学报,2021,41(1):302-319.

[57] SUS L,CHEN X,WU J P,et al. Integrative fuzzy set pair model for land ecological security assessment:a case study of Xiaolangdi reservoir regions,China[C]//2009 International Conference on Environmental Science and Information Application Technology,Wuhan,China. [S. l.]:IEEE,2009:80-83.

[58] 孙德亮,张凤太. 基于 DPSIR-灰色关联模型的重庆市土地生态安全评价[J]. 水土保持通报,2016,36(5):191-197.

[59] 柳思,张军,田丰,等. 2005—2014 年疏勒河流域土地生态安全评价[J]. 生态科学,2018,37(3):114-122.

[50] 荣联伟,师学义,高奇,等. 黄土高原山丘区土地生态安全动态评价及预测[J]. 水土保持研究,2015,22(3):210-216.

[61] CHEN H S,LIU W Y,HSIEH C M. Integrating ecosystem services and eco-security to assess sustainable development in Liuqiu Island[J]. Sustainability, 2017, 9(16):1002.

[62] 黄海,刘长城,陈春. 基于生态足迹的土地生态安全评价研究[J]. 水土保持研究,2013,20(1):193-196.

[63] CAO S,WANG Y. Ecological security assessment based on ecological footprint approach in Hulunbeier Grassland China[J]. International Journal of Environment Rearch and Public Health,2019,16(2):4805.

[64] 储佩佩,付梅臣. 中国区域土地生态安全与评价研究进展[J]. 中国农学通报,2014,30(11):160-164.

[65] 郭明,肖笃宁,李新. 黑河流域酒泉绿洲景观生态安全格局分析[J]. 生态学报,2006,26(2):457-466.

[66] 闫宝龙,吕世杰,赵萌莉,等. 草原生态安全评价方法研究进展[J]. 中国草地学报,2019,41(5):164-171.

[67] 陈永林,谢炳庚,钟典,等. 基于微粒群-马尔科夫复合模型的生态空间预测模拟:以长株潭城市群为例[J]. 生态学报,2018,38(1):55-64.

[68] MA L B,BO J,LI X Y,et al. Identifying key landscape pattern indices influencing the ecological security of inland river basin:the middle and lower reaches of Shule River Basin as an example[J]. The Science of the Total Environment,2019,674:424-438.

[69] 张莉,王金满,刘涛.露天煤矿区受损土地景观重塑与再造的研究进展[J].地球科学进展,2016,31(12):1235-1246.

[70] 郭铌.植被指数及其研究进展[J].干旱气象,2003,21(4):71-75.

[71] 程红芳,章文波,陈锋.植被覆盖度遥感估算方法研究进展[J].国土资源遥感,2008,20(1):13-18.

[72] 田庆久,闵祥军.植被指数研究进展[J].地球科学进展,1998,13(4):327-333.

[73] 潘霞,高永,汪季,等.植被指数遥感演化研究进展[J].北方园艺,2018(20):162-169.

[74] 李苗苗. 植被覆盖度的遥感估算方法研究论文[D]. 北京:中国科学院遥感应用研究所,2003.

[75] 刘志军.基于高分一号数据的喀斯特地区土壤侵蚀强度研究:以白水河小流域为例[D].贵阳:贵州大学,2018.

[76] 邹洪坤.湖北省植被覆盖度动态变化及其对气候变化的响应[D].武汉:武汉大学,2018.

[77] 郑勇.川西高原近 20 年植被覆盖遥感动态监测及驱动力分析[D].成都:成都理工大学,2020.

[78] 徐红伟,董张玉,杨学志.一种自适应阈值的水体信息提取方法研究[J].西部资源,2020(5):135-138.

[79] 张浩.南京都市圈城市建成区扩展遥感监测与分析[D].南京:南京大学,2017.

[80] STEHMANS V. Selecting and interpreting measures of thematic classification accuracy[J]. Remote Sensing of Environment,1997,62(1):77-89.

[81] 王彦兵,王聪,赵亚丽,等.基于 ROC 曲线的永久散射体识别最佳阈值定量筛选[J].遥感学报,2021,25(10):2083-2094.

[82] LUCAS I F J,FRANS J M,WEL D V. Accuracy assessment of satellite derived landgover data:a review[J]. 1994,60(4):410-432.

[83] 郑利苹,毛征,陆天舒,等.基于图像块相关的弱小目标检测算法研究[J].国外电子测量技术,2012,31(5):32-35.

[84] KAUTH R J,THOMAS G S. The tasselled cap - a graphic description of the spectral-temporal development of agricultural crops as seen by Landsat[C]// Proceedings,symposium on machine processing of remotely sensed data,July 1976,Purdue University. [S. l. :s. n.],1976:41-51.

[85] 王红,丹晓飞,李中元,等.随机森林分类的荆门市冬闲田提取[J].测绘科学,2020,45(5):101-105.

[86] 张伟,杜培军,郭山川,等.改进型遥感生态指数及干旱区生态环境评价[J].遥感学报,2023,27(2):299-317.

[87] BREIMAN L. Random forests[J]. Machine Learning,2001,45(1):5-32.

[88] 陈海洋,孟令奎,周元.基于随机森林的遥感影像雪冰云信息检测方法[J].测绘地理信

息,2022,47(2):105-110.

[89] 李康,杨凯,侯艳.随机森林变量重要性评分及其研究进展[EB/OL].北京:中国科技论文在线.(2015-07-23)[2022-08-16]. http://vuww. paper. edu. cn/releasepaper/content/201507-212.

[90] 张睿哲.基于机器学习的黄砂岩声发射平静期识别研究[D].太原:太原理工大学,2021.

[91] 角坤升.监督学习的时空样本选择策略在土地覆盖分类中的应用[D].重庆:重庆邮电大学,2020.

[92] 张德顺.白音华煤田三号露天矿区水文地质条件分析[J].企业导报,2016(8):53-54.

[93] 方子璇.基于平行坐标和径向坐标的多维数据可视化方法研究[D].杭州:浙江工商大学,2020.

[94] 金佳琦.基于遥感生态指数的多源遥感影像沙漠环境监测[D].济南:山东大学,2021.

[95] DONOGHUE D N M,WATT P J,COX N J,et al. Remote sensing of species mixtures in conifer plantations using LiDAR height and intensity data[J]. Remote Sensing of Environment,2007,110(4):509-522.

[96] GITELSON A A,KEYDAN G P,MERZLYAK M N. Three-band model for noninvasive estimation of chlorophyll,carotenoids,and anthocyanin contents in higher plant leaves[J]. Geophysical Research Letters,2006,33(11):431-433.

[97] MAIRE G L,FRANÇOIS C,DUFRÊNE E. Towards universal broad leaf chlorophyll indices using PROSPECT simulated database and hyperspectral reflectance measurements[J]. Remote Sensing of Environment,2004,89(1):1-28.

[98] RICHARDSONS A J,WIEGAND A. Distinguishing vegetation from soil background information[J]. Photogrammetric Engineering and Remote Sensing, 1977, 43: 1541-1552.

[99] HUETE A,JUSTICE C,LIU H. Development of vegetation and soil indices for MODIS-EOS[J]. Remote Sensing of Environment,1994,49(3):224-234.

[100] DAUGHTRY C ST,WALTHALL C L,KIM M S,et al. Estimating corn leaf chlorophyll concentration from leaf and canopy reflectance[J]. Remote Sensing of Environment,2000,74(2):229-239.

[101] HABOUDANE D,MILLER J R,PATTEY E,et al. Hyperspectral vegetation indices and novel algorithms for predicting green LAI of crop canopies:Modeling and validation in the context of precision agriculture[J]. Remote Sensing of Environment,2004,90(3):337-352.

[102] PEÑUELAS J,GAMON J A,FREDEEN A L,et al. Reflectance indices associated with physiological changes in nitrogen- and water-limited sunflower leaves[J]. Remote Sensing of Environment,1994,48(2):135-146.

[103] RAMA RAO N,GARG P K,GHOSH S K,et al. Estimation of leaf total chlorophyll and nitrogen concentrations using hyperspectral satellite imagery[J]. The Journal of Agricultural Science,2008,146(1):65-75.

[104] THENOTF, MÉTHY M, WINKEL T. The Photochemical Reflectance Index (PRI) as a water-stress index[J]. International Journal of Remote Sensing, 2002, 23(23): 5135-5139.

[105] BLACKBURN G A. Spectral indices for estimating photosynthetic pigment concentrations: a test using senescent tree leaves[J]. International Journal of Remote Sensing, 1998, 19(4): 657-675.

[106] SCHLERF M, ATZBERGER C, HILL J. Remote sensing of forest biophysical variables using HyMap imaging spectrometer data[J]. Remote Sensing of Environment, 2005, 95(2): 177-194.

[107] PENUELAS J, PINOL J, OGAYA R, et al. Estimation of plant water concentration by the reflectance Water Index WI (R900/R970)[J]. International Journal of Remote Sensing, 1997, 18(13): 2869-2875.

[108] LOVELL J L, JUPP D L B, CULVENOR D S, et al. Using airborne and ground-based ranging lidar to measure canopy structure in Australian forests[J]. Canadian Journal of Remote Sensing, 2003, 29(5): 607-622.

[109] MARTENS SN, USTIN S L, ROUSSEAU R A. Estimation of tree canopy leaf area index by gap fraction analysis[J]. Forest Ecology and Management, 1993, 61(1/2): 91-108.

[110] MCGILLB J, ENQUIST B J, WEIHER E, et al. Rebuilding community ecology from functional traits[J]. Trends in Ecology & Evolution, 2006, 21(4): 178-185.

[111] HOOPER DU, CHAPIN F S I, EWEL J J, et al. Effects of biodiversity on ecosystem functioning: a consensus of current knowledge[J]. Ecological Monographs, 2005, 75(1): 3-35.

[112] SCHLEUTER D, DAUFRESNE M, MASSOL F, et al. A user's guide to functional diversity indices[J]. Ecological Monographs, 2010, 80(3): 469-484.

[113] 段兴武，陶余铨，白致威. 区域土壤侵蚀调查方法[M]. 北京：科学出版社，2019.

[114] 王万忠. 黄土地区降雨特性与土壤流失关系的研究 Ⅲ：关于侵蚀性降雨的标准问题[J]. 水土保持通报，1984，4(2)：58-63.

[115] 陈学兄. 基于遥感与 GIS 的中国水土流失定量评价[D]. 杨凌：西北农林科技大学，2013.

[116] 林泽民. 基于 RS 和 GIS 的泰安市土壤侵蚀空间分布格局及防治对策研究[D]. 济南：山东师范大学，2015.

[117] 范树平，李鹏，余波平，等. 粮食主产区耕地生态安全障碍诊断及调控策略[J]. 水土保持研究，2023，30(1)：408-417.

[118] 崔旺来，陈梦圆，钟海玥. 基于 ESDA 和 GA 的湾区生态安全空间分异及差异化管理：以浙江大湾区为例[J]. 生态学报，2022(5)：2074-2087.

[119] 王立业，师春春，张文信，等. 2009—2019 年山东省耕地生态安全评价及障碍因子诊断[J]. 水土保持研究，2022，29(6)：138-145.

[120] 戴文渊，郭武，郑志祥，等. 石羊河流域水生态安全影响因子及驱动机制研究[J]. 干旱区研究，2022，39(5)：1555-1563.

[121] 左伟，王桥，王文杰，等. 区域生态安全评价指标与标准研究[J]. 地理学与国土研究，2002，18(1)：67-71.

[122] 肖笃宁，陈文波，郭福良. 论生态安全的基本概念和研究内容[J]. 应用生态学报，2002，13(3)：354-358.

[123] 刘喜韬，鲍艳，胡振琪，等. 闭矿后矿区土地复垦生态安全评价研究[J]. 农业工程学报，2007，23(8)：102-106.

[124] 张军以，苏维词，苏凯. 喀斯特地区土地石漠化风险及评价指标体系[J]. 水土保持通报，2011，31(2)：172-176.

[125] 包孟和，郭珊珊，张茹，等. 基于正态云模型的宝日希勒煤矿生态安全等级研究[J]. 矿山测量，2021，49(3)：122-128.

[126] 司锦锦，王世东. 基于组合赋权法的焦作矿区生态安全评价与时空分异[J]. 水土保持研究，2021，28(3)：348-354.

[127] 杨兆青，陆兆华，刘丹，等. 煤炭资源型城市生态安全评价：以锡林浩特市为例[J]. 生态学报，2021，41(1)：280-289.

[128] 杨静，王立芹. 矿区生态安全评价指标体系的研究[J]. 山东科技大学学报(自然科学版)，2005，24(3)：36-39.

[129] 冯琰玮，甄江红，田桐羽. 基于生态安全格局的国土空间保护修复优化：以内蒙古呼包鄂地区为例[J]. 自然资源学报，2022，37(11)：2915-2929.

[130] 牛冲槐，张敏，樊燕萍. 山西省煤炭开采对生态环境影响评价[J]. 太原理工大学学报，2006，37(6)：649-653.

[131] 吴静，黎仁杰，程朋根. 基于 MCR-可拓模型的矿区生态安全评价[C]//第三届国际土地复垦与生态修复学术研讨会论文摘要集. 2021：72.

[132] 郭成久，刘宇欣，李海福，等. 抚顺西露天矿区景观格局变化与生态安全格局构建[J]. 沈阳农业大学学报，2021，52(4)：442-450.

[133] 俞孔坚. 生物保护的景观生态安全格局[J]. 生态学报，1999，19(1)：8-15.

[134] 张茹. 内蒙古东部干旱半干旱草原矿区生态安全评价[D]. 徐州：中国矿业大学，2018.

[135] 陈静，张俊娥，王永刚，等. 大型煤炭采矿区生态文明建设框架体系建设[J]. 能源环境保护，2021，35(2)：104-108.

[136] 米楠. 基于草畜平衡的荒漠草原可持续利用模式研究[D]. 银川：宁夏大学，2017.

[137] 毛香菊，肖芳，马亚梦，等. 内蒙古草原某铜钼矿区土壤重金属污染潜在生态危害评价[J]. 矿产保护与利用，2016(2)：54-57.

[138] 牛星. 伊敏露天煤矿废弃地植被恢复及其效果研究[D]. 呼和浩特：内蒙古农业大学，2013.

[139] 冯海波. 煤矿开采影响下草原生态系统稳定性及其生态地质学机制研究：以陈旗盆地为例[D]. 武汉：中国地质大学，2021.

[140] 吴烨. 内蒙贺斯格乌拉南部矿区疏干水水量预测及环境评价[D]. 石家庄：石家庄经济学院，2009.

[141] 旭日干. 煤矿区 AM 真菌多样性与土壤微生物数量特征的研究[D]. 呼和浩特：内蒙古大学，2011.

[142] 董红利.内蒙古准格尔煤田矿区复垦过程中土壤微生物的变化及规律的研究[D].呼和浩特:内蒙古师范大学,2010.

[143] 杨勇,刘爱军,朝鲁孟其其格,等.锡林郭勒露天煤矿矿区草原土壤重金属分布特征[J].生态环境学报,2016,25(5):885-892.

[144] 孙永秀,严成,徐海量,等.受损矿区草原群落物种多样性和地上生物量对覆土厚度的响应[J].草业学报,2017,26(1):54-62.

[145] 郭建英,李锦荣,何京丽,等.典型草原煤矿排土场边坡不同治理措施次降雨水蚀过程分析[J].水土保持研究,2017,24(5):1-5.

[146] 郭美楠.矿区景观格局分析、生态系统服务价值评估与景观生态风险研究:以伊敏矿区为例[D].呼和浩特:内蒙古大学,2014.

[147] 姚国征,杨婷婷.矿山环境治理生态效果评价体系研究:以草原矿山为例[J].西部资源,2014(2):173-175.

[148] 彭建,赵会娟,刘焱序,等.区域生态安全格局构建研究进展与展望[J].地理研究,2017,36(3):407-419.

[149] 于超月,王晨旭,冯喆,等.北京市生态安全格局保护紧迫性分级[J].北京大学学报(自然科学版),2020,56(6):1047-1055.

[150] 许万霞.大型露天矿区景观生态风险动态演变与生态网络空间优化研究[D].北京:中国地质大学(北京),2021.

[151] 钱者东.干旱半干旱地区煤矿开采生态影响研究[D].南京:南京师范大学,2011.

[152] 陶涛.井工煤矿开采生态环境影响评价指标体系研究及实例分析[D].合肥:合肥工业大学,2012.

[153] 王颖杰,武文波,纪洋.矿区废弃地土地复垦安全评价[J].辽宁工程技术大学学报(自然科学版),2009,28(增刊):274-276.

[154] 毛雪阳.西部生态脆弱区生态产品价值实现模式研究:以鄂尔多斯市为例[D].徐州:中国矿业大学,2022.

[155] 李海东,胡国长,燕守广.矿区生态修复目标与模式研究[J].生态与农村环境学报,2022,38(8):963-971.

[156] 孙亮,刘金平,罗群.煤炭矿区生态环境结构研究的新视角[J].中国矿业,2017,26(4):88-93.

[157] 赵廷宁,张玉秀,曹兵,等.西北干旱荒漠区煤炭基地生态安全保障技术[J].水土保持学报,2018,32(1):1-5.

[158] 杨永均.矿山土地生态系统恢复力及其测度与调控研究[D].徐州:中国矿业大学,2017.

[159] 龙精华,张卫,付艳华,等.鹤岗矿区生态系统服务价值[J].生态学报,2021,41(5):1728-1737.

[160] 邢忠,袁川乔,顾媛媛,等.融合生态服务与游憩功能的城郊绿色基础设施用地系统规划研究:以眉山市岷东新区非集中建设区为例[J].西部人居环境学刊,2019,34(1):45-54.

[161] 封建民,董桂芳,郭玲霞,等.榆神府矿区景观格局演变及其生态响应[J].干旱区研

究,2014,31(6):1141-1146.

[162] 肖武,张文凯,吕雪娇,等.西部生态脆弱区矿山不同开采强度下生态系统服务时空变化:以神府矿区为例[J].自然资源学报,2020,35(1):68-81.

[163] 汪云甲.矿区生态扰动监测研究进展与展望[J].测绘学报,2017,46(10):1705-1716.

[164] 李保杰,顾和和,纪亚洲.矿区土地生态风险时空分异研究[J].中国矿业大学学报,2015,44(3):573-580.

[165] 杨永均,张绍良,侯湖平,等.煤炭开采的生态效应及其地域分异[J].中国土地科学,2015,29(1):55-62.

[166] 王召明.草原区域荒漠化防治与产业融合发展的探索[J].草原与草业,2017,29(1):1-5.

[167] 马雄德,范立民,张晓团,等.基于遥感的矿区土地荒漠化动态及驱动机制[J].煤炭学报,2016,41(8):2063-2070.

[168] 杨显华,孙小飞,黄洁,等.青海木里煤矿区荒漠化的驱动因素及防治对策[J].中国地质灾害与防治学报,2018,29(1):78-84.

[169] 代海燕,陈素华,武艳娟,等.内蒙古大兴安岭冷暖季异常变化分析[C]//第33届中国气象学会年会S22青年论坛.2016:25-35.

[170] 姜旭海,韩玲,白宗璠,等.内蒙古自治区沙漠化敏感性时空演变格局和趋势分析[J].生态学报,2023,43(1):364-378.

[171] 马梓策,孙鹏,姚蕊,等.内蒙古地区干旱时空变化特征及其对植被的影响[J].水土保持学报,2022,36(6):231-240.

[172] 郭斌,王军有,康艾,等.新近纪气候变化对内蒙古草原发展的影响[J].干旱区资源与环境,2022,36(6):114-120.

[173] 苏玥.内蒙古主要气象灾害分析与防灾减灾决策[J].内蒙古科技与经济,2019(10):43-44.

[174] 徐嘉兴,裴基龙,陈晨.煤矿复垦区景观格局与生态系统服务协调关系研究[C]//第三届国际土地复垦与生态修复学术研讨会论文摘要集.2021:71.

[175] 丁新原,周智彬,马守臣,等.矿粮复合区土地生态安全评价:以焦作市为例[J].干旱区地理,2013,36(6):1067-1075.